油田石油污染土壤（油泥）生物处理技术及工艺应用研究

马小魁　著

中国石化出版社

内容简介

油田石油污染土壤（油泥）是在油田生产开发过程中，在钻井、试采、运输、原油处理、落地以及储运等生产环节产生的主要污染物之一。生物处理法是处理该类污染较为环保、经济的修复处理技术。陕西师范大学微生物技术团队多年来以我国鄂尔多斯盆地产油区的石油污染土壤（油泥）为研究对象，获得了许多有重要研究价值和应用价值的新理论和实用专利技术，在国际相关领域具备一定的研究特色和技术优势。本书总结了该研究团队多年来在该领域所形成的独有技术和成果，内容新颖，理论研究体系脉络清晰、逻辑性强，是生物强化理论和实践有机结合的成果。

本书可以作为从事油田石油污染土壤（油泥）处理、危废管理和处理、环境微生物、环境科学与工程等专业的研究生、管理者以及高校科研人员的教学和培训用书，也可以作为一线技术和科研生产人员及管理人员使用的参考书。

图书在版编目（CIP）数据

油田石油污染土壤（油泥）生物处理技术及工艺应用研究/马小魁著．—北京：中国石化出版社，2021.3
ISBN 978-7-5114-6098-1

Ⅰ.①油…　Ⅱ.①马…　Ⅲ.①油田-污泥处理-生物处理　Ⅳ.①X741.03

中国版本图书馆 CIP 数据核字（2021）第 033098 号

中国石化出版社出版发行

地址：北京市东城区安定门外大街 58 号
邮编：100011　电话：(010)57512500
发行部电话：(010)57512575
http://www.sinopec-press.com
E-mail：press@sinopec.com
北京柏力行彩印有限公司印刷
全国各地新华书店经销

*

787×1092 毫米 16 开本 14.75 印张 315 千字
2021 年 5 月第 1 版　2021 年 5 月第 1 次印刷
定价：68.00 元

前　言

在石油勘探、开发、集运、炼制、储存和销售过程中，不正确的操作、设备维护以及其他原因均可能造成石油泄漏，从而污染土壤或水系。石油泄漏所引起的土壤污染可形成含油污泥或落地油泥，这是目前生产现场常见的石油土壤污染。含油污泥或现场溢油土壤污染的处理问题一直是困扰各大油田生产单位的重点和难点。这类污染多在石油生产过程中随机产生，收集和处理难度大，过程复杂，目前大多数油田还未对其实现无害化和资源化处理。另外，沉降罐污泥和三相分离器油泥以及生产过程中产生的溢油污泥或大量含油污水也常常导致当地土壤污染或形成污染油泥（土壤）。含油污泥或土壤已被列入《国家危险废物名录》，按照《中华人民共和国清洁生产促进法》规定必须对其进行无害化处理。

石油污染土壤或含油污泥的修复方法主要包括物理法、化学法和生物法。国内物理化学法处理含油污泥的研究和实践与国外差距很大。目前，随着含油污泥前处理技术（如筛分流化–调制离心、热浸提、化学热水洗涤、超声处理等技术）的成熟，可作为含油污泥深度处理的生物处理技术发展前景广阔。已经开发的微生物修复技术有原位修复（生物强化、生物刺激、生物通风、生物衰减）和异位修复（堆肥、生物滤池、地耕和生物反应器）两大类。综合分析发现，生物刺激和生物强化是生物修复中最为有效、应用最广、最有潜力的两种修复技术。

本书集中阐述了含油污泥化学–微生物综合处理技术体系研究、发展和实施的过程，以含油污泥（土壤）为对象，详细说明了菌种筛选、降解效率分析、降解机制研究、菌群构建、影响因素研究以及现场处理技术体系建立和现场示范例实施的过程，还对细菌–真菌菌群用于石油类物质、稠环芳烃生物降解及其协同作用等前端性研究进行了重点阐述。全书共9章。第1章“绪论”，阐述了石油污染土壤（油泥）的产生、污染组成及其危害，国内外生物处理修复技术的研究进展和产品技术，生物强化修复技术的研究现状，含油污泥或石油污染土壤生物修复技术的最新研究进展，对含油污泥生物处理亟待解决的科学问题进行了说明。第2章“含油污泥（土壤）中石油降解微生物的研究”，分别对从石油污染土壤中降解性细菌和真菌分离、鉴定、降解性能研究和结果进行了说明。第3章“影响细菌降解石油类物质的因素研究”，分别对影响降解性微生物降解性能的因素进行了分析说明。第4章“真菌–细菌协同作用及高效菌群的构建和表征”，分别对细菌和细菌–真菌菌群的构建、性能以及影响因素与协同降解机制的研究和结果进行了阐述。

第5章“真菌对稠环芳烃-重金属离子复合污染环境中稠环芳烃的生物降解”，说明了多种重金属离子对真菌 *Acremonium* sp. 生长的影响，以及在降解稠环芳烃过程中的行为学的研究和结果。第6章“重金属离子影响真菌-细菌菌群协同降解稠环芳烃的研究”，说明了重金属离子对菌群 *Bacillus subtilis-Acremonium* sp. 生长及其对稠环芳烃协同降解的影响。第7章“重金属离子影响真菌-细菌协同降解稠环芳烃的作用机制”，通过建立真菌协助细菌运动和协同降解稠环芳烃的模型，系统分析研究了细菌-真菌菌群协同降解稠环芳烃的机制和内在原因。第8章“化学生物综合法处理含油污泥的研究”，对在田间水平处理含油污泥的可生化分析、土壤中重金属离子固定化技术、增氧技术、金属离子耐受性、生物解吸附、生物活化、固体菌剂规模化生产、室内含油污泥菌群降解实验、化学氧化实用技术、营养添加技术等规模化生物修复技术所涉及的技术单元进行了详细的说明。第9章“化学生物综合法处理含油污泥的现场示范”，基于前8章的研究基础，以石油生产现场所收集的含油污泥为对象，综合运用表面活性剂添加技术、营养添加技术、化学氧化技术和微生物菌群修复技术等进行了化学-微生物法综合处理含油污泥的实施示范。本书内容来源于陕西师范大学微生物技术项目研究团队（马小魁）多年的研究和实践成果，历届研究生为此付出了艰辛努力和聪明才智，中国石油长庆油田分公司油气工艺研究院安全环保技术研究室也参与了部分应用基础研究和现场修复处理示范性研究。总之，本书系统地介绍了含油污泥生物处理技术的建立、实施的技术体系和工艺，并在石油生产现场对含油污泥的生物处理进行了示范性处理，这有助于增进读者和有关从业工作者对这类新技术的认识和理解。

本书由马小魁主编，周立辉、梁健、孙燕等参与编写。具体分工为：第1章主要由马小魁撰写，马红艳参与修改；第2章由吴玲玲、任宪、何战友、丁宁和马小魁撰写；第3章由王虎、杨闪闪、梁健和丁宁等撰写；第4章由薛宇、吴玲玲、王虎、丁宁和马小魁撰写；第5章由吴玲玲、马小魁和陈琦撰写；第6章由梁健、吴玲玲、杨闪闪、丁宁和马小魁撰写；第7章丁宁、马红艳、马小魁和赵敏撰写；第8章由马小魁、周立辉和赵敏撰写，陈琦参与修改；第9章由马小魁、赵敏、毛东霞和张永江等撰写。全书由马小魁负责统稿，周立辉、赵敏、梁健和孙燕参与。

此书的撰写一直得到陕西师范大学和中国石油长庆油田分公司油气工艺研究院安全环保技术研究室的支持，在此表示衷心的感谢。

本书的出版获得了中国石油长庆油田分公司油气工艺研究院专项、陕西师范大学科技处、中央高校特别支持项目（GK201702014和GK201806007）、长庆姬塬油田特地渗透油藏综合利用示范基地建设、低碳与清洁发展关键技术研究与应用等项目的资助。

由于作者水平有限，书中难免出现不正之处，敬请广大读者批评指正。

目　　录

第1章　绪　论

1.1　石油污染土壤(油泥)的产生、污染组成及其危害

随着我国社会和经济的繁荣发展，人们对石油的需求越来越大，从而推动了石油开采及相关产业的进一步发展。与此同时，石油产业在作业过程中的环境保护和污染修复问题也备受瞩目。石油污染目前已经成为世界范围内的普遍性污染，具有危害性大和周期长的特点。《中共中央国务院关于加快推进生态文明建设的意见》中明确指出，全面推进污染防治，要按照以人为本，强化工业污染场地治理，开展土壤污染治理与修复试点。土壤资源是人类经济社会可持续发展的重要物质基础，是最有价值的自然资源之一。目前，油气田生产场地的环境污染问题越来越突出，时而突发的环境石油污染问题备受社会关注。随着中国工业化和城市化水平的不断发展，市场对石油化工产品的需求急剧上升。据统计，全国现有多达493个油气田分布在25个省、市和自治区，其中在中国东部地区，包括大庆、辽河、冀东、大港、华北、中原、胜利、河南和江汉等油区有油田322个，占全国总储量的77.7%；中部地区包括长庆、四川和滇黔桂等油区，有油田62个；西部地区包括玉门、青海、新疆塔里木、克拉玛依和吐哈等油区，约有油田81个。2013年的青岛某输油管线破裂以及2015年发生的西北地区某采油厂的石油泄漏事故，都给当地土壤环境造成了严重污染，有可能也造成了地下水的污染。随着工业社会的不断发展，土壤石油污染物逐年累积，并且有持续加重的趋势。在我国，每年因生态环境污染、破坏造成的经济损失超过2000亿元，石油类污染已经成为我国土壤资源破坏的最主要的形式之一。在油气勘探、开发、集运、炼制、储存、销售过程中发生的事故，不正确的操作、设备维护以及其他原因均可造成油气泄漏，从而导致石油污染土壤或水系。在生产过程中，石油泄漏所引起的污染土壤可形成含油污泥或落地油泥，这是目前生产现场常见的一类石油土壤污染。其中，含油污泥或现场溢油土壤污染的处理问题一直是困扰各大油田生产单位的重点和难点问题之一。

含油污泥或石油污染土壤是石油生产过程中的伴生品。一般而言，含油污泥产出量大、含油量高、重质油组分含量高，一旦泄漏进入土壤，都会对土壤和地下水产生污染，威胁当地的生态环境和人居饮水安全。由于这类污染多在石油生产过程中随机产生，收集和处理难度大，过程复杂，目前大多数油田还未对其实现无害化和资源化处理。在以前的

生产过程中，大量的含油污泥被就地掩埋，或任由当地农民随机拉走处理，有些生产厂通过脱水后堆放干化的办法进行处理。但是，这些方法的处理过程往往要占用大量的耕地和资金，而且一般会给周围的水体、土壤、空气带来不可逆转的不利影响，会对当地的生态安全和环境健康造成长期的有害影响。尤其在这些含油污泥产生或石油泄漏的同时，伴随着产生大面积的石油污染土壤。在过去的几十年里，大多数油田的生产技术相对落后，配套的环境保护措施和评价体系不完善，污染控制和修复技术落后，这些历史欠账所引起的大量严重的石油土壤污染现在仍然严重威胁着当地人民的生活和环境安全。石油污染土壤或落地油泥得不到及时有效处理，将会一直对生产区域及其周边环境造成持久性的影响。虽然近些年来各油田加强了生产现场管理措施，为了解决废液和废物产生量大和难以处理等难题，很多企业现场作业都要求做到井口不流液、污油不落地、污油污水全面回收，但在石油生产和运营的过程中难免产生石油泄漏引起的土壤污染。同时，由于国内大多数油田的原油含水率高，在油水分离过程中产生的大量含油污水也常常导致当地土壤污染或形成污染油泥。

污染土壤的石油中主要包括各种碳氢化合物，分为饱和碳氢化合物、芳香烃和非碳氢化合物，前两者主要包括饱和脂肪烃和非饱和脂肪烃。饱和烃分子结构由碳－碳键和碳－氢键组成，易降解，沸点相对较低，这类碳氢化合物可以通过光合和挥发的方式从土壤中逐渐消失。然而稠环芳烃的分子结构复杂，尤其是复杂苯环沸点高，难以降解，这就大大增加了将其从土壤中清除的困难。多环芳烃是典型的广泛存在于各种环境系统中的持久性有机污染物，多达 16 种的多环芳烃已被美国和欧洲环保署列入要优先控制的污染物名单录中，这些物质包括萘、苊、芴、菲、蒽、荧蒽、芘、苯并蒽、苯并芘、苯并荧蒽、苯并荧蒽、二苯蒽、苯花和茚及芘等。这些物质在环境中存在时间长、难以降解，因此对环境和人类健康形成了持久性有机物污染危害。分析石油污染土壤或油泥中的化学污染物的种类，其中有些物质（如非烃类）的碳含量高，不溶于水，熔点和沸点高，很难从土壤中去除。在土壤中残留的毒物成分主要是多环芳烃和非烃化合物，常常导致明显的环境毒性和致突变性。尤其需要注意的是，在这类污染土壤中，常常伴随着重金属离子的污染，其中钒、镍、铅、铍等多种离子的污染，毒性高、持久性强，难以通过一般理化方法去除。

由于石油中富含碳和少量氮化合物，可能改变土壤的组成结构和有机质结构，对土壤 C/N、C/P、盐度、pH 值、EH 和电导率产生一定影响；此外，由于该类污染中常常含有镍和钒，且盐浓度高，对土壤环境破坏严重。由于这些污染土壤或油泥的污染物的特性，石油污染土壤中的微生物含量低，土壤中的微生物种群、群落结构组成和酶系统与天然土壤相比发生了改变，导致土壤肥力下降，生物毒性增强，难以通过土壤自然生物细胞体系修复。研究和多地实践证明，在该类土壤上种植的作物的发育率和生育率均偏低，这可能是由于该类土壤中的有效氮和磷含量减少，引起土壤有机碳含量显著增加，土壤 C/N 严重失调（这可能影响微生物的生长与繁殖），使得土壤中微生物群落结构和区系发生一系列变化，破坏土壤微生态环境，使得作物的营养吸收受到抑制。此外，这类土壤含有的多环芳烃具有致癌和致突变等作用，这些物质可以通过呼吸及皮肤接触进入人和动物的身体，降低肝肾等正常功能，对人体健康造成极大威胁。石油污染物进入土壤，在植物根系表面形成黏膜，影响根系呼吸及根系对养分和水分的吸收，当污染较为严重时，会导致植物根系腐烂，从而影响农作物的产量，在严重污染区域甚至造成土壤寸草不生，严重影响当地的农民收入。土壤中的石油污染物不仅对土壤层产生影响，对大气和水体也会产生影响，低沸点烃容易通过蒸发作用进入大气，或通过径流和渗透作用进入地表水和地下水系统，进而影响环境健康和人类生活质量。

1.2 国内外生物处理技术及发展趋势

1.2.1 国内外生物处理修复技术的研究进展和产品技术

从20世纪80年代开始，生物处理方法越来越受到关注。利用生物方法修复污染区域已经被认为是一种低廉有效的修复策略。在多种生物修复策略中，生物强化(bioaugmentation)和生物刺激(biostimulation)在具体实践中应用较多，尤其是生物强化策略作为主要修复方法在多种实际修复中都有所使用。国际上的生物强化策略[Bioaugmentation as the technique for improvement of the capacity of a contaminated matrix(soil or other biotope) to remove pollution by the introduction of specific competent strains or consortia of microorganisms]强调在污染环境中引入外来微生物以提高诸如土壤或其他污染环境介质去除污染物的能力。这种技术的前提是污染环境介质中土著微生物群体的代谢能力会由于外来微生物的介入而改变，引起多种降解反应的发生。国际上对有关生物强化菌株筛选、生态影响因素和现场实施状况都有过报道。美国国家环境保护署定期还会列出有关环境处理生物制品的名单以供市场选择。生物强化中的有效菌株或菌群的筛选不是随机的，因为在实验室里具备高降解效率的菌株，却常常在实际环境下很难有好的降解性能。Thompson 等人认为，为了达到高效的以生物强化为主的生物修复处理效果，在土壤污染修复中使用兼容性菌株(a compatible inoculate)是必需的。根据最新研究报道和我们实验室获得的实验数据，除了从一般的生理生化特征等考虑降解菌或降解菌群的选择外，对其在一定污染环境下的脱氢酶进行分析，是一种很好地评价其降解有效性的关键指标之一。除了微生物菌剂产品外，美国环境保护署于2019年1月公布的国家应急计划(National Contingency plan product schedule)有关产品目录中，还包括酶制剂、微生物培养物和营养剂等产品。不过，这些产品多用于水污染的修复过程，有关治理土壤污染尤其是石油类土壤污染的产品并不多。虽然在文献中仍然对生物强化是否完全可行还存有争论和质疑，但其用于污染修复实践的报道一直在增多。越来越多的修复实践事实证明，生物强化策略在特定条件下是有助于污染场地的污染修复的。

据调研，国内物理化学法处理含油污泥的研究和实践与国外差距很大。国内市场上能够提供有效处理含油污泥技术公司的相对较少，而且大多产品的处理效果不佳或稳定性差，能够有效提供配套服务的公司更少，但一线石油企业对此类技术和产品需求旺盛。有许多石油公司开始尝试引进国外技术和产品，以满足自身企业含油污泥或其他类污染的处理修复，尤其对应急性修复产品和技术尤为需要。目前，国内许多该类研究还多局限于过去的瓶瓶罐罐的实验模式，还是以跟踪国外前沿为主，缺乏原创性和国际化的科研意识。要真正地解决国内此类污染修复所存在的问题，应用研究的开展就必须和国际前沿接轨，切实从基础和现场修复效率提高着手，充分吸取利用国外成熟的生物处理技术的优势，形成适合国内石油污染土壤或含油污泥的处理技术，不能也不要仅仅从一些国内文献报道的一些所谓发现去指导现场修复实践。

美国环境保护署应急计划产品目录(2020 年)列举了分散剂(dispersants)、表面清洗剂(surface washing agents)、表面收集剂(surface collecting agents)、生物修复剂(bioremediation agents)和混合溢油控制剂(miscellaneous oil spill control agents)等多种处理剂，以及各种产品可能的毒性和效率。其中，该署对生物修复剂的定义是指引入到土壤中的微生物培养物、酶制剂或营养添加物，这些物质有助于减少石油排放或有助于显著增加生物降解率。目前收录产品 41 种，生产者可以自愿提供在 28 天内有效去除或降解脂肪烃和芳烃效率的数据信息。澳大利亚海洋部门最新规定注册的溢油控制剂(oil spill control agents)目录(2020 年 3 月)中包括了生物修复剂和营养产品，但相对产品类型较少。我国农业部微生物肥料相关管理部门以及国内很多专家提出应该将该类产品纳入生态修复剂的管理范畴，但有关管理措施和管理制度还有待进一步完善。在我国农业部批准登记的微生物肥料产品中规定的 9 类微生物菌剂中有土壤修复菌剂，而且将其列为 7 个优先研发的新产品之一。但是，目前市场上该类产品尚无统一的检测和质量标准，尤其是有关产品降解率以及毒性方面的数据几乎空白。国内该领域的技术进展和市场的相关产品极其缺乏，检测和质量控制标准没有或不完善，有关该类微生物修复剂、酶制剂和营养添加剂的研究与技术体系都还没有建立起来。国内产业界、相关管理部门以及科研人员有必要对此问题加以关注，加强有关该类技术、产品和管理措施制定等方面的相关研究，抓紧制定相关管理政策，尤其是加强相关产品技术和产品效率的系统研究，补齐和国外相比在此领域缺乏的管理、研究和技术上的短板，满足国内产业界对该领域技术和产品的需求。

1.2.2　石油污染土壤的微生物修复

石油污染土壤或含油污泥的修复方法主要包括物理法，化学法和生物法等，其中物理化学方法包括焚烧法、固化稳定法、土壤气相抽吸法和土壤淋洗法等。虽然物理化学处理法在有些情况下能较快且有效地处理土壤中的污染物，但是治理成本高，往往需要大量的化学试剂辅助才能完成，而且在土壤中残留的化学试剂还会造成二次化学污染。不同于物理方法仅仅通过对高毒污染物简单机械的转移修复方式，生物修复法往往依赖于生物体强大的代谢能力，可以将污染物分解或转化为低毒或无毒的化合物，甚至达到完全降解。因此，生物法比物理化学方法更加实用、有效和彻底。

污染土壤的生物修复技术主要包括微生物修复技术、植物修复技术和动物修复技术，其中微生物修复技术是最常用的土壤生物修复技术。微生物修复技术主要是指利用自然环境中的土著菌或人为投加的外来菌的强大的生命代谢作用对自然环境中难以降解的大分子有毒污染物等进行降解、修复和治理的技术。目前，已经开发的微生物修复技术有原位修复(生物强化、生物刺激、生物通风、生物衰减)和异位修复(堆肥、生物滤池、地耕和生物反应器)两大类。异位修复是早期发展的常用的石油污染土壤修复技术，是指将污染物移至专门处理场地，或特殊处理设备中进行处理的技术。由于它需要移动受到污染的土壤，因此存在处理成本高、效率低、破坏土壤生态环境等明显的不足。针对异位修复的这些缺陷，不需要转移受到污染的土壤、在现场条件下就可以直接修复污染土壤的原位修复技术在国内外得到了广泛的研究和应用。综合文献发现，生物刺激和生物强化是原位生物修复中最为有效、应用最广的两种修复技术。

1.2.2.1 生物刺激修复技术

生物刺激是通过添加营养物质或终端电子受体，以提高污染土壤中土著微生物种群的生物活性以促进该类微生物对石油污染物的降解，此技术通常被认为是在受污染程度低或中等的土壤修复中最合适最有效的治理方法。目前，较常采用的生物刺激手段有通气和添加肥料。土壤中污染物降解反应的发生离不开最终电子受体，氧气是好氧性微生物最常用的电子受体。在现实情况中，石油污染常发生在土壤地表下20cm左右的表层，由于石油的高黏稠性和疏水性，土壤受污染后，其通透性严重降低，土壤中的氧气含量很低，这严重影响土著微生物对石油污染有机物的降解。Atagana等采用耕地法强化石油污染土壤的通气后发现，通气有利于土壤中小分子污染物的挥发和大分子污染物的生物降解，氧气的输入可以提高石油污染土壤中石油的降解率。

石油污染在土壤中发生后，由于土壤中大量的输入性C改变了土壤中原有的C/N比，在土著微生物细胞利用这些多余的C时，土壤中的N、P等无机养料也随之减少。Ayotamuno等在人为地向石油污染农业土壤中投入肥料进行原位生物修复时发现，投入肥料的石油污染土壤的石油烃去除率达到50%～95%，这说明投入肥料对于污染土壤的修复十分有效。Abdulsalam等向石油污染土壤中以N：P：K＝20：10：10的比例投入水溶性的无机N、P、K营养成分，将土壤中最终的C/N比调至12：1时，发现最终石油降解率提高了28%～36%。除了无机肥料的添加，一些有机肥料和缓释型肥料也被广泛地应用到石油污染土壤的修复中。Xu等将一种半透膜包裹的无机水溶性N、P、K的缓释型肥料投入到石油污染海底的沉积物中，处理45天后，石油降解率就达到了95%～97%，明显高于对照组26%的降解率。Hamdia等还发现，以添加肥料的生物刺激技术修复蒽、芘和苯并芘污染的土壤过程中，随着石油降解率的提高，微生物的分泌酶(如脱氢酶和脂肪酶等)都有显著性提高。此外，添加混合型肥料的生物刺激也被证实有很好的修复效果。以上这些结果说明，营养物质的添加可以调节土壤中微生物的生长环境，从而促进微生物的生长和生物活性，可能达到促进石油降解的效果。

虽然营养物质的添加可以有效促进石油污染土壤中石油的降解，但过高浓度养料的加入可能也会导致石油降解率的降低。不仅如此，添加的营养物质的种类、土壤的实际理化性质、石油污染的程度与类型、环境因素也制约着微生物处理石油污染的效果。白云等对N、P、K肥料的添加浓度比例进行了一系列的研究，最后确定土壤中微生物降解石油的最适养分比例为C：N：P＝100：10：1。Wu和Allan等将表面活性剂、麦芽糊精、酿酒厂废料等生物添加剂应用到稠环芳香烃和石油污染土壤的生物修复中，得到了不错的效果。生物刺激修复技术有巨大的应用潜力，但在应用过程中要针对污染土壤的不同具体情况，对环境条件的复杂性和土壤的多样性进行全方位综合分析考虑，选择与之相适应的生物刺激手段，以达到理想的修复效果。

1.2.2.2　生物强化修复技术

生物强化是指向污染场地中人为地投加具有高效降解目标污染物能力的本土或者外源菌或菌群，从而去除污染环境中的污染物的技术。生物强化在众多微生物修复技术中处于重要的位置。与生物刺激相比，生物强化更适合应用在高浓度(5200～21430mg/kg)的原油污染土壤的修复上。当将不动杆菌接入到14380mg/kg原油污染土壤进行生物强化修复时，总石油烃的去除率相比生物刺激增加了30%。Megharag等还发现土壤中高浓度原油的毒性会严重抑制土壤中微生物的生物量的增加和土壤酶活性。实践证明，在生物刺激和自然衰减等修复技术都不能奏效时，生物强化技术往往可以发挥作用。

微生物修复技术依赖于微生物代谢的多种方式对污染物进行去除和降解，这种方式可以与自然界主要的循环途径——生物地球化学循环相兼容，也使得微生物修复成为一种可持续的环保绿色治理手段。尽管具有污染物降解能力的微生物在土壤层或蓄水层中也存在，但恶劣的外界环境会影响这些微生物的降解能力，导致在有些情况下这些微生物不能把污染物降解或完全矿化为CO_2、CH_4和H_2O小分子。除此之外，土壤中的有效微生物往往数量较少且种类单一，很难形成完整的酶转化系统，不能将污染物完全降解。因此，在对一些典型的高毒性污染物如多环芳烃碳氢化合物(脂肪烃和芳香烃)、卤代的有机物、多硝基芳烃[多氯联苯、2，4，6－三硝基甲苯(TNT)等]、有机磷农药或杀虫剂和除草剂等进行治理时，生物强化被认为是最有潜力的修复技术。

近些年来，针对污染环境中污染物的性质，选择能高效降解污染物的单一菌或菌群进行生物强化修复的研究越来越多，而且取得了很好的修复效果。Forsyth等对生物强化所适用的污染土壤的类型和特点进行了总结。文中指出生物强化应该应用在不能检测出具有降解能力的微生物或微生物数量很少的污染土壤中、含有复杂有毒化合物的需要进行多步修复过程的土壤中以及非生物方法成本高于生物强化成本的小范围的土壤修复中。需要指出的是，生物强化不仅能应用在石油类有机物污染的土壤修复中，还可以有效地去除重金属污染和放射性核素的污染。

1.3 生物强化修复技术的研究现状

1.3.1 用于生物强化修复技术中的微生物

细菌和真菌是两类被证明有石油降解能力的主要微生物。具有较高降解能力的细菌有不动杆菌(*Acinetobacter* sp.)、产碱杆菌(*Alcaligene* sp.)、节杆菌(*Archrobacter* sp.)、微球菌(*Micrococcus* sp.)、芽孢杆菌(*Bacillus* sp.)、假单孢菌(*Pseudomonas* sp.)、分枝杆菌(*Mycobacterium* sp.)、无色杆菌(*Achromobacter* sp.)和红平红球菌(*Rhodococcus erythropolis*)等。一些真菌如青霉属(*Penicillium*)、木霉属(*Trichoderma*)、枝孢霉(*Cladosporium*)、镰刀菌属(*Fusarium*)、曲霉属(*Aspergillus*)、黄孢原毛平革(*Phanerochaete chrysosporium*)、枝顶孢属(*Acremonium* sp.)和糙皮侧耳属(*Pleurotus ostreatus*)等也被证实在高毒性污染物的去除中扮演着重要的角色。在对污染土壤进行生物强化修复时，为保证生物强化的有效实施，不仅要考虑土壤中污染物的种类和浓度，还要对所接种的菌和菌群进行慎重选择。一般会选择易于培养、能快速生长、能耐受高浓度污染物和具有较强的生存能力的微生物进行接种。除此之外，能产生表面活性剂的菌由于可以增加污染物的生物可利用性，被广泛地应用在稠环芳烃化合物(PAHs)和联苯类等难以降解的污染物的去除上。生物强化按照所接种的微生物来源的不同，又分为本土生物强化和外源生物强化两种，其中外源生物强化是较早被提出并应用的修复技术。目前，利用非本土筛选的具有高效降解相应污染物能力的细菌、真菌或菌群进行生物强化的研究有很多，也有很多成功实施的案例。但由于外源生物接种对本土微生物的种群组成会产生难以估计的影响，外源生物强化还需进一步的研究和改进。本土生物强化是2007年由日本科学家Ueno等提出的新概念，是指利用已有的污染土壤中筛选出的微生物，经富集培养后再重新接种到污染土壤中进行修复的技术。虽然近些年来本土生物强化也被广泛地接受和认可，但大量的接入本土微生物是否会对土壤的理化性质和微生物种群产生影响并不清楚，也还需要进一步的研究。因此，对污染土壤进行治理时，要根据实际污染的情况选择合适的生物强化方式。生物强化通常会选择能降解大多数石油污染物的微生物。以前大多数生物强化趋向于选择革兰氏阴性菌，如假单孢菌(*Pseudomonas* sp.)、不动杆菌(*Acinetobacter* sp.)、无色杆菌(*Achromobacter* sp.)和产碱杆菌(*Alcaligene* sp.)等，近些年来人们的目光开始向革兰氏阳性菌转移。分枝杆菌(*Mycobacterium* sp.)和芽孢杆菌(*Bacillus* sp.)等在生物强化中的应用和研究越来越多。另外，一些丝状真菌如犁头霉属(*Absidia*)、青霉属(*Penicillium*)、曲霉属(*Aspergillus*)、毛霉属

(*Mucor*)、枝顶孢属(*Acremonium* sp.)和轮枝菌属(*Verticillium*)等在生物强化的应用中也取得了很好的效果。Mancera-López 等将根霉、青霉和曲霉接种到陈年的石油污染土壤中，发现这三种真菌处理组的土壤中 PAHs 的降解率比生物刺激处理组分别提高了 36%，30% 和 17%。Garon 等将柱孢犁头霉接种到芴污染的土壤中，在 288 小时后发现芴的去除率达到了 90% 以上。这说明真菌在实际的石油污染修复中尤其是在 PAHs 的修复上具有很大的应用潜力。虽然在生物强化中同菌群接种就能达到很好的修复效果，但面对一些高浓度的石油、高毒性 PAHs 或混合 PAHs 污染土壤进行修复时，单一菌种很难达到很好的降解效果，必须有多种微生物参与其生物修复过程。Run Sun 等组建了一个细菌菌群，利用该菌群对 PAHs 污染土壤进行修复，降解率高达 96.2%。Heinaru 等发现单一菌种会产生难以消除的中间代谢产物，但在由不同菌种所组成的菌群中，这些中间代谢产物有可能会通过其他菌种的分解代谢过程进行降解。

1.3.2 生物强化修复技术的局限性

土壤的环境因素和微生物因素也会影响生物强化的有效性。环境因素如土壤温度、湿度、pH 值、含水量、透气性和营养物质含量等都是影响生物强化有效性的重要元素。Hong 等在利用伯克氏菌(*Burkholderia*)对杀螟硫磷污染的土壤进行修复时发现，微碱性和 30℃的环境最适合细菌的生长和发挥降解作用，而强碱性、强酸性和 50℃的高温环境都会抑制细菌对农药的降解。Ronen 等进行了土壤水分含量对无色杆菌降解三溴苯酚的影响研究，发现土壤含水量在 25% 和 50% 时，细菌能快速的降解三溴苯酚，而当土壤含水量在 10% 时，细菌只能很少地降解三溴苯酚。这是因为当土壤中的水分含量过低时，土壤中供应底物的扩散作用会受到抑制，土壤中的微生物会发生如细胞脱水等不利生理效应，而这些都可能会导致微生物活性的降低。但过高的含水量则会妨碍土壤的透气性，造成氧气供应不足，直接影响微生物在加氧酶催化下对石油进行的起始降解反应。因此，土壤水分含量应控制在一个适当水平，一般认为土壤含水量在 15% ~25% 时生物降解石油的效果较好。此外，石油污染还会造成土壤中有机碳含量的增高，进而导致一些营养成分的缺乏。N 源和 P 源缺乏是最常见的生物降解限制环境因素。

土壤中具有降解能力的微生物的数量是直接影响生物强化最终修复效果的关键因素。在实际修复过程中，额外接入的微生物往往会就土壤中有限的碳源与土著微生物发生拮抗交互作用或者被土壤中的噬菌体和原生动物捕食，使投加的微生物受到损失，不能达到石油降解所需的有效生物量，影响降解效果。因此，培育适应能力强、代谢活性高、具有高效降解能力的微生物进行接种是解决这个问题的关键。除了环境因素和生物因素的单独影响，生物强化过程中还会发生由于土壤环境变化、污染物成分变化及微生物种群组成变化等因素对石油生物降解的综合影响。Alexander 等对土壤中有机污染物的降解规律进行了总结，他们发现有机物总是在一开始迅速地被降解，之后就会降解得十分缓慢，甚至不再降解，他们把这种微生物普遍的降解动力学模式称为“拐杖”现象。造成这种现象的原因可能是土壤中有效微生物或营养成分的缺乏、污染物的生物有效性的降低以及难以降解的有毒污染物的堆积。

1.3.3 增强生物强化修复技术处理效果的方法研究

鉴于环境因素和生物因素对石油生物降解的影响，结合微生物降解石油的特性，人们开发了一些通过创造合适的污染物降解的微生态环境强化生物修复效果的技术手段。目前，增强生物强化修复技术的主要途径有改善环境因素的生物刺激－生物强化联合应用与针对生物因素的投加基因工程菌(GEM)两种。生物刺激－生物强化联合应用是在实施生物强化的同时人为地添加一些土壤中可能缺乏的微生物生长繁殖必需的能源物质，或能够增加石油生物利用度的物质(如营养物质、氧气剂、表面活性剂和调理剂等)。土壤中的本土微生物和外源接入的微生物能受益于这些所添加的物质，加快石油的生物降解。近几年来，国内外学者对生物刺激－生物强化联合应用做了很多研究，和单纯的生物强化相比，这些采用联合技术治理的石油降解率都得到了显著的提升。随着石油污染土壤修复的迫切需要，高效石油降解菌的筛选、培养和功能鉴定的工作大量进行，许多具有高效石油降解能力的菌被开发及应用。现代环境生物技术的目光开始聚焦在通过培养并投加含有多种高效降解基因的工程菌来增强石油降解。Filonov 等构建了一株具有萘降解基因的工程菌，他们发现在利用这株工程菌进行生物强化时，土壤中萘的浓度在第 12 天内就从2mg/g降到了0.2mg/g，而未使用工程菌的对照组萘的浓度为 0.6mg/g。虽然上述手段都能避免实际修复中最初的环境因素和生物因素的影响，有效地保证生物强化的顺利实施，但目前还没有针对生物强化过程中土壤环境、污染物成分及微生物种群组成变化等综合因素造成的石油生物降解不能持续方面的技术研究，即对“拐杖”现象进行改善的有效技术研究。Sabaté 等曾研究连续投递同种细菌和营养物质对“拐杖”现象的影响，但都未获得明显效果。这说明微生物的数量和营养物含量的减少都不是造成这种现象的主要原因。因此，从微生物代谢角度出发，利用不同微生物代谢石油途径的不同生理特点，开发代谢过程互补的微生物混合菌群类型的生物强化技术，并研究其降解污染物的规律，在未来生物修复领域中具有重大的实际意义。

1.3.4 油田现场生物强化技术应用的研究进展

微生物修复法可以在污染现场原地进行，通过微生物细胞进行有毒污染物的生物矿化作用，即可能将有机污染物完全矿化成无毒的二氧化碳、水和细胞质等。这种修复手段能够最小限度地降低对环境的影响程度和残留物的污染程度，不会对土壤结构、周围环境的植被和动物产生不良影响。原位修复法可通过生物刺激和生物强化两种方式完成，通过向污染土壤或沉积物中加入氮、磷等无机营养物，接入外源高效降解菌，或者通入氧气提高土著微生物的代谢活性。Mohn 构建了石油降解微生物菌群，并接入到原油污染的土壤中，经过耗时一年的修复之后，原油的去除率达到95%。美国西部石油泄漏事件发生后，造成了大面积的土壤污染，通过加入营养物质经过32个月的处理后，污染土壤中的典型污染物浓度从0.02g/L降到50μg/L。

相对物理、化学等修复方法而言，微生物修复法具有明显的优势，被认为是去除有机废物的有效策略，已经得到国内外广泛认可。除了成本低、技术含量要求低、无二次污染、效果显著等优点之外，微生物修复法还不需要大型的设备就可以在现场进行原位修复，适合大范围和小批量零星的污染场地。生物修复法中最有意义的生物强化方法有可能刺激污染土壤中高效石油降解菌的产生，有助于完成对污染土壤、沉积物或水体的原位修复和异位修复。系统运用生物过程设计工程化的环境处理技术体系已经多有描述。生物修复技术的关键优势在于，可以利用经过长时间进化的多种酶代谢途径降解多种有毒污染物。生物修复技术是生物技术中最有效的用于处理污染环境恢复土壤生态的最经济有效的方法之一。该技术是清洁环境、降解污染物的最有吸引力的技术，已经在欧洲、美国等多个国家或地区取得过成功。生物修复技术不管是原位修复还是移位修复很大部分源于对污染物的生物降解。生物修复和自然衰减已经被认为是处理如混合物污染、生物炭固定以及石油污染等的有效方法。许多需氧菌、厌氧菌和真菌都参与了这种生物修复过程。

国外有关生物强化策略修复污染的讨论一直没有停止。从生物强化策略使用的具体实践来分析，有成功的，也有失败的经历。建立一种成功的生物修复策略对科研领域和生产单位一直都是一种挑战。据报道，影响生物修复策略成功与否的主要因素包括存在于污染场地微生物的代谢污染物的代谢潜力(the catabolic potential of microorganisms)，以及污染物的生物可利用性(the bioavailability of the contaminants)，这两个因素通常被认为是限制生物修复效率的主要因素。虽然降解污染的相关土著微生物也是含有诸如alkB羟化酶(the alkB alkane hydroxylaze gene)的微生物，但是由于其相对含量丰度低，导致起始降解潜力和降解速度都比较低，因此，采用诸如生物强化策略的修复思路有望改善污染环境的修复潜力，提高最终降解率。研究证实，使用生物强化策略可以增加起始降解微生物的数量，有助于提高降解速率和改善处理过程，减少降解微生物适应环境的时间。另外，也有些报道却证实，使用生物强化策略无助于达到降解目标。总而言之，在许多情况下，生物强化修复实践失败的原因多和目标菌株的筛选策略不当有关，这就可能导致所使用微生物菌种在污染现场的存活率和适应性差。基于此，对于通过生物强化策略引入污染环境的有效菌群就需要经过特殊的制备和处理过程以提高在新环境中的细胞存活率。目前，作为生物强化修复的产品多通过麸皮、玉米皮等农业附加品固化或吸附，或在液体培养液中加入保护剂，或者以生物添加剂的形式出现。美国环境保护署的产品清单中也多以这些形式出现。在国内市场上，公司提供的多是以麸皮或者草炭吸附的细菌制剂，但未有确切的现场实验报道，在现场修复实践中的成功报道很少。

无论国内或是国外，许多科研工作者都在大力研究可降解有机物的高效微生物，并已开发获得了许多新的高效菌种，对有机物处理的范围也相应拓宽。就生物强化的具体操作而言，地耕法、堆肥法以及污泥生物反应器法等可以把生物强化菌剂引入污染场地进行处理。地耕法处理含油污泥通过机械方法把强化菌剂和含油污泥搅拌混匀，设备简单、便宜，相对容易在现场实施，运行费用相对较低。但地耕法在含油污泥处理量小、场地分散的油田生产现场不适宜，也不适用于冬季较长、长时间低温的地区。虽然有报道认为堆肥法可适用于处理较高烃类含量的含油污泥，但在现场成功实施的试验或规模化的处理不多。从现场和科研实践来分析，采用单一菌种处理对轻质类石油成分的降解效果好，但对环烷烃、芳烃、杂环类处理效果较差，尤其对高含油的含油污泥很难适应和处理。目前，在含油污泥或其他类污染的处理过程中，使用单一微生物菌株或细菌菌群处理的报道或现场处理较多，对联合采用细菌和真菌生物菌群或单一真菌或复合真菌作为生物强化策略的菌剂产品处理很少。但最近几年，采用真菌或真菌－细菌菌群组合的实验室和田间实验的报道增多，对生物强化菌剂产品在实验室和田间实验过程中的降解差异及工艺的相关研究很热。从国外研究报道和相关产品用于修复现场的实际分析可知，修复时间普遍比较长，实际生物修复时间高达 0.3 ~2 年，修复效率在 56% ~90%，而且污染物起始含量都很低。但是，这种修复实践和国内各大油田公司现场修复的实际需要差异很大，国内油田普遍要求修复和处理的多是含油量高达 10% 甚至 20% 以上的含油污泥或废水，而且时间要求越短越好。因此，仅就处理起始含油量这点而言，国外的相关技术和产品在国内要使用，还需要重新构建产品体系和现场修复技术体系。更重要的是，直接将国外有关生物强化的产品和技术用于处理国内油田公司的含油污泥，其产品所含有的有效微生物菌群是否适应国内各油田公司的现场土壤和环境是关键问题之一，因为从国外环境筛选的降解微生物或菌群是否适应国内的污染土壤条件是非常值得怀疑的。

1.3.5 生物强化策略实施的弊端和进展

石油烃(petroleum hydrocarbons)的生物降解是一个复杂的过程，其降解率取决于污染环境中存在的碳氢化合物的性质和数量。石油碳氢化合物可以分为四类：饱和烃、芳香烃、沥青质(酚类、脂肪酸、酮类、酯类，还有卟啉)和树脂类物质(吡啶、喹啉、咔唑、亚砜和酰胺。影响微生物降解该类物质的最大限制性因素是这些物质对微生物细胞的可利用性。石油烃化合物与土壤颗粒紧密结合，由于不能接触到微生物而很难被去除或降解。不同的碳氢化合物被微生物降解的敏感性也不同。一般而言，微生物降解该类物质的顺序为直链烷烃 > 支链烷烃 > 小链烷烃芳烃 > 环烷烃，一些化合物，如高分子量多环芳烃(PAHs)，可能根本不会被降解。

含油污泥中的石油类物质分析表明，含碳原子数范围在 C_{10} ~ C_{22} 的直链烷烃和芳香烷烃一般低毒，可被生物降解。碳原子数大于 22 的油气化合物由于复杂的理化性质，一般虽属低毒但由于其可溶性低，易黏附于颗粒上，且在高于 35℃时，呈半固体状态而导致其不易为生物所利用。碳原子数小于 4 的烃类一般很容易降解，而碳原子数在 5 ~9 的烃类虽然有毒，但由于含量低，也不是生物处理时的主要考虑成分。支链烃类和环状的烃类以及稠环芳烃类的化合物等由于立体结构相对复杂、可溶性低、生物可降解性差，其随着碳原子数的增大更会变得愈来愈难降解，而被视为难降解类化合物。研究表明，生物酶处理或降解不同类化合物的机制或作用位点不同，直链烃类化合物通过一般氧化反应就可降解，而稠环芳烃等复杂化合物却需要较多的步骤才能完成。虽然细菌在石油降解中的应用很有潜力，但是由于石油污染物(如稠环芳烃等物质)在水中溶解度低，单一的细菌很难接触到该类物质从而导致其降解率很低。因此，采用单一的微生物(如细菌或细菌菌群)降解含油污泥中多种多样的有机物存在着生理和代谢的天然障碍。只有构建或筛选细菌－真菌微生物菌群或真菌菌群的生物强化菌剂，才可能对复杂的石油类污染起到降解和分解的作用。

另外，对含油污泥而言，其中所含的难降解的石油烃类化合物由于可溶性低、易黏附等特点而常常吸附在土壤或沙粒等自然颗粒上。据加拿大环境修复公司 ivey 等报道，90% ~95% 的环境污染物(如石油类化合物)都吸附在自然颗粒上，水溶性差、流动性低，而当此类被吸附的污染化合物被吸附于黏土或细砂中时，就会更难移动，可利用性更低。许多国际环境处理公司的修复实践表明，这些特点极大地降低了一般处理方法(包括抽取、化学氧化和还原、蒸汽注入或其他方法)的有效性，并极大地延长了处理时间，增加了处理成本。因此，如果能解决或降低含油污泥中污染物的吸附，就能极大地促进此类污染的处理效率。而且，在含油污泥中水不饱和区域的水分往往相互结合，形成表面张力很强的聚簇团，严重降低了一般处理方法的效果和作用强度。我们的研究表明，处于非水相的疏水类有机物质需要克服各种屏障才能到达水相被生物降解。这些研究都表明，仅靠单一的处理方法或一种生物质资源的生物作用很难降解含油污泥中的诸多被吸附的污染化合物。因此，从含油污泥所含污染物的特定物化条件来分析，需要多种可降解其中所含有机物的机制和解决其被吸附的问题，而综合生物处理法采用细菌－真菌菌群可以集成诸多生物质资源的处理能力(如产生表面活性剂的菌株)，不失为一种经济和高效的含油污泥或污染的处理技术。近年来，有单独采用添加表面活性剂和生物强化策略联合修复柴油污染土壤的可行性的研究报道。结果证明，采用混合细菌菌群可有效增加修复效率，而单独添加鼠李糖脂表面活性剂对修复效果没有显著的促进或抑制作用，但联合使用表面活性剂添加和细菌菌群的生物强化策略对促进柴油污染的处理有显著的促进作用。国外最新研究证实，联合使用多种生物质资源的生物强化菌剂处理不同有机物不仅仅是可行的，而且当使用方法得当时，还可以获得比其他化学或生物技术处理方法更广泛、快速和经济的效果。

目前，在田间现场水平，单一微生物尤其是细菌菌种或混合细菌菌群的修复实践已有多个报道(full-scale field remediation units)。生物处理法比传统的理化法成本低，仅仅为其三分之一或二分之一左右。从 20 世纪 80 年代以来，已经在多个场地修复中得以实施，这种处理方法被认为是最有前景的有效修复石油类污染的方法之一。但是单一的生物处理法修复石油类污染耗时长，对半衰期(half-lives of the hydrocarbon)不同的石油烃类化合物的处理时间和能力不同，对低分子量化合物降解时间可能短到几周，而对大分子的稠环芳烃分子降解就需要很长的时间。因此，对那些以时间计算成本的场地修复就有些不适用。另外，单一的生物处理法对非水相石油类污染(比如吸附在土壤颗粒上的污染物)难以降解或降解率很低。因此，生物处理法对一些特殊场地的修复(如含油污泥)的修复效率还有待提高。采用生物综合法处理含油污泥可以克服以往单一生物处理法的缺点，尤其是多步骤添加营养、菌剂等处理产品的各种劳力和时间投入。在理论上，利用综合生物处理法是指利用不同的生物资源中的生物酶或不同石油类化合物的不同降解能力处理含油污泥，更能有效地降解含油污泥中各种有害成分。采用综合生物法可以有效地将含油污泥中的各种污染物处理成各种羟基化产物、醛、酮、羧酸、二氧化碳和水等小分子的生物可降解性物质，而且可以处理污泥颗粒等自然颗粒(NOMs)吸附的有机物，从而增加这些石油类非水相疏水化合物(HOCs)的生物可利用性和处理效果。目前国外研究很多，并且开始进行场地含油污泥处理，有些公司已经向国内推广其产品，但相对而言，此类产品以化学表活剂为多，一般以分散剂或生物修复剂等产品形式为主。

1.4 含油污泥或石油污染土壤生物修复技术的最新研究进展

土壤是一种非常复杂和动力学变化的生境，而在被污染石油烃类化合物后，其理化性质就变得更加复杂，原土壤的土质、渗水率、板结性、有机质含量、土著微生物数量和种类等一系列性质都可能发生改变。而这些物化性质的改变对采取生物强化策略的成功都可能会产生影响。据报道，影响生物强化修复策略是否成功的主要因素包括引入微生物的存活性和污染物的生物可利用性。因此，生物和非生物性因素对生物强化策略的影响就是通过影响产品中微生物的存活性和污染物的可生化性而最终影响生物修复的效率的。生物因素包括土著微生物的数量和种类及原生生物，这些生物的存在可以通过和引入微生物之间竞争营养或电子受体而影响生物强化中微生物的数量和存活性，进而影响整个生物强化策略的修复效果。土壤中的生物因素对生物强化策略引入的微生物的存活和降解能力的发挥都会起到一种缓冲作用，影响其生物强化菌剂在新环境中的定居和发挥降解能力的条件。

研究表明，作为影响生物强化策略效率的土著微生物菌群或菌在修复环境中是否具有优势，对引入的微生物培养物是否发挥有效降解作用有重要影响。虽然有研究认为污染环境中微生物总数目的增加并不是成功的生物强化的必然先决条件，但是从理论和实际来分析，确保修复过程中足够数目的生物强化菌数应该是保证修复成功的关键因素之一。而且，为了抵消污染环境中土著微生物菌或菌群的存在对生物强化菌剂微生物或菌群在污染生境中的定居、存活和繁殖，形成生长优势并能起到主要的降解作用，提高生物强化菌剂的接入量或投放量是非常必需的。非生物因素，比如当地土壤温度、修复过程中的气候条件、pH 值、有机质、湿度和黏土含量或砂土比例等，也可以通过影响外来微生物的存活性和污染物的生物可利用性，进而对生物强化修复措施的修复效率产生影响。同时，这些非生物因素对修复过程中维护过程的复杂性、成本投入和满足最终生物强化降解条件都可能会产生非常大甚至是关键的影响。在制定修复策略前，有必要详细分析污染现场的当地气候、土壤条件、尤其是污染物含量和理化性质等非生物因素是非常重要的和必需的。但是，除了国外专业修复公司有专门的现场污染评估体系，国内公司甚至科研单位都还没有建立可行的非生物因素分析体系和现场评估技术系统。

可以通过两种方法在土壤中引入额外的微生物培养物或菌群，包括生物强化以及使用转基因微生物。转基因微生物依赖于引入与碳氢化合物生物降解途径相关的基因，实用价值有限。例如，在欧盟国家引进转基因生物必须遵守欧盟议会 2001/18/EC 号指令的严格规定，而且公众的关注，以及与控制(如水平基因转移现象)和保持遗传稳定性有关的问题限制了这种方法的适用性。目前实践中还很缺乏关于应用转基因碳氢化合物降解剂进行实际生物修复的研究和实践。相比而言，生物强化修复策略备受关注。该策略是将特定微生物细胞或菌群投入到受污染区域进行生物降解。虽然该策略有一定的实践应用，但在实际应用中也有缺陷。这种策略适用地域有限，似乎只适用于非常特殊的污染或环境条件以及污染物以非常高的浓度存在的情况。由于生物强化所引入和选择的微生物往往在其引入的环境中无法增殖，这可能是由于筛选通常是在实验室条件下进行的，而实验室条件并不能反映给定地点的实际环境因素，或者是由于引入的微生物与本地种群的对抗性相互作用导致修复效率低。

从污染场地的微生物种群中分离出有效的降解微生物，分离纯化后扩增引入污染地进行生物修复的生物强化策略也许相对有效，但这种方法实施起来很麻烦。这种生物强化策略虽然被多种实践证明可行，但由于常常在没有正确鉴定微生物种群中存在的物种的情况下使用，因此，这些微生物是否安全，是否是致病或机会性致病微生物等这些安全性问题难以确定。当然，生物强化的效果也取决于过程的持续时间，该策略可能会在生物降解的初始阶段导致强化，但似乎较少在长期处理过程的后期有效，甚至导致土壤呼吸抑制。随着基因组和菌群高通量测序技术的进步，根据亚基因组图谱选择最有效的降解剂有助于进一步改善本地生物强化的生物修复效果，这种策略有助于针对具体污染场地的菌群结构变化选择提高生物强化效率的降解性微生物。但是，也有研究发现，引入不直接参与生物降解过程的菌株或菌剂也可能会提高碳氢化合物的去除效率。生物强化策略的具体实施和效果一直在学界和产业界存在争论，需要不断地加以研究，并在具体实施中总结经验。

除了生物强化策略，生物刺激也是最基本的工程生物修复技术之一，即依赖于营养素、末端电子受体和添加剂的应用，以刺激污染场所土著降解微生物的代谢和降解活性达到生物修复的目的。这种方法是基于通过添加营养以缓解或解决生物修复过程中的营养不平衡或由 C：N：P 比率不平衡引起的限制而提高修复效率。一般而言，添加一些少量的化学肥料可以提高修复效率，而添加有机肥或熟化过的畜禽粪便既有助于缓解生物修复菌剂的营养限制，也有助于增加土壤有机质的含量，而且可以就地取材，成本低。目前，生物刺激通常与上述生物强化相结合，作为确保高生物降解效率的联合策略。在大多数情况下，这种方法是成功的，尽管也有失败的报告。此外，有研究表明，在这种组合方法中，生物刺激可能是主要的驱动力。对两种策略进行的比较表明，生物刺激可以获得更好的结果，而生物强化的贡献较低。但是，应该强调的是，营养素的类型应该仔细选择，因为某些形式的营养素可能会刺激这一过程，而其他形式的营养素则会导致性能下降。

生物降解的效率和污染场地的环境因素直接相关，陆地和水环境给降解微生物提供的降解环境就有明显不同。一般而言，土壤基质的复杂性往往导致石油烃类化合物的生物利用率较低，因而导致降解率偏低。土壤是由水、矿物和有机成分组成的复杂系统。土壤的孔隙率通过吸附/解吸影响碳氢化合物的生物利用度和生物可利用性，有机成分(主要是腐殖酸)充当"海绵"或"穿梭机"，控制碳氢化合物的浓度并降低其毒性，而水含量或水活度可能会影响到水对微生物的有效性以及营养物质、溶解氧和污染物的浓度。在土壤中添加表面活性剂有助于增加石油烃类化合物在土壤空隙的水中的溶解度，从而增加该类化合物的生物利用率，提高生物降解率。表面活性剂辅助生物降解是生物修复工程的又一策略，可以用于克服陆地环境系统中的多种修复限制。这种方法也适用于海洋环境，将浮油分散成细小的液滴，增加油与水的接触面积，并允许改善相对C：N：P。由于表面活性剂分子将油相分散成细小颗粒，在相同浓度下，营养物质的利用效率更高（显著降低了营养物质对细菌生长的限制)。

虽然使用外部添加的生物表面活性剂或生物表面活性剂产生菌可用于改进碳氢化合物的生物降解过程，但是，这种添加在许多情况下也不成功。在已经污染多年的污染修复中，添加的表面活性剂往往被微生物优先使用，从而失去改变石油类物质生物利用率的目的。当然，表面活性剂使用有可能将石油烃类物质包裹在胶束中而使其难以和微生物细胞接触，也可能在高浓度下抑制微生物的降解活性甚至生长。而且，这种策略也受到污染场地重金属离子污染的影响。总结而言，这种策略的成功与否和表面活性剂种类、浓度、污染物的浓度以及修复时间都紧密相关。不管如何，这一策略在实践中有成功的案例，也有不成功的案例，需要进一步研究。

据文献分析，目前还没有建立一种高效的生物强化策略的现场修复实践模式，国外和国内的相关公司提供了多种修复模式，但在使用时效果都不显著，有些由于操作繁杂而不为用户所采用。许多报道的田间试验，一般通过实验室建立基本的操作工艺后，扩大到田间实验进行。虽然在实验室条件下，有些研究提出的生物强化策略可以获得相对较好的修复效果，但在田间水平却很难达到实验室的修复水平。在实验室条件下实施的修复过程，无论如何费心地去模拟田间实验条件，也很难完全模拟田间现场实验中自然环境条件下的千变万化的多种综合条件。因此，实验室的修复实验也就很难完全模拟田间现场试验的修复条件，比如污染场地的水分变化和控制维护、大自然所提供的菌或菌群生长的复杂条件。污染场地的天然条件包括气候、土壤的土质和类型、污染物含量和理化性质、当地水质等这些直接影响生物强化菌剂在污染场地定居、繁殖和发挥降解功能的非生物因素，都是实验室水平很难模拟的，这些也就决定了实验室水平的修复实践不能完全用于场地修复的参考。因此，在国外早期修复实践过程中，有公司或个人就出售过在田间试验没有任何效果的微生物培养物，而国内目前市场上也存在没有任何田间现场试验效果的所谓“高效生物修复试剂”。可悲的是，国内有不良公司或个人直接就把没有经过田间现场试验确认的所谓高效修复菌剂在市场上出售。国外在20世纪80～90年代，就曾有过将在实验室水平验证的实验菌株培养物当作修复石油类污染的生物强化菌剂出售，但大量的田间试验最终证明许多这类培养物没有效果。国外早期研究发现，有些生物修复产品在实验室可能是有效的，但在实际应用时的效果却没有在实验室条件下的作用显著，这是因为实验室研究总是不能模拟复杂的现实条件，如空间异质性、生物相互作用、气候效应和营养物质传输限制。因此，现场研究和应用是生物修复产品有效性的最终测试或最有说服力的证明。可见，从国外生物强化菌剂发展的历史来分析，田间现场试验才是最终确认所选生物强化菌剂是否有效的关键步骤之一。可惜，国内目前尚无系统而完善的田间现场试验模式和工艺条件，有些公司提供的所谓的田间试验修复效果还缺乏系统性评价和效果确认。针对以上的理论分析和相关产品的修复含油污泥的实践表明，目前还没有形成一种有效处理含油污泥的现场工艺条件。

就市场上提供的所谓生物强化修复菌剂而言，国家还缺乏相应系统的质量管理标准，有些仅仅沿用农业部有关农用微生物菌剂的标准进行管理，但对环境污染物修复菌剂的特殊性以及确保田间水平修复效率的措施还未有明文规定。国外有些供应商仅仅强调表面上的所谓质量控制程序以确保其产品技术的可行性，但没有考虑在田间水平菌剂修复能力的维持和发挥。从我们实验室和最近田间试验的结果来分析，生物强化菌剂产品的质量控制和管理程序应该包括微生物对目标污染有机物的降解能力、有效微生物数量、降解酶活能力，以及强化菌剂在污染环境的定居、存活和繁殖能力及接种比例等的测试。另外，对生物强化菌剂在实验室水平的评估标准，目前国内尚无明确的报道。

基于国内外的研究进展和趋势，尤其是目前国外最新生物修复产品的研究进展，我们研究团队在中国石油长庆油田公司相关单位的支持下，系统开展了石油污染的微生物修复研究，特此总结出来，为国内相关科研界、产业界及政府相关管理部门提出一些有用的建议和思路，以促进国内相关领域技术和应用研究的发展。

1.5　亟待解决的科学问题

迄今为止，土壤和水中的石油碳氢化合物仍然是主要和最常见的环境污染物。因此，石油生产过程中产生的石油碳氢化合物仍然常常引起人们的关注。目前，原油的生产、运输、化学加工等仍然被认为是人为油气污染的主要来源。由于石油碳氢化合物对生物（包括微生物）细胞具有毒害作用，分离碳氢化合物的降解微生物通常也是必需的。然而，尽管生物降解尤其生物强化方法或策略已被公认为一种可行的方法用来修复污染的土壤或油泥，在这一领域进行的大量研究已经大大提高了人们对这一过程的理解和应用，但是在降解机理、现场生物强化策略、菌群组合以及高浓度石油污染土壤或油泥的处理等方面仍需要进一步的研究和实践。此外，虽然石油碳氢化合物生物降解过程的机理已经被广泛报道，但对于微生物细胞与碳氢化合物污染物之间的关系以及这种关系对污染物的降解影响仍存在许多误解。为了全面深入了解微生物与碳氢化合物间的相互作用，奠定真菌－细菌菌群生物强化策略建立的理论基础，石油的生物降解尤其现场生物修复策略的建立还是一种需要深入探讨和研究的问题。微生物细胞是如何降解碳氢化合物的？细菌和真菌对这类物质的接触和降解有什么不同？石油碳氢化合物在土壤中的存在具备什么样的特征？该特征对真菌和细菌利用石油碳氢化合物有什么不同的影响？碳氢化合物生物降解过程的最重要的限制是什么？诸如真菌－细菌这样的微生物菌群必须适应的原油中碳氢化合物存在和被利用的特性是什么？真菌－细菌菌群之间如何相互促进？在富含碳氢化合物的土壤环境中，如何综合化学法和微生物降解对该类污染中的石油碳氢化合物进行有效降解？探索和解答上述问题将有助于确定目前采用的基于生物降解的生物修复方法的主要不足和优越之处，并确定今后在现场生物修复实践中需要考虑的关键领域。

降解碳氢化合物的代谢活力或酶活性在环境微生物种群中广泛存在，只要环境条件允许，生物降解过程就会启动。因此，生物刺激似乎是改善碳氢化合物去除的最安全策略。假设所引入的刺激剂与天然微生物的相容性得到测试，并且为了保持最佳的 C：N：P 比而引入了合理的营养物质剂量，那么所涉及的生物修复过程失败的风险很小。目前，生物强化仍然需要进一步的研究，以提高其成功应用的概率。今后的研究应侧重于根据受污染地点的环境条件制订选择最合适菌株的方案，并为引进非本地菌株提供指导。在这个方面，使用固定化污染物降解剂似乎具有潜在的前景。为了正确利用(生物)表面活性剂辅助生物降解，有许多因素需要考虑，特别是在土壤系统中。根据以往的报道，在生物降解过程的初始阶段，在总石油烃含量高的情况下施用较低剂量的(生物)表面活性剂似乎可以提高效率。在这种情况下，在任何处理工艺之前，还应进行有关毒性、污染物迁移率和表面活性剂优先降解的额外测试。总的来说，尽管碳氢化合物作为环境污染物在许多场合和几十年来得到了研究，但这方面仍有许多工作要做。

第2章 含油污泥(土壤)中石油降解微生物的研究

2.1 微生物对石油类疏水性物质的生物降解

2.1.1 微生物细胞降解石油化合物的机理

早在1934年，微生物生态学家提出的有关物种存在的原则“万物皆有，唯有环境选择”(Everything is everywhere，but the environment selects)，说明降解石油碳氢化合物的微生物其实在环境中是普遍存在的。对不同微生物种群分解代谢活性的研究也说明了碳氢化合物降解微生物存在的普遍性。无论土壤环境是否受到污染，降解石油碳氢化合物的微生物可能是普遍存在的。但是，它们在土壤中存在的相对丰度较低(低于总微生物数量的1%)。因此，要建立有效的生物强化策略或其他生物修复技术，分离筛选获得高效降解碳氢化合物的微生物是必需的。

细菌是石油自然降解过程中最活跃的一种生物细胞。Floodgate 曾经列出了从海洋环境中分离到的25种碳氢化合物的降解细菌和25种碳氢化合物降解真菌。Bartha 和 Bossert 报道过22个细菌属和31个真菌属的石油降解微生物。但是由于生态系统和当地环境的差异，不同细菌或者真菌降解石油类物质的种类有差异，降解活性也存在区别。从石油盐渍土中可以分到降解碳氢化合物真菌属的微生物，包括 *Amorphoteca*、*Neosartorya*、*Talaromyces*、*Graphiumand* 和酵母属，以及假丝酵母属、亚氏酵母属和毕赤酵母属。陆生真菌如曲霉菌、头孢菌也是潜在的原油碳氢化合物降解菌。

石油类污染的降解过程是一个物理、化学和生物学相结合的复杂过程，可能包括烃类物质的摄取、运输和降解过程。烃类物质首先要转化为微生物细胞可接纳(接受)的状态，再进一步被传递到微生物表面或可接触的地方，然后通过跨膜运输进入微生物体内从而被微生物降解。由于石油成分复杂，石油污染在水相和非水相环境可能同时存在，烷烃的转移是一个十分复杂的过程。在水相环境中，小部分水溶性小分子石油烃类成分可直接被微生物接纳而进入细胞内。对于其他大部分不溶于水的烃类物质，不同的微生物可能通过不同的方式完成对这些烃类物质的转移。一些能产生表面活性剂的微生物可以通过表面活性剂先将石油乳化为比自身细胞小的油滴，再依附在这些油滴上完成接触，这种方式被称为表面活性剂的介导。水是微生物与外界进行物质交换的媒介，因此，石油从非水相进入水

相与微生物进行接触是石油降解的第一步，也是最重要的一步。虽然表面活性剂可以增加烃类的生物可利用度，但其发挥作用还需要水的参与，而且大多数的微生物都不能产生表面活性剂。因此，在固态长链烃和稠环芳烃(PAHs)等高毒性污染物和非流体介质环境中，微生物细胞通过自身运动直接接触污染物显得更加重要。一般细菌在水体系统中占主导地位，真菌则在陆地环境中扮演着最重要的角色。真菌可以通过顶端生长的方式在广泛的空间范围内生长，形成的菌丝体可以在非流体介质(如土壤)中形成伸展的网状结构，以独特方式适应异质的生活环境。因此，和细菌相比，真菌可以更好地通过自身运动方式接触污染物。

分析总结文献认为，微生物对石油类污染的降解主要是通过多种氧化方式进行的，不同烃类有不同的降解途径和方式。①直链烷烃和支链烷烃：微生物对直链烷烃的氧化包括单末端氧化、双末端氧化和次末端氧化等多种方式。支链烷烃与直链烷烃的降解机理基本一样，但由于支链的存在，烷烃的抗蚀能力增强，降解难度加大。②环烷烃：环烷烃在石油中占了很大的比例，较难降解。环烷烃的降解需要两种氧化酶的协同氧化，一种氧化酶将其氧化脱氢形成环酮，另一种氧化酶进一步氧化断环后被细胞降解。③芳香烃类：单环芳香烃在氧化还原酶和脱氢酶的作用下转化为二醇再氧化成邻苯二酚或其衍生物的共同代谢中间体，分解进入三羧酸(TCA)循环完成代谢。④多环芳香烃：这类物质的降解取决于其结构的复杂性和氧化酶类的适应性。真菌和细菌都能降解多环芳香烃，但降解的机理并不一样。细菌借助双加氧酶把分子氧的两个氧原子结合到芳香烃氧化分解。与细菌相反，真菌则通过细胞色素 P_{450} 催化单加氧酶和环水解酶，把芳烃氧化成反式-二氢二酚类化合物。

微生物降解有机污染物最彻底的过程多为有氧过程。有机污染物在细胞内的初始降解过程是一个氧化过程，微生物氧化酶和过氧化物酶作为关键酶参与了该降解过程的激活。随后微生物将有机污染物逐步转化为中间代谢的中间产物，如三羧酸循环和其代谢物。微生物作为污染环境中天然的净化者，能够在极其恶劣的条件下生存。具备降解石油烃类物质的微生物包括细菌、真菌、放线菌和藻类等。微生物对石油烃类的降解一般分为三种类型。一种是直接进行降解，将结构复杂、分子量大的有毒物质直接降解转化为无毒害的低分子量物质，微生物通过其自身一系列的代谢活动，将石油类物质作为唯一的碳源和能源。有些微生物对石油类物质的降解率高，有些降解率却偏低。不同微生物对不同石油有机物成分的代谢水平不尽相同。另一种是通过共同代谢的方式，从除了石油以外的其他营养物质中获取碳源和能源再进行生物降解作用。还有一种是加入生物表面活性剂，通过表面活性剂或乳化剂降低石油的黏稠性，增大微生物与石油的接触面积，进而将石油类大分子物质转化为容易被降解利用的石油小分子物质。有些细菌(如假单胞菌)以及枝顶孢霉等能够以石油为碳源产生物表面活性剂(如鼠李糖脂、槐糖脂和脂肽等)，可以提高对石油的降解效率。

2.1.2 降解石油烃类的微生物和其他生物

降解石油烃的细菌或真菌在污染区域包括污水、土壤中广泛分布。应该意识到，虽然许多烃化合物对细菌和真菌是有害的，但是自然界仍然存在以石油物质为主要能源和碳源的微生物。典型的细菌以其降解碳氢化合物的能力而闻名，包括假单胞菌(*Pseudomonas*)、无色杆菌(*Achromobacter*)、微球菌(*Micrococcus*)、诺卡氏菌(*Nocardia*)、弧菌(*Vibrio*)、不动杆菌(*Acinetobacter*)、短杆菌(*Brevibacterium*)、棒状杆菌(*Corynebacterium*)、黄杆菌(*Flavobacterium*)、马林杆菌(*Marinobacter*)、戈多尼亚群(*Gordonia*)、纤维单胞菌(*Cellulomonas*)、阿尔坎尼沃拉菌(*Alcanivorax*)、微囊菌(*Microbulifer*)和鞘氨醇单胞菌(*Sphingomonas*)。在石油污染或一般干净土壤中有多种真菌分布，真菌在降解烃类物质过程中有着重要角色。但是，不同的真菌对烃类物质的降解和矿化的能力和利用率不同。这些真菌的生长速度、降解能力和对烃类物质的耐受性以及利用潜力等方面的特征还需要进一步研究。青霉(*Penicillium*)、黄萎病菌(*Verticillium* spp.)、球孢白僵菌(*Beauvaria bassianae*)、被孢霉(*Mortierilla* spp.)、石楠属(*Phoma* spp.)、担子菌属(*Sclerobasidium oboratum*)、稻瘟病菌属(*Tal ypocladium infiatum*)、白腐真菌(*Phanerochaete chrysosporium*)等，其中哈茨木霉(*Trichodenna harzianum*)可以在石油环境中生长良好，还有细链格孢菌(*Alternaria tenuis*)和土曲霉(*Aspergillus terreus*)、新月曲霉菌(*Curvuiaria lunata*)，对这些菌株都被报道过有很好的石油降解能力，但是由于检测方法可能存在的差异，这些菌株的降解能力的评估往往没有统一的标准，尤其当实际降解环境不一致时就更加难以客观评估。

由于石油的组分比较复杂，针对不同组分的降解机制各不相同。石油组分中的直链烷烃、环烷烃以及低分子量芳香烃类因结构简单，所含碳原子数较少，比较容易被降解。例如不动杆菌属(*Acinetobacter* sp.)、产碱杆菌属(*Alcaligene* sp.)、无色杆菌属(*Achromobacter* sp.)、节杆菌属(*Archrobacter* sp.)、微杆菌属(*Microbacterium* sp.)、芽孢杆菌属(*Bacillus* sp.)、棒杆菌属(*Corynebacterium* sp.)、分枝杆菌属(*Mycobacterium* sp.)、结核细菌(*Arthrobacter* sp.)、微球菌属(*Micrococcu* sp.)、假单胞菌属(*Pseudomonas* sp.)等，均能以石油烃类为唯一的碳源和能源进行生长代谢。对于分子量较大的如四环及以上的芳香烃类物质，其熔沸点较高，化学性质稳定，结构复杂，仅部分细菌和真菌具有较好的降解能力，微生物进行修复的过程也比较复杂。自然界中对非水相石油类 HOCs(疏水性有机污染物)有降解效果的微生物包括细菌、酵母、丝状真菌和放线菌等。据报道细菌的降解率在0.13%～50%，真菌的降解率在6%～80%。Atlas 等通过研究指出，具备降解石油烃类的微生物普遍存在，数量只占微生物群落总数的1%，但是当有石油类污染物存在的条件下，降解石油类 HOCs 的微生物比例可以增加到10%。Balla 曾指出，处理石油类 HOCs 污染土壤时，土壤中微生物的数量可能增加 4 个数量级。在受石油污染的土壤、水体及沉积物中，存在一种天然的生物驯化过程。因此，从污染环境中进行取样，筛选获得高效降解菌是一种有效的筛选方法。由于细菌具有生长周期短、代谢快、数量多、适应力强等优势，在污染环境中，其比真菌和放线菌能更快地去除污染物，但是，近年来真菌对 PAHs(多环芳烃)吸附和降解的报道也比较多，认为真菌的降解率可能比细菌更高，而且能够协助细菌在土壤等水不饱和区域的扩散运动。

2.2　微生物产生的生物表面活性剂

1968 年，Arima 等人报道在培养芽孢杆菌(*Bacillus subtile*)时，在发酵液中发现了具有表面活性剂活性的一种新化合物。虽然发现这类物质具有表面活性剂的性质，但当时并未引起充分的重视，直到 1980 年才被认为这有可能用来替代化学合成表面活性剂。随后，大量有关生物表面活性剂在环保、食品加工、石油开采和制药等方面的潜在应用价值的研究，引起了人们在大规模水平利用生物技术产生表面活性剂的强烈兴趣。

生物表面活性剂与化学表面活性剂相比具有低毒或无毒、生物可降解环境友好、不存在二次污染，生产工艺简单、原料易得、对设备要求不高，且物化性质稳定、结构多样、适用范围广等特点。随着有关生物表面活性剂对取代化学表面活性剂的研究，生物表面活性剂的研究和生产逐渐增多，开发新菌种、利用生物技术提高其产量具有重要的理论和现实意义。

生物表面活性剂一般由绝对的亲水和亲油基团组成。对于亲水基团而言，有的是离子型，有的是非离子型，基本由单体、双体、肽聚糖、羧酸或氨基酸等组成；亲油基团一般为饱和、不饱和或者羟基脂肪酸。1992 年，Georgiou 将生物表面活性剂分为以下几类：糖脂(glycolipids)、磷脂(phospholipids)、中性脂(neutral lipids)、脂蛋白(lipoproteins)、脂肽(lipopeptides)、脂肪酸(fatty acids)、微粒生物表面活性剂(particulate biosurfactant)和多聚生物表面活性剂(polymeric biosurfactant)等。不同微生物产生不同的表面活性剂的类型如表 2－1 所列(总结文献而来)。

生物表面活性剂功能多样性与其结构的多样性相关，这在诸多领域均有广泛地应用，如石油采收业、环境治理、化妆品、农业、医药、纺织等众多工业领域。1926 年，Beckman 首次利用微生物将石油采收率提高到了 60%。目前所应用的三次采油技术(将表面活性剂注入油井中，降低原油与水之间的界面张力，提高石油的开采量)，由于不会像化学试剂那样产生二次污染，因此被广泛应用于石油开采业。除了提高石油开采率之外，生物表面活性剂还可以直接用于修复烃类和原油污染的土壤，还可以用于处理砂砾层之间的原油，如一般用产表面活性剂的菌株培养物处理砂土，可以提高原油烃类的回收率。

表 2-1 微生物产表面活性剂种类

生物表面活性剂	产生菌株
鼠李糖脂	假单胞菌（*Pseudomonas* spp.）、绿脓假单胞菌（*P. aeruginosa*）
海藻糖脂	分枝杆菌属（*Mycobacterium*）、诺卡氏菌属（*Nocardia*）、棒杆菌属（*Corynebacterium*）、红串红球菌（*Rhodococcus erythropolis*）、节杆菌（*Arthrobacter* sp.）
槐糖脂	球拟酵母（*Torulopsis bombicola*）、蜜蜂生球拟酵母（*T. apicola*）、嗜石油球拟酵母（*T. petrophilum*）、假丝酵母（*Candida* sp.）
脂肽和脂蛋白	枯草芽孢杆菌（*Bacillu ssubtilis*）
脂肪酸、磷脂和中性脂	不动杆菌（*Acinetobacter* sp.）曲霉（*Aspergillus* sp.）
磷脂	节杆菌菌株（*Arthrobacter* sp.）、绿脓假单胞菌（*P. aeruginosa*）
磷脂酰乙醇胺	红串红球菌（*Rhodococcus erythropolis*）
阴离子杂多糖	醋酸钙不动杆菌（*Acinetobacter calcoaceticus*）
阴离子杂多糖蛋白类	抗辐射不动杆菌（*Acinetobacter radioresistens*）
脂多糖	解脂假丝酵母（*C. lipolytica*）
甘露蛋白	酿酒酵母（*Saccharomyces cerevisiae*）
甘露聚糖-脂肪酸复合物	热带假丝酵母（*Candida tropicalis*）
含赤藓糖醇和甘露糖脂	苔粘双孢黑粉菌（*Schizonelia malanoranmma*）、玉蜀黍黑粉菌（*Ustilago maydis*）
生物乳化剂	荧光假单胞菌（*P. fluorescens*）

2.3 真菌对有机物污染的生物修复

真菌中的丝状真菌以顶端生长方式在空间上可以形成高度有序的内部细胞组织。真菌菌丝直径细小，在土壤中可以网络状延伸数百公顷，由于菌丝网络分布区域广而被称为“在显微镜下包装的大型有机体”单位。土壤环境有利于丝状真菌生长，其中真菌数量可以达到土壤微生物总量的75%［总土壤微生物量为50～1000μg/g干重或2～45t/ha（1ha = $10000m^2$）］。在一般可耕地土壤中，菌丝分布可达$10^2m/g$。同时，真菌可以耐受极端不良环境，可以在温度-5～60℃、pH值1～9范围以及水活度0.645下生长。相比细菌而言，真菌在土壤中生长并不需要连续有效分散的水相，菌丝可以跨越水-气界面，连接气-固界面，穿透很硬的基质。真菌菌丝体也有助于细菌在菌丝上的移动，也有助于营养物质或污染物在空间上分离的污染物区域之间的运输，比如真菌菌丝可以运输疏水性有机污染物。已经证实真菌可以转化多种有机污染物，在真菌王国里，估计有80000～100000种，其中大多数的有机物降解真菌属于子囊菌门和担子菌门（*Ascomycota*，*Basidiomycota*），其次是毛霉菌亚门（*Mucoromycotina*），其他有降解能力的真菌报道很少。真菌降解有机物污染的酶活性低，从而一种真菌可以降解多种结构各异的有机物污染。降解污染物的真菌酶包括几种主要用于分解木质纤维素的胞外氧化还原酶以及细胞结合酶，使真菌能够作用于多种污染物。最典型的例子就是黄孢原毛平革菌（*Phanerochaete chrysosporium*），该菌的降解酶可以降解苯、甲苯、乙苯和二甲苯(BTEX)化合物、硝基芳香族和 N－杂环炸药、有机氯(氯代脂肪酸、氯木质素、氯酚、多氯联苯、多氯联苯)、多环芳烃、杀虫剂、合成染料和合成聚合物等，各种低分子和高分子量的多环芳烃和不同的二噁英同系物可以被同种真菌所降解。能够降解 PAHs 的真菌一般多见于子囊菌门(*Ascomycota*)、担子菌门(*Basidiomycota*)和接合菌亚门(*Mucoromycotina*)等，其中子囊菌亚门占据真菌总量的60%，也是降解石油类 HOCs 污染物质效果显著的种属。担子菌门的种属也能在细胞内羟基化 PAHs 并将其转化为易被降解利用的可溶性有机化合物(Dissolved organic compounds，DOCs)。针对不同类型的有机污染物，不同真菌种属具有不同的降解效果，如表 2－2 所示。总之，真菌可以通过酶反应进行化学修饰或影响化学污染物的生物利用度，并具有降解环境有机化学物质和与金属、类金属和放射性核素相关风险的生化和生态能力。

表 2－2　降解 HOCs 的真菌及降解物种类分布

种属	降解的 HOCs 类污染物
子囊菌门(*Ascomycota*)	
支孢瓶霉属(*Cladophialophora*) 外瓶霉属(*Exophiala*)	甲苯、多环芳香烃(Polycyclic aromatic hydrocarbons，PAHs)、黑索今(Royal Demolition Explosive，RDX)
曲霉属(*Aspergillus*) 青霉属(*Penicillium* sp.)	脂肪族烃类(aliphatic hydrocarbons)、氯酚类化合物(chlorophenols)、PAHs、农药(pesticides)、合成染料(synthetic dyes)及2，4，6－三硝基甲苯(TNT)
冬虫夏草属(*Cordyceps*) 镰刀真菌属(*Fusarium*)	氯化二苯并二噁英(polychlorinated dibenzo-p-dioxins，PCDDs)
粘束孢霉属(*Graphium* sp.)	甲基叔丁醚(methyl-tert-butylether，MTBE)
茎点霉属(*Phoma* sp.)	PAHs、农药(pesticides)和合成染料(synthetic dyes)
枝顶孢属(*Acremonium* sp.)	PAHs 和 RDX
念珠菌属(*Candida*)、克鲁维酵母属(*Kluyveromyces*)、脉孢菌属(*Neurospora*)、毕赤酵母属(*Pichia*)、酿酒酵母(*Saccharomyces*)和酵母属(*Yarrowia*)	正构烷烃类(n-alkanes)、烷基苯(n-alkylbenzenes)、原油(crude oil)、内分泌干扰物壬基酚(the endocrine dis-rupting chemical nonylphenol，EDC)、PAHs 和 TNT
黄孢原毛平革菌(*P. chrysosporium*)、烟曲霉属(*Aspergillus* sp.)和棘孢木霉属(*Trichoderma sp spine*)	氯代芳烃(chloroaromatics)、PAHs 和 TNT
担子菌门(*Basidiomycota*)	
茶树菇属(*Agrocybe* sp.) 球盖菇属(*Stropharia* sp.)	腐木(Filamentous wood)、土壤凋落物(soil litter-decaying members)和有机污染物
褐腐担子菌属(*Brown-rot basidiomycetes*)	氯酚类(chlorophenols)和氟喹诺酮类抗生素(fluoroquinolone antibiotics)
柄锈菌属(*Puccinia*)， 红酵母属(*Rhodotorula*)	甲酚(cresols)、原油(crude oil)、PAHs 和 RDX
小克银汉霉属(*Cunninghamella*)、毛霉属(*Mucor*)、根霉属(*Rhizopus*)	原油(crude oil)、二苯并噻吩(dibenzo-thiophene)、农药(pesticides)、染料(textile dyes)和 TNT

在生物修复过程中，丝状真菌的使用可能有利于环境化学物质转化或解毒所需的营养

物质和污染物等的转移。对于那些细菌无法降解的污染有机物，可以考虑使用真菌降解，如包括二噁英和2，4，6－三硝基甲苯等“经典”型化学污染物，以及环境基质(水、水生沉积物和土壤)中发现的化学品。真菌可以用于处理表层土壤中的有机或金属污染物，也可以用于处理溪流中的浓缩或微量的有机污染物和金属离子、挥发性有机化学品。真菌同时也是自然衰减过程中的主要功能活性微生物，这种修复方式对土壤中的微生物生长干预程度低，从而有利于丝状真菌菌丝的生长和菌丝网格的建立。此外，土壤真菌分解代谢酶的低特异性以及它们不依赖于使用污染物作为生长基质等特点，使这些真菌非常适用于生物修复过程。尽管真菌在土壤中的生物量占主导地位，在水系统中也很丰富，但真菌并没有被广泛开发用于这类环境的生物修复。虽然近些年来有关真菌用于生物降解的研究有所加强，但有关真菌生态和生理生态优势以及其用于石油污染物降解能力的研究还是有待加强。

环境中污染物的生物降解过程一般包括生物吸附和生物降解两种主要环节。污染有机物一般在环境中要经历迁移、转化和趋化等过程，而微生物作为生物修复的主体，在污染物的降解和去除过程中发挥了必不可少的作用。微生物菌体或菌丝对污染有机物的吸附和降解作用决定了污染物在环境中的行为。很多年来，多位学者呼吁开展有关真菌用于生物修复的研究和应用。

土壤和海洋等环境中存在大量的微生物。一般而言，细菌在海洋系统中占主导地位，而真菌则在淡水和陆地系统中扮演重要角色。真菌以水生和陆生环境作为栖息地，而这些环境极易受到人为和自然污染的影响。真菌在广泛的空间范围内生长并形成菌丝体，保持高度两极化的细胞内部组织支持顶端生长。尽管菌丝直径只有2～10μm，但其网状菌丝体能够延伸数百公顷，所以真菌也被称为是在地球上最大的生物之一。

真菌的菌丝体形态是一种有效的觅食策略，在贫瘠的营养条件下，菌丝体可以在环境中分散延伸，在最佳营养环境下菌丝可以大规模生长。菌丝体通过对有机物质的分解、静电黏合以及多种可能的机制影响土壤微观结构，同时也会分泌大量疏水性化合物如疏水蛋白，影响土壤中水分的渗透压。真菌无处不在，并能异化大量有机物使其在许多生境中占主导地位，即使真菌在全球碳循环和氮循环中的贡献并不太清楚，但真菌胞外酶的转化作用仍为与其互利共生的细菌、植物等提供了有利的生长基质。

真菌代谢过程中产生很多低特异性的降解酶，如属于细胞外氧化还原酶类的漆酶、过氧化物酶、过加氧酶和木质素酶，属于细胞结合酶类的细胞色素 P_{450} 混合功能氧化还原酶、芳香族硝基还原酶和醌还原酶等，可降解多种有机污染物。即使在混合物情况下，那些结构多样、分子量大小不一的多环芳烃也可被某些特定的真菌降解。因此，这些特性使得真菌可以较广泛地影响非水相有机污染物向水相中的转移。研究证实：即使在强酸强碱、高盐度、污染物结构复杂等苛刻条件下，真菌仍可作用于大量有机污染物。

因此，针对含油污泥或石油污染土壤的生物修复，从筛选获得高效降解菌株如细菌和真菌出发，研究其降解条件以及规律对建立高效的生物修复策略意义重大。

2.4 石油降解细菌的分离和鉴定的研究方法

2.4.1 分离和鉴定石油降解细菌的常用培养基配方

石油富集液体培养基：K_2HPO_4 2g/L，KH_2PO_4 0.2g/L，NaCl 0.04g/L，$(NH_4)_2SO_4$ 5g/L，$NaNO_3$ 5g/L，$MgSO_4$ 0.4g/L，$CaCl_2$ 0.2g/L，微量元素浓缩液5mL，石油10g/L，水1L，pH=7。

微量元素浓缩液：$FeSO_4$ 4g/L，$MnSO_4$ 4g/L，$ZnSO_4$ 4g/L，$CuSO_4$ 4g/L，H_3BO_3 4g/L，水1L。

石油富集固体培养基：在石油富集液体培养基中外加2%的琼脂。

细菌液体培养基：牛肉膏3g/L，蛋白胨10g/L，NaCl 5g/L，水1L，pH=7。

石油降解液体培养基：K_2HPO_4 0.5g/L，KH_2PO_4 0.5g/L，$MgSO_4$ 0.4g/L，NH_4NO_3 1g/L，NaCl 1g/L，$CaCl_2$ 0.02g/L，微量元素5mL，石油4g/L，水1L，pH=7。

牛肉膏蛋白胨固体培养基：牛肉膏3g/L，蛋白胨10g/L，NaCl 5g/L，琼脂20g/L，水1L，pH=7。

明胶液化培养基：蛋白胨5g/L，牛肉膏3g/L，明胶120g/L，水1L，pH=6.8~7.0。

淀粉培养基：蛋白胨10g/L，牛肉膏5g/L，可溶性淀粉2g/L，NaCl 5g/L，琼脂15g/L，水1L。

糖发酵培养基：蛋白胨10g/L，葡萄糖10g/L，NaCl 5g/L，水1L，pH=7.4。

吲哚培养基：蛋白胨10g/L，NaCl 5g/L，水1L，pH=7.6。

柠檬酸盐培养基：$Mg_3(PO_4)_2$ 0.2g/L，$NH_4H_2PO_4$ 1g/L，K_2HPO_4 1g/L，$C_6H_5Na_3O_7$ 5g/L，NaCl 5g/L，琼脂15g/L，1%的溴麝香草酚蓝酒精溶液8mL，水990mL。

2.4.2 石油污染样品采集

样品采自陕北地区油井废弃钻井液及其蓄池附近的石油污染土壤，用无菌采集袋进行盛放。在蓄池4个角对应的污染土壤中各取3份样品，于4℃冰箱中保存。

2.4.3 石油污染中石油降解菌的分离和纯化

1)石油污染中石油降解菌的直接分离

称取1g石油污染土壤加入到装有90mL无菌水的摇瓶中，在160r/min、28℃的恒温摇床中振荡20min。取出静置10min后，依次进行10^{-5}、10^{-6}、10^{-7}的梯度稀释。然后从10^{-5}、10^{-6}、10^{-7}稀释度的试管溶液中分别吸取100μL稀释液，用涂布棒涂布于不同的石油无机盐固体培养基中，放于恒温培养箱中进行28℃培养。等培养皿中出现菌落时，用接种环挑取先出现的颜色单一的单菌落，以划线法接种培养于牛肉膏蛋白胨固体培养基上，放于恒温培养箱中，28℃下培养。

重复上次操作直到获得单一的菌落为止，将获得的纯化菌株重新划线于石油无机盐固体培养基上，进行复筛，选择那些迅速形成的菌落进行保种，以便进一步的分析研究。

2）石油降解菌的富集与分离

称取石油污染土壤样品少许，加入到已灭菌的石油富集液体培养基中，在160r/min、28℃条件下培养7天。再按5%的接种量将该发酵液转接到新的石油富集液体培养基中。在同样条件下，连续进行4～7次转接培养。然后取1mL培养液经过多次连续培养的菌液，依次进行10^{-5}、10^{-6}、10^{-7}稀释，然后各取100～200μL菌液涂布于石油富集固体培养基上。在恒温培养箱中培养一段时间后，观察菌落形态、大小和颜色，挑取其中的单菌落，通过镜检，将单一的菌落挑取划线于牛肉膏蛋白胨固体培养基上，进一步纯化培养。这样反复操作直到获得单一细胞形态。将获得的单一菌落重新划线于石油无机盐固体培养基上进行复筛，选生长快速的单一菌落进行保种培养。

3）石油降解菌降解率的分析测定

在菌种分离过程中，一般采用重量法分析测定不同菌株的石油降解率。这种方法在一般实验室就可以实施，简单方便、成本低，可以反映一般微生物降解石油的降解能力。具体实施如下：将在细菌液体培养基中培养24h的石油降解菌分别按5%接入50mL石油降解液体培养基中，于28℃、160r/min的摇床中培养7天后，向石油降解液体培养基中加入20mL的石油醚（30～60℃）进行振荡萃取2min，将萃取液转至分液漏斗中，振荡萃取2min，静置待分层后分离，收集上清液，再用石油醚萃取2次，将所收集的上清液合并，加入无水硫酸钠（硫酸钠加入量以不再结块为止）进行脱水，放入事先以称重的平皿中，放入65℃水浴锅中去除石油醚，再放入烘箱（65℃）中烘至恒重，待冷却后称重。降解率按照以下公式计算：

$$\text{石油降解率}=(m_1-m_2)/m_1\times100\% \qquad (2-1)$$

式中，m_1为空白对照组的含油重量；m_2为样品的含油重量。

4）优势降解菌的筛选

将分离纯化后的石油降解菌分别用接种环从细菌固体培养基上挑取一环接种到细菌液体培养基中，在28℃和160r/min的摇床中培养24h，将每株菌的培养液按5%加入到50mL石油降解液体培养基中（含油量为4000mg/L），再在28℃、160r/min的摇床中进行培养，培养7天后用重量法分别测定不同菌株的石油降解率。

2.4.4　石油降解细菌的鉴定

通过观察每株菌的细胞和菌落形态、生理生化特征以及分子特征序列的分析研究对其进行鉴定。

2.4.4.1　形态学鉴定

将优势石油降解菌接种到细菌固体培养基上，在28℃的恒温培养箱中培养1~2天，观察每株菌的菌落形态、颜色、大小、边缘状况、凸起状况和湿润程度等。

1) 细菌革兰氏染色方法

将培养24h的菌按常规方法进行涂片、干燥和固定。滴加草酸铵结晶紫染液覆盖涂菌部位进行初染，染色1~2min后倾去染色液，水洗至流出水无色。用碘液冲去残留水迹，再用碘液覆盖涂片1min后倾去碘液，水洗至流出水无色。将玻片上残留的水用吸水纸吸去，在白色背景下用滴管流加95%乙醇脱色，当流出液无色时立即用水洗去乙醇。将玻片上残留水用吸水纸吸去，用番红复染2min，吸去残余水自然晾干，用油镜进行镜检。

2) 芽孢染色

取培养约18h的细胞培养液进行取样，按常规方法进行涂片、干燥和固定。小心在载玻片上的涂片上滴加3~5滴孔雀绿染液。用镊子夹住载玻片在火焰上加热，使染液有蒸汽冒出，但勿沸腾，切忌使染液蒸干，必要时可添加少许染液。加热3~4min。然后倾去涂片上的多余染液，待玻片冷却后，用水洗至孔雀绿颜色不再褪色为止。用番红水溶液复染1min，水洗。待干燥后，在显微镜下用油镜观察。芽孢一般呈绿色，菌体呈红色，芽孢的着生方式不一。

2.4.4.2　生理生化鉴定

1) 明胶液化实验

用穿刺接种法将菌接于明胶培养基中，置于恒温培养箱中在20℃下培养3天。观察结果时，看培养基是否被液化及液化后的情况。若菌种在20℃生长不好，应将试管放置在最适合温度下培养，检查是否发生水解。检查前要将培养物在冰水中浸泡5min。

2) 淀粉水解实验

用点种法将石油降解菌分别接种于淀粉琼脂培养基上。置于恒温培养箱中在28℃下培养3天。待长出菌落时，取出平板，打开平皿盖，滴加少量的碘液于平板上，轻轻旋转，使碘液均匀铺满整个平板。如果菌落周围出现无色透明圈，说明淀粉已经被水解，表示该细菌具有分解淀粉的能力，如果菌落周围显黑色或蓝紫色，表示淀粉未水解及水解不完全。

3) V. P反应(乙酰甲基甲醇实验)

用接种环将石油降解菌分别接种于葡萄糖蛋白胨液体培养基中，置于28℃、160r/min恒温摇床中，培养2天。向培养基中加入40%的氢氧化钾溶液1mL，再加入等量的1-萘酚溶液，摇动1min，如果培养液出现红色反应则为V. P阳性反应(+)，否则即为阴性(-)。

4) 甲基红实验

用接种环将石油降解菌分别接种于葡萄糖蛋白胨液体培养基中，置于恒温摇床中在

28℃、160r/min 下培养 2 天。向培养基中滴加 5 ~ 6 滴的甲基红溶液指示剂，如果培养液呈鲜红色者为阳性(+)，呈橘黄色者为弱阳性，不变色为阴性(-)。

5)吲哚实验

将石油降解菌分别接种于蛋白胨水培养基中，置于恒温摇床中在 28℃、160r/min 下培养 2 天。向培养液中加入 3 ~ 4 滴乙醚，充分振荡，使吲哚溶于乙醚中，静置片刻。待乙醚在溶液中上升后，沿试管壁徐徐加入 2 滴吲哚试剂，在乙醚和培养物之间产生红色环状物质为阳性反应(+)，否则即为阴性反应(-)。

6)糖发酵实验

将石油降解菌分别接种于糖发酵培养基中，置于恒温摇床中在 28℃、160r/min 培养 2 天。观察并记录结果。

7)柠檬酸盐实验

用接种环将石油降解菌分别接种于柠檬酸盐斜面固体培养基上。置于恒温培养箱中在 28℃培养 3 天。观察培养基上有无细菌生长、是否变色，蓝色为阳性(+)，绿色为阴性(-)。

2.4.4.3 细菌分子鉴定

1)细菌总 DNA 提取

分别用接种环将已纯化的石油降解菌分别接入 50mL 的细菌液体培养基中，放于摇床中在 28℃、160r/min 下培养 24h。用细菌基因组提取试剂盒进行提取。具体步骤如下所示。

(1)取菌液 3mL 放置于小离心管中，在 12000r/min 下离心 1min 后弃尽上清。

(2)在离心管中加入 Lysis Buffer A 450μL，涡悬，使得沉淀充分悬起。

(3)加入 Proteinase K 20μL 在 60℃下水浴 45min，在此期间来回颠倒混合数次。

(4)加入 RNase A 20μL 混合，在室温放置 10min。加入 Lysis Buffer B 350μL 充分混匀。在 12000r/min 下离心 10min，将上清移至离心柱。在 12000r/min 下离心 1min，弃滤液。

(5)加入 Wash Buffer A 700μL，在 12000r/min 下离心 1min，弃去滤液。

(6)在离心管中加入 Wash Buffer B 溶液 700μL，在 12000r/min 下离心 1min，弃去滤液。

(7)加入 Wash Buffer B 500μL，在 12000r/min 下离心 1min，弃去滤液。

(8)在 12000r/min 下离心 2min。

(9)将离心柱置于新的 EP 管中，打开盖子，在室温静置 10min，至无明显乙醇味为止。

(10)在离心柱上的硅基质膜中央加入 50μL TE Buffer 溶液(事先预热 55℃)。在 EP 管中留存的即为所提取的基因组 DNA。

2）细菌 16SrDNA PCR 扩增

选用 XP-Thermal Cycler 扩增仪进行扩增反应，选择细菌 16SrDNA 的通用引物进行扩增反应。通用引物为：上游引物 5′－CAGAGTTTGATCCT GGCT－3′，下游引物 5′－AG-GAGGTGATCCAGCCGCA-3′。

扩增反应的 PCR 反应体系为：DNA 5μL，上下游引物都为 1μL，Mix PCR 溶液 5μL，水 18μL。

PCR 反应条件：94℃预变性 3min，94℃变性 30s，56℃退火 30s，在 72℃延伸 90s，72℃后延伸 10min，扩增反应共进行 35 个循环。

3）琼脂糖凝胶电泳检测和产物回收

配制 1% 琼脂糖凝胶，取 5μL 的 PCR 产物样品溶液点样于胶孔中，另外加 5uL 的分子量 Marker 作为分子扩增大小对照。在电泳仪上进行电泳。等电泳结束后，在凝胶成像系统中观察结果。采用市售试剂盒回收 PCR 产物。

4）PCR 扩增产物测序和系统发育关系研究

将 PCR 产物送上海生工生物工程股份有限公司测序后获得相应序列。登录 NCBI 网站（http://www. ncbi. nlm. nih. gov），将测序结果和 Genbank 的 16SrDNA 序列用 BLAST 进行同源性比较，并用软件 MEGA5. 0 绘制各株菌的分子系统发育树。

2. 4. 5 石油降解细菌的分析和鉴定

1）石油降解菌降解率分析

从石油污染土壤中富集得到 8 株石油降解细菌，分别编号 S－1 ~ S－8。将 8 株石油降解菌接种到 50mL 石油降解液体培养基中，在 28℃、160r/min 下培养一周，分别测定每株菌对石油的降解率。测定发现，8 株细菌的降解率分别为 33%、58%、38%、45%、20%、15%、22% 和 13%，其中有 4 株细菌对石油的降解率均分别达到了 30% 以上，故选取 S－1 ~ S－4 为后续实验用菌，分别对其进行形态学和系统进化关系分析。

2）形态学观察和生理生化鉴定结果

根据伯杰氏细菌鉴定手册及相关生理生化文献，对这 4 株石油降解菌进行形态学观察和生理生化特征研究，结果如表 2－3 所示。

表 2－3 石油降解菌形态观察和生理生化特征研究

鉴定特征	S－1	S－2	S－3	S－4
菌落形态	圆形	圆形	圆形	圆形
菌体形态	杆状	短杆状	杆状	短杆状
革兰氏染色	－	－	－	－
芽孢染色	－	－	－	－

续表

鉴定特征	S－1	S－2	S－3	S－4
糖发酵试验	+	+	－	－
V. P 实验	－	－	－	－
明胶液化实验	－	－	－	－
吲哚实验	－	－	－	－
淀粉水解实验	－	－	－	－
柠檬酸盐实验	+	+	+	+
甲基红实验	－	－	－	－

3）分子鉴定结果

通过 PCR 反应，从菌株 S－1、S－2、S－3、S－4 分别扩增出约 1.5kb 大小的片段。将 PCR 产物送至上海生工生物工程（上海）股份有限公司进行 16SrDNA 分子序列测定。

登录 NCBI 网站，将各菌株的 16SrDNA 测序结果用 BLAST 程序和 Genbank 中已注册的 16SrDNA 序列进行同源性比较，使用 MEGA5.0 软件根据基因同源性序列构建系统发育树，通过自举分析进行置信度检测，自举数为 1000。从图 2－1 可知，将 S－1 ~ S－4 的 16SrDNA 序列与 Genbank 中已注册的 16SrDNA 序列的进行比对分析。S－1、S－2、S－3、S－4 与已注册菌株的相似度均达到了 99%。

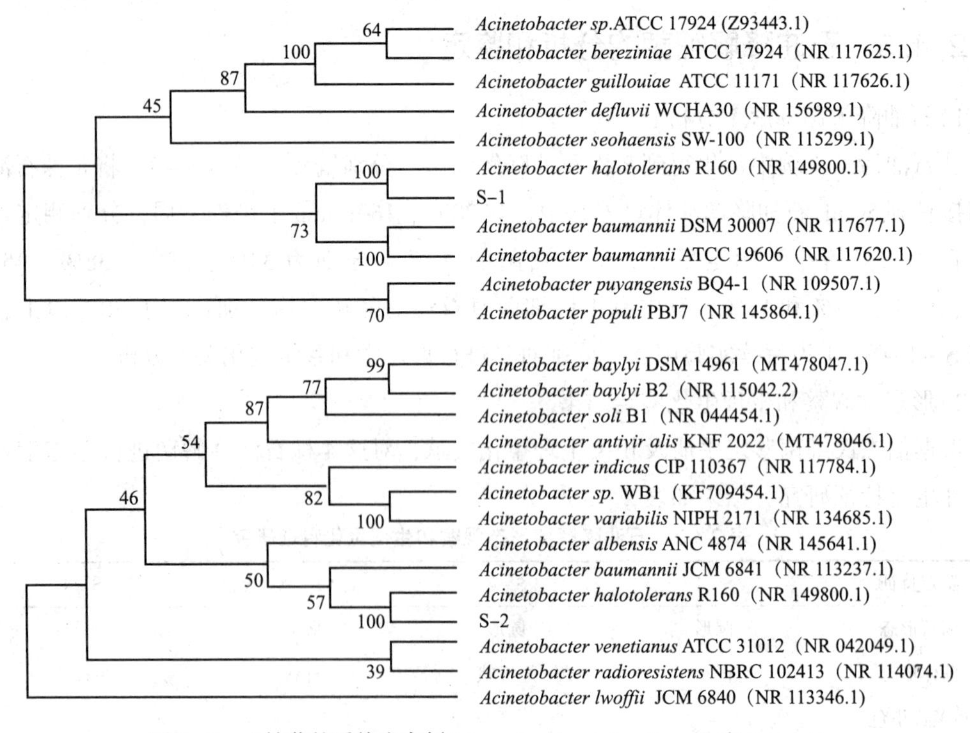

图 2－1　4 株菌的系统发育树（*A.* sp. 1、*A.* sp. 2、*P.* sp. 3 和 *P.* sp. 4）

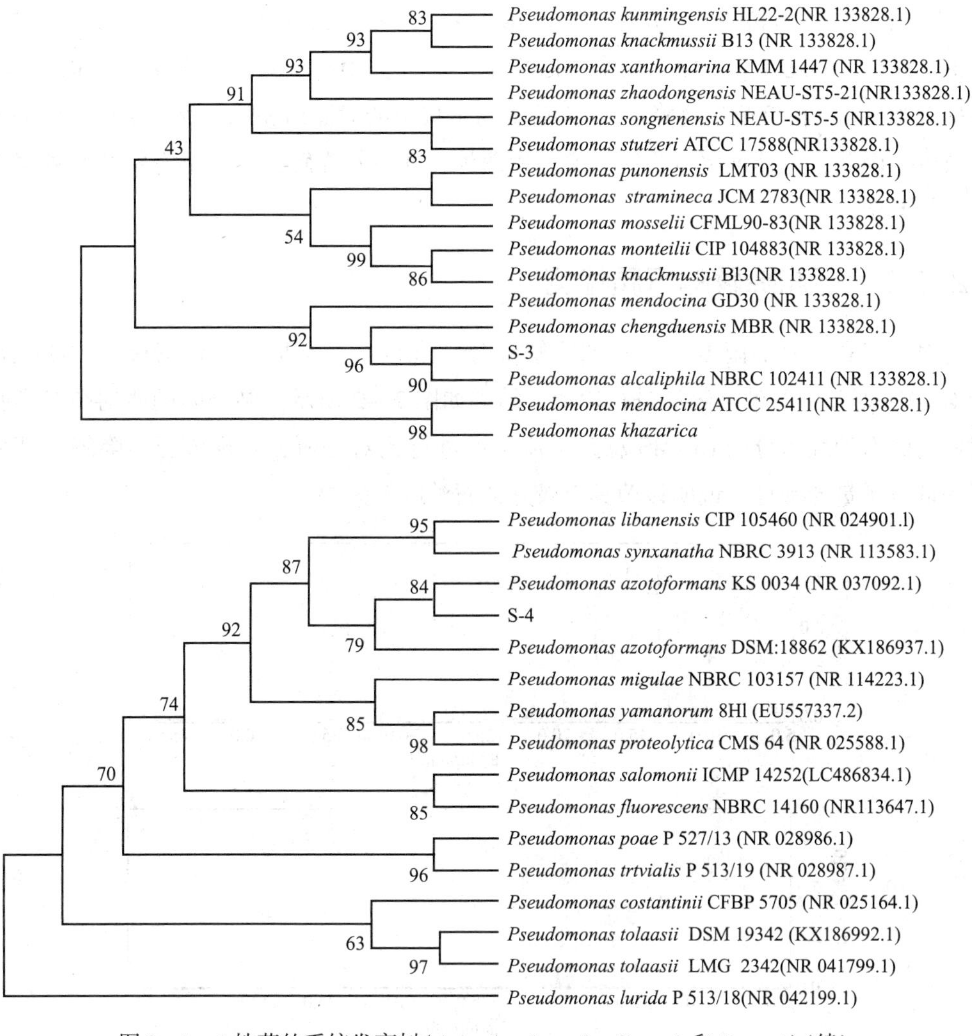

图 2-1 4 株菌的系统发育树（*A.* sp. 1、*A.* sp. 2、*P.* sp. 3 和 *P.* sp. 4）（续）

结合菌落的形态学观察以及《伯杰氏细菌鉴定手册》（第八版），初步鉴定 S-1 和 S-2 属于耐盐不动杆菌（*Acinetobacter halotolerans*），S-3 和 S-4 分别鉴定为假单胞菌属的嗜碱假单胞菌（*Pseudomonas alcaliphila*）和产氮假单胞菌（*P. azotoformans*）。为研究方便将 S-1 和 S-2 分别命名 *A.* sp. 1，*A.* sp. 2，将 S-3、S-4 分别命名为 *P.* sp. 3 和 *P.* sp. 4。

2.5 一种高效降解石油的芽孢杆菌的筛选和鉴定

2.5.1 以降解率为指标筛选高效降解细菌

经过对陕北石油污染土壤样品中高效降解菌的富集、分离及多次纯化得到了 13 株菌落特征明显、能降解石油烃类物质的细菌。对这 13 株石油降解菌的石油降解率进行测定。

发现有八株细菌的降解率分别达到 40.6%、33%、52.9%、65.4%、50%、53%、67.5%、74%、68.6%、51%、70%、13%和55%。其中有株菌的降解率最高达到74%，简单标记为Ba1。在该微生物降解10天后，与未接菌的对照组相比，浮于水体表面的石油明显减少。因此，选择该菌珠为后续实验用菌种，并对其降解能力、形态特征和种属进行进一步的鉴定。

2.5.2 石油降解的气质检测

将对照组和接入细菌Ba1的石油降解液分别进行石油萃取后，将其稀释1000倍后，使用GC-MS对其中石油类物质进行检测，结果如图2－2所示。结合峰的质谱图对实验组和对照组的石油烃组分的GC-MS总离子流图谱进行比对分析，发现该菌能降解大部分的烷烃和低分子量芳香烃，说明该菌具有较好的石油降解效果。

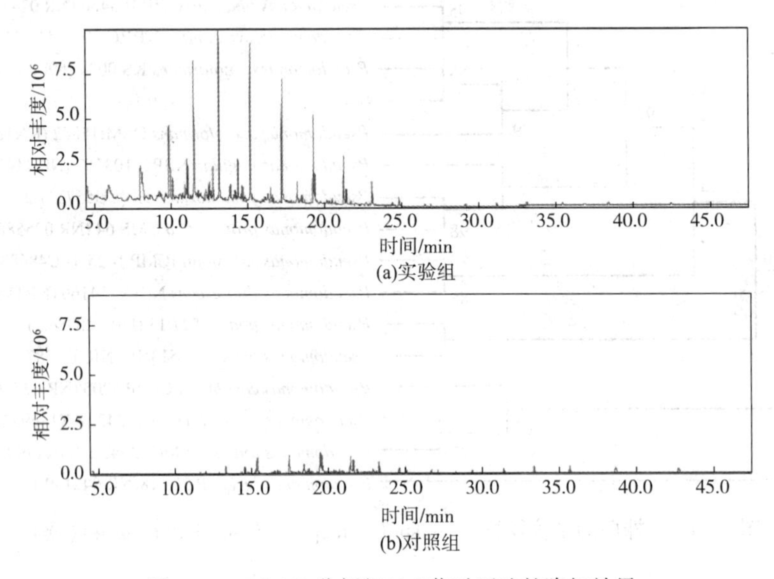

图2－3　GC-MS分析细Bal菌对石油的降解效果

2.5.3 形态学鉴定结果

通过全自动菌落分析仪对该菌在牛肉膏蛋白胨固体培养基和石油无机盐固体培养基上的菌落形态进行分析观察，结果如图2－3所示。该菌菌落呈乳白色，圆形，表面光滑，有凸起，边缘整齐，菌落背面无色素分布。在牛肉膏蛋白胨和石油无机盐固体培养基上都能很好地生长，这说明2%浓度石油的存在不会对细菌产生明显的毒害现象。

2.5.4 生理生化鉴定结果

根据《伯杰氏细菌鉴定手册》及相关生理生化文献，对石油降解菌进行生理生化试验鉴定。结果发现革兰氏染色、芽孢染色、糖发酵实验、柠檬酸盐实验和甲基红实验都呈阳性反应；而 V. P 实验、明胶液化实验和淀粉水解实验都为阴性反应。

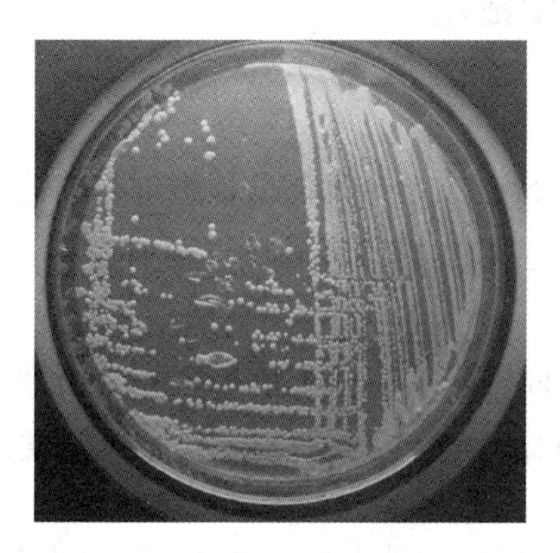

图 2 – 3　细菌 Bal 在牛肉膏蛋白胨及石油无机盐固体培养基上的菌落形态图

2.5.5　分子鉴定结果

1）细菌的基因组提取及相关序列扩增

PCR 扩增后条带为 1.5bp 左右。将 PCR 产物送至上海生工生物工程（上海）股份有限公司进行菌株 16SrDNA 序列测定，测序结果与 NCBI 数据库中相似序列进行比对分析。

2）序列比对及系统发育树分析

测序结果通过 NCBI 数据库比对分析后，选择同源性较高的亲缘序列，用 Clustal X2.0 进行多重序列比对。最后采用 MEGA5.0 软件中的邻接法（neighbor-joining method，NJ 法）根据基因同源性序列构建系统发育树，通过自举分析进行置信度检测，自举数为 1000，绘制系统发育树。综合菌落的形态学观察、生理生化实验、《伯杰氏细菌鉴定手册》和分子学鉴定结果，该菌可鉴定为枯草芽孢杆菌（*Bacillus subtilis*），菌株保藏号为 CCTCC AB 2014248。

2.6　石油降解真菌的分离和鉴定的研究

真菌分泌的胞外酶特异性低、酶活性多样，从而使得其可以降解多种不同的有机废物，有望在石油污染土壤或油泥的生物修复实践中发挥重要作用。在陆地环境中，真菌能够降解高分子量的多环芳烃，并且性能优异，降解效率很高。在污染场所，多种真菌可以降解多种不同的细菌很难降解的稠环芳烃，很多真菌已经进化出了攻击和降解特定多环芳烃的有效机制。虽然降解石油污染的真菌微生物无处不在，但已证实有污染暴露历史的真菌比在未污染暴露的微生物的降解性能要高。因此，从污染场所分离鉴定获得降解真菌是建立生物修复策略和方法的关键之一。

2.6.1 高效石油降解真菌的分离和鉴定

1)高效石油降解真菌的筛选

从陕北某石油公司采油现场污染土壤采样分离的18余真菌菌株中进行筛选。将各真菌菌株从斜面菌种接种到PDA液体培养基中，置于振荡培养箱中，在160r/min、28℃于恒温摇床中振荡培养活化3~4天。

待活化后，将各菌株液体培养物转接到不同浓度的石油无机盐培养基中进行驯化培养。驯化时间为7天，通过计算各菌株的石油降解率，并结合培养过程中真菌的生长状态，挑选降解效果明显的真菌菌株。

2)气相色谱质谱法分析测定石油烃组分降解

将萃取得到的石油用等体积的石油醚溶解，用无水硫酸钠除水后，用有机滤膜(0.22μm)过滤后，由低浓度到高浓度进行依次稀释，防止出现检测饱和。通过比对空白组的质谱图比对分析不同分子大小的有机物的降解效果。

采用GC-MS－QP2010型气相色谱－质谱联用仪(日本Shimadzu公司)，RTX－5MS型弹性石英毛细管柱(0.25mm×30m×0.25μm)，进样口温度250℃，传输线温度280℃，离子源260℃；气体为高纯氦气；进样量1μL，不分流进样。扫描质量范围：50~550amu；柱温在60℃保留5min。再以10℃/min的速率升到110℃，保留2min，最后以2℃/min的速度升至280℃，保持20min。

3)形态观察

利用插片法观察细胞菌丝形态。将菌种按照Z字形划线接到PDA平板上，用载玻片以45°斜插到划线处，在恒温培养箱中于28℃倒置培养2~4天。在培养过程中，在不同时间观察菌丝体形态变化，从中挑选菌丝体形态特征明显的插片重点观察，于显微镜下观察并拍照，记录孢子图或者菌丝体形态图。

4)真菌基因组DNA的提取

(1)将灭过菌的研钵置于冰上，刮取0.5~1.0g菌丝体于液氮中充分研磨，在此过程中加入少许灭菌的石英砂和液氮。

(2)将研磨后的样品转入到1.5mL离心管中，在每管中再加入600μL预热过的2×CTAB缓冲液(1g/100mL CTAB、1.4mol/L NaCl、80mmol/L Tris-HCl pH＝8.0、20mmol/L EDTA pH＝8.0)、30μL巯基乙醇和120μL十二烷基硫酸钠，然后充分混合，在65℃下温育30min，在此期间摇动2~3次。

(3)加入等体积的氯仿：异戊醇(24：1，V/V)溶液，轻摇混匀，在4℃和12000r/min下离心10min，收集上清液。

(4)将上清液转移至新的离心管中，加入预冷的无水乙醇，于－20℃下静置60min，

在4℃、12000r/min下离心10min，弃去上清液。

(5)将沉淀用75%的乙醇洗涤两次，反复吹打，放置室温下风干。

(6)用200μL TE(pH = 7.6)溶解沉淀，载加入RNase至200mg/L，在37℃下温育60min；在离心管中加入200μL酚：氯仿：异戊醇(25：24：1，V/V)溶液，轻摇混匀，在4℃和12000r/min下离心10min，收集上清液。

(7)在上清液中加入200μL氯仿：异戊醇(24：1，V/V)溶液，在4℃和12000r/min下离心10min，收集上清溶液。

(8)在上清液中加1/10体积的3mol/L NaAc和等体积预冷无水乙醇混匀，在-20℃下静置60min。在4℃和12000r/min下离心10min获得沉淀；将沉淀用75%乙醇洗涤两次，在室温风干后，将沉淀溶于50μL灭菌双蒸水，并于4℃保存。

5)PCR扩增及检测

将提取的真菌DNA用1%琼脂糖凝胶法检测，比对DNA Marker确定目的基因条带大小。选用市售试剂盒进行DNA胶回收。选用真菌通用引物ITS1(5′-TCCGTA GGTGAAC-CTGCGG-3′)和ITS4(5′-TCCT CCGCTTATTGATATGC-3′)进行扩增，以50μL的扩增体系进行扩增，反应体系包括真菌DNA 5μL、ITS1 1μL、ITS4 1μL、PCR Mix 25μL、H_2O 18μL。用BIOER PCR扩增仪XP-G进行反应，扩增程序设置为：94℃预变性3min，94℃变性90s，55℃退火30s，72℃延伸90s，反应进行30个循环，72℃延伸10min。反应完成后，将产物用1.0%琼脂糖凝胶电泳检测确定分子大小无误后，将扩增产物送测序公司进行测序。

6)分子鉴定

分别将测序得到的ITS序列通过同源性比对工具BLAST在GenBank搜索相似序列，用Clustal X软件对同源序列进行多序列比对分析，用MEGA5.0软件通过N-J法构建系统发育树，自展次数设置为1000次。

2.6.2　高效石油降解真菌的鉴定和表征

2.6.2.1　高效石油降解真菌的菌种筛选

从陕北某石油公司采油现场污染土壤中获得的18余真菌菌株中进行筛选，从中挑选出在石油培养基上生长较好的4株真菌，并分别在不同的石油梯度培养基中进行复筛和驯化。在驯化过程中观察4株真菌的生长情况，并结合分析石油降解率，获得了降解率较好的一株真菌YC-ZJ-1。该菌在以石油为唯一碳源和能源的石油培养基中可以快速生长(见图2-4)。该菌对石油的降解率可达到74.5%(含2%石油，降解时间为7天)。将该菌在石油平板上培养4~6天后观察发现，该菌株菌落呈圆形、白色，背面奶油色至赭黄色(见图2-5)。

(a)实验组

(b)对照组

图 2－4　培养 7 天后真菌对石油的降解

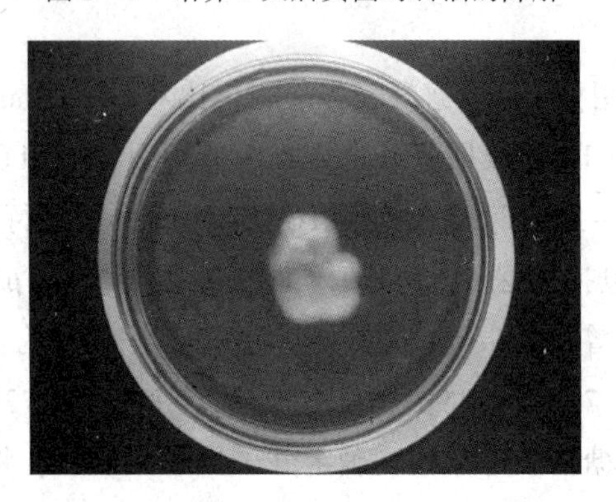

图 2－5　真菌 YC－ZJ－1 的菌落形态图

2.6.2.2　气质联用法分析检测真菌降解石油的效果分析

将该真菌在石油培养基中生长后的发酵液进行石油醚萃取后，稀释 1000 倍后，进行 GC-MS 检测。由图 2－6 可知，发现实验组中的物质峰(下方)的数量与空白对照组(上方)相比有所减少；接入该真菌的石油培养基中的石油各组分有显著下降，说明该真菌有非常显著的降解石油的功能。

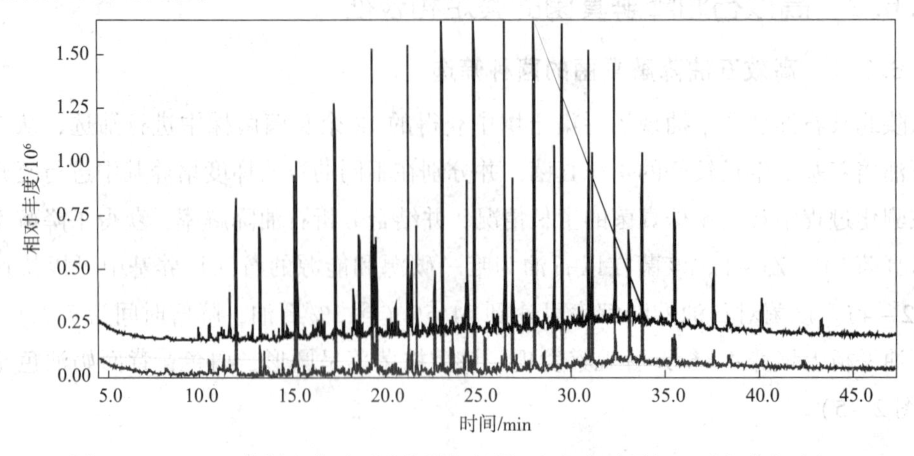

图 2－6　GC-MS 分析真菌对石油的降解效果(上方为对照组，下方为实验组)

降解结果还显示：该真菌对石油烃(包括稠环芳烃等石油类分子)都有显著的降解能力，尤其对小分子的烃类分子降解效果更显著，对石油类物质(包括稠环芳烃)都有很好的降解效率。

2.6.2.3　形态学鉴定结果

用插片法培养真菌，并在不同的时间段取样制片发现，不同时间的孢子形态图和菌丝形态差异较大。培养初期，孢子的生成很少，菌丝体的形态变化大；当培养到18h时，孢子的数量开始增加，但是在平板上未见明显菌落；培养24h后，孢子数量急剧增加，在PDA平板中可以看到零散的稀少菌落。图2-7所示为孢子生长的显微形态图，菌丝无色，光滑且具隔膜，孢子梗直接从菌丝上长出，呈锥形，多单生，分生孢子无色，光滑，形成簇状或链状，长纺锤形，两头尖，未见厚垣孢子。

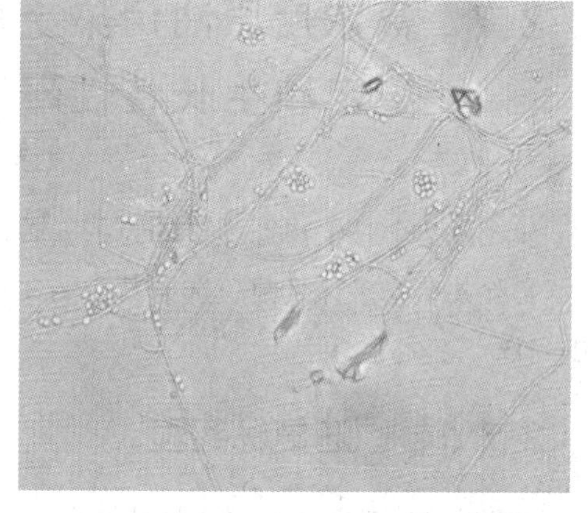

图2-7　菌丝显微形态图(×40)

2.6.2.4　分子鉴定结果

1)真菌基因组提取及ITS序列扩增

用琼脂糖凝胶电泳检测发现该真菌基因组大小约为30000bp，经PCR扩增后条带大小大约为600bp，测序后约为585bp，并与NCBI数据库中相似序列进行了比对分析。

2)序列比对及系统发育树分析

对测序得到的结果进行分析，在NCBI数据库中查找亲缘序列之后，用Clustal X2.0进行多重序列比对，注意去除5′端18SrDNA和3′端28SrDNA序列，保留ITS1-5.8S-ITS2序列。用MEGA5.0进行序列分析，采用邻接法(neighbor-joining method，NJ法)构建系统发育树(见图2-8)，进行1000次自举检验分子进化树的可靠性。将序列提交至NCBI数据库，Genbank中登记号为KF803999。

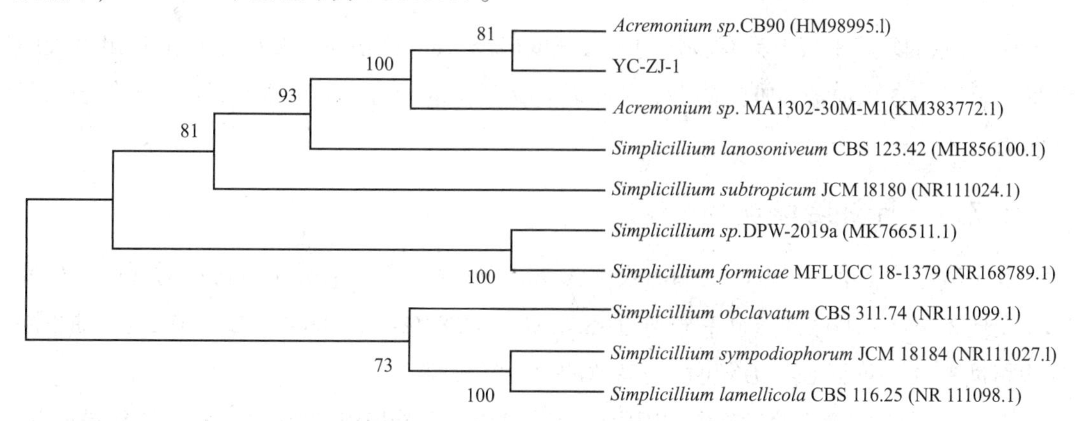

图2-8　基于rDNA ITS序列真菌YC-ZJ-1的系统发育树

3)真菌鉴定结果

综合形态学和分子鉴定结果，表明该真菌属于子囊菌门(*Ascomycota*)的枝顶孢属(*Acremonium* sp.)，保藏于中国典型培养物保藏中心，菌株保藏号为 CCTCCM 2013569。除了高效的降解石油的性能，有研究还表明该真菌对多环芳烃和黑索金有较高的降解率。

2.7 高浓度原油污染土壤(经生物处理后)中真菌的鉴定和生长特性研究

从经过 2 个月生物处理过的高浓度石油污染样品中，通过富集、分离、纯化、复筛及降解实验共获得多株真菌。选取其中的 3 株真菌进行研究，该 3 株真菌分别被命名为 D1、D2、D3。

2.7.1 原油复筛实验

结果发现：D1、D2、D3 均能在原油复筛平板上生长(见图 2-9)，说明 3 株真菌均能以原油为唯一的碳源和能源生长与代谢。由于 D2 比 D1 在相同时间内的长势较好，说明 D2 较 D1 可能更有效地转化原油生成自身菌丝体。至于 D1、D2 对原油的降解能力如何，还需通过原油降解实验进一步研究。

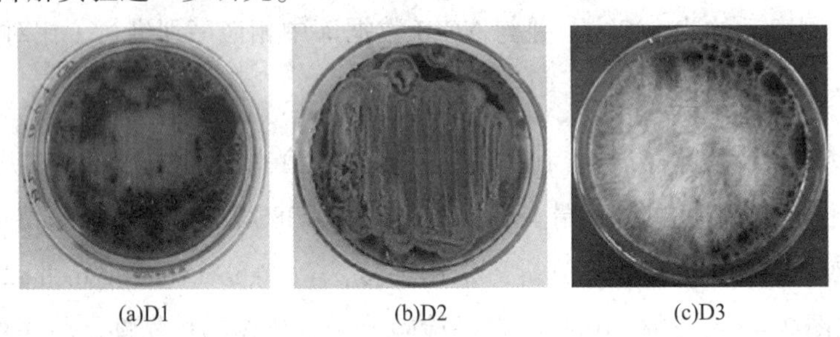

(a)D1 (b)D2 (c)D3

图 2-9 D1、D2、D3 在原油复筛平板上划线接种 6 天、6 天、2.5 天后的生长情况

D3 在原油复筛平板上具有较快的生长速度(2.5 天即可在原油复筛平板上长出繁茂的菌丝)，可见 D3 以原油为唯一碳源和能源转化菌丝体的能力更强，且对原油具有较强的耐受能力。

2.7.2 原油降解实验

首先确定从土壤中提取原油的回收率为 96.70%，符合一般分析方法中对回收率的要求。发现 3 株真菌的原油降解率分别为 48.93%、32.84%、14.89%。D1、D2 的原油去除率均超过 30%，可见 D1、D2 可能为高效的原油降解菌。

在 D1 的原油降解实验过程中，观察到该菌对原油有着极强的吸附能力，且吸附效果在实验的前期和后期存在明显差异，故绘制了 D1 的原油去除率折线图(见图 2－10)。分析发现，当原油降解实验进行 1 天后，原油去除率迅速增加至 89.92%，并观察到原油几乎全部裹在了 D1 的菌丝表面，降解溶液看似相对澄清，初步猜测该现象主要是由于 D1 对原油的物理吸附造成的；在随后的 3 天内，原油去除率不断降低，且降低幅度逐渐减小，观察到降解液表面重新有少量原油漂浮；原油去除率缓慢上升，观察到降解液的浑浊程度不断加大，最终呈泥浆色。这些结果显示，该真菌可能产生表面活性剂将原油溶解在发酵液中，该真菌这种高效产生表面活性剂并将大量原油快速溶解在水中的研究还未见报道。由于真菌的代谢作用，降解液的组成及 pH 值会发生改变，使原吸附平衡被破坏，导致降解液中的残油回升。虽然在整个降解过程中菌丝是不断缓慢生成的，但由于真菌菌丝的生长点在顶端，衰老的菌丝不能继续生长，因此吸附现象就没有初始阶段那么明显。这些结果显示：真菌 D1 可能是一种高效合成表面活性剂的高效降解真菌(降解率 >48.0%)，其降解性能和产生表面活性剂的性能未在其他真菌中报道。

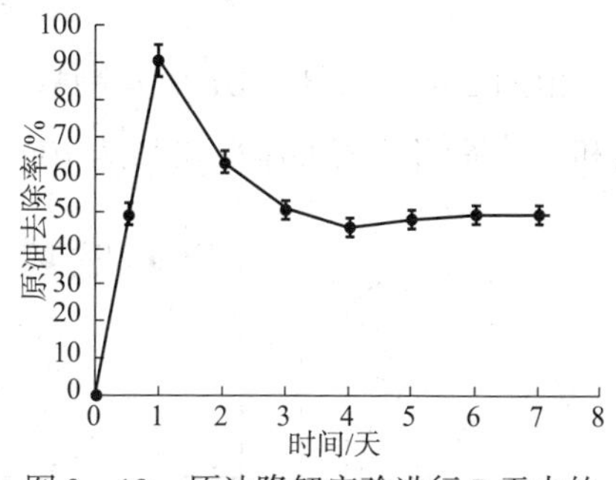

图 2－10　原油降解实验进行 7 天内的 D1 原油去除率折线图

2.7.3　生长曲线的测定

根据 D1、D2、D3 的生长曲线(见图 2－11、图 2－12)，对其生长特性分析如下：D1 的延滞期长约 12h，对数生长期大概为 24h，即 D1 的菌丝体干重在接种 1.5 天后趋于稳定；D2 的延滞期大概为 24h，对数生长期长约 36h，在接种 2.5 天后进入稳定生长期；D3 的延滞期长约 8h，对数生长期约 4h，在接种 12h 后进入稳定生长期。D1、D2、D3 在稳定生长期的菌丝体干重分别为 0.61g、0.52g、0.19g。由延滞期时长可初步判定，D3 对环境的适应性最强，D1 次之，D2 最弱。

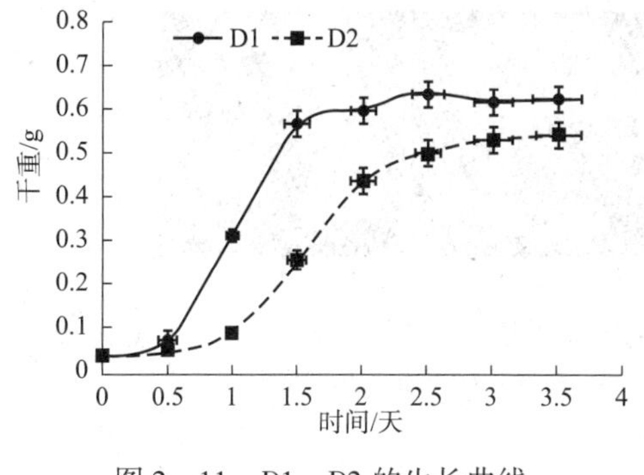

图 2－11　D1、D2 的生长曲线

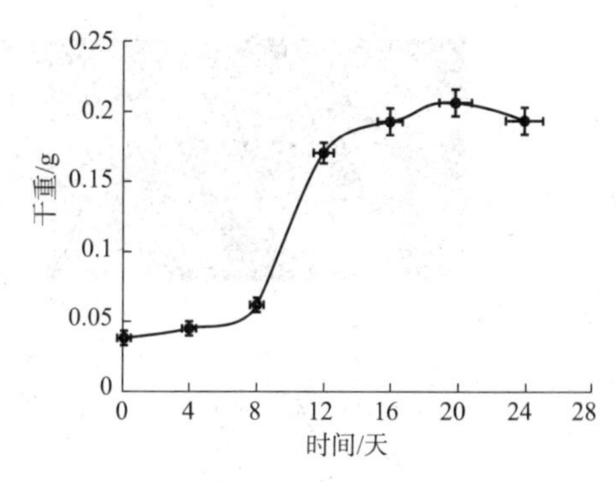

图 2－12　D3 的生长曲线

2.7.4 抑菌实验

由图 2－13 可知，D1 对 4 种病原真菌的生长有较好的抑制活性，其中，对尖孢镰刀菌和串珠镰刀菌的抑制率均高达 70% 以上。D1 有望被用于农业生物防治领域的研究。

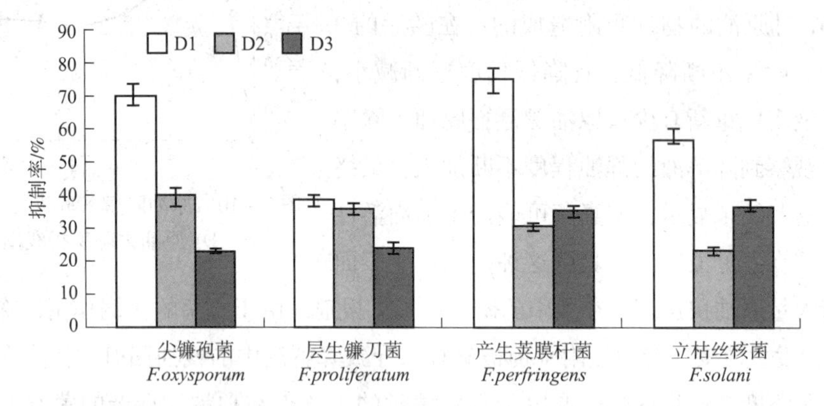

图 2－13　D1、D2、D3 对 4 种病原真菌生长抑制率柱状图

2.7.5 形态学观察

PDA 固体培养基上 3 株真菌的菌落形态及利用插片法进行的菌丝和孢子的显微观察结果见图 2－14～图 2－16，对真菌的形态描述见表 2－4。

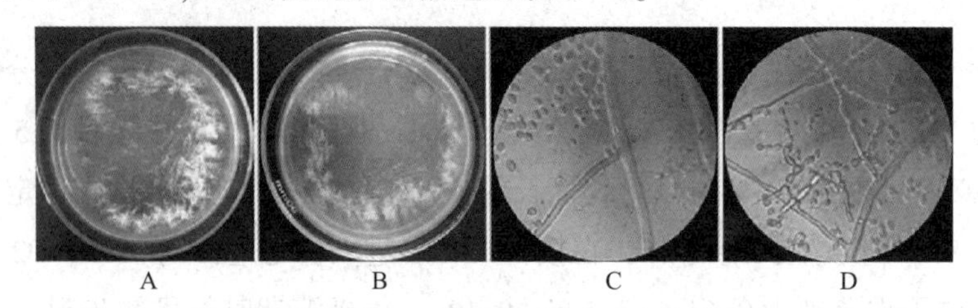

图 2－14　D1 的菌落、菌丝及孢子形态

A—D1 菌落正面；B—D1 菌落反面；C、D—油镜下 D1 的菌丝及孢子形态

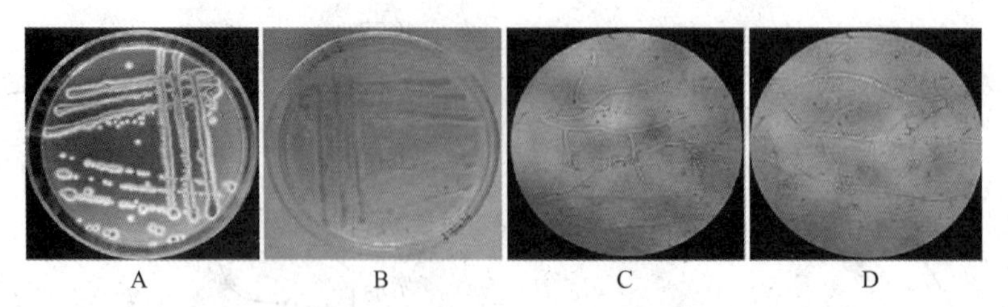

图 2－15　D2 的生长状况

A—PDA 平板正面；B—PDA 平板反面；C、D—油镜下 D2 的菌丝体及孢子形态

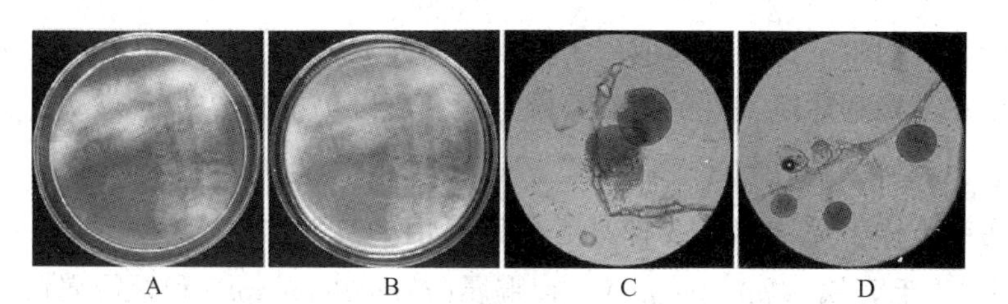

图 2－16　D3 的生长状况

A—PDA 平板正面；B—PDA 平板反面；C、D—乳酸石碳酸棉兰染色后 40 × 物镜下 D3 的菌丝体及孢子形态

表 2－4　3 株真菌的主要形态特征描述

菌株	菌落形态	菌落颜色	菌丝及孢子形态
D1	生长快，产孢快；质地蜘蛛网状，菌体沿培养基表面蔓延生长，菌丝体疏松、易塌陷；菌丝长，约 0.5cm	菌丝无色透明；培养基反面乳白色，无色素产生	菌丝有隔、分枝、多核；无性繁殖形成椭圆形的分生孢子，在气生菌丝顶部形成分枝链
D2	生长较快，产孢快；表面质地粗糙粉状，菌落呈圆形；菌丝较短，约 0.1cm	菌落颜色呈同心圆状：外圈圆环为无色透明的菌丝，中间圆环呈白色，最内侧圆为墨绿色；菌落中央凸起；培养基反面黄绿色，有黄绿色色素产生	菌丝有隔、分枝、多核，分生孢子梗从菌丝生出，分生孢子梗经过多次分枝产生帚状的小梗，球形的分生孢子着生在多分枝小梗上
D3	生长快，产孢快；质地絮状，菌体沿培养基表面蔓延生长，不产生定形菌落，紧贴培养基的菌丝边缘整齐；菌丝长，约 0.5cm	菌丝无色透明；培养基反面乳白色，无色素产生	菌丝无隔、分枝、多核，有匍匐菌丝和假根；在假根上方长出一至数根孢囊梗，顶端长球形孢子囊；囊的基部有囊托，中间有球形或近球形囊轴；囊内产大量孢囊孢子，成熟后孢囊壁破裂，释放球形孢囊孢子

通过对 3 株真菌的形态观察，分别将 D1、D2、D3 归属于脉孢菌属（*Neurospora* sp.）、青霉属（*Penicillium* sp.）和根霉属（*Rhizopus* sp.）。D3 的菌丝结构符合石油污染物传递模型和高效石油降解细菌传递模型中对真菌的要求。

2.7.6　D1 的分子生物学鉴定

经电泳分析，D1 的基因组 DNA 稍大于 15000bp，其 ITS 序列 PCR 产物约 550bp。由 D1 的系统发育树（见图 2－17）可知，属于毛壳属（Chaetomium）。

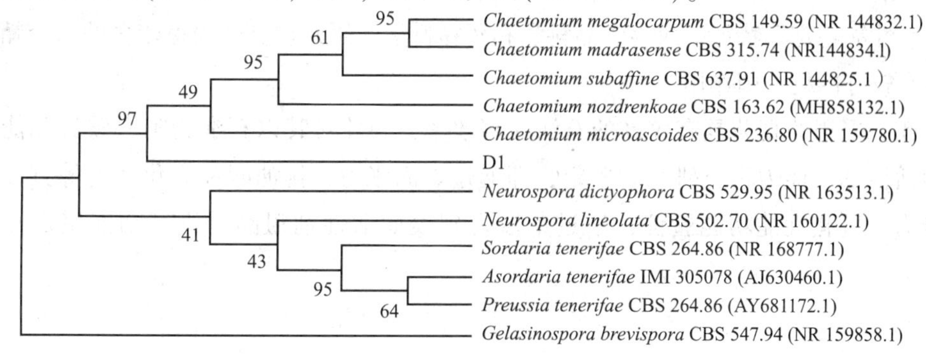

图 2－17　D1 的系统发育树

石油污染土壤的微生物修复已取得了一定的研究成果，但由于它是一项涉及污染物特性、微生物生态结构和环境条件的复杂系统工程，所以仍有必要进行高效石油污染修复功能菌的筛选。

从原油污染土样中筛选出了 3 株具有研究价值的真菌：D1、D2、D3。初步鉴定 D1、D2、D3 分别属于毛壳属（*Chaetomium*）、青霉属（*Penicillium* sp.）和根霉属（*Rhizopus* sp.）。其中，D1、D2 为高效的原油去除菌，原油降解实验进行 7 天后原油去除率分别达到了 48.93% 和 32.84%。D1 对原油具有极强的吸附作用，其对原油的物理吸附可在原油降解试验开始 1 天后使原油去除率迅速升至 89.92%；3 天后，被吸附在菌丝表面但不能被摄取的石油烃的移动及吸附平衡的破坏，使降解液中的残油回升，原油去除率可能因 D1 对原油的降解能力而缓慢上升。

D3 的菌丝呈管状，无隔，长约 0.5cm；有匍匐菌丝和假根，不产生定形菌落，能够蔓延生长。D3 生长迅速，约 12h 即可达稳定生长期。D3 对原油的耐受能力较强，2.5 天左右即可在原油复筛平板上长出繁茂的菌丝。故 D3 因其菌丝结构、极快的生长速度、较强的原油耐受能力可作为石油污染复合修复备用菌，可通过构建模型进一步研究其对石油污染物或石油降解细菌是否具有传递作用。

通过抑菌实验发现，D1 对尖孢镰刀菌、层出镰刀菌、串珠镰刀菌和腐皮镰刀菌 4 种病原真菌的生长均有较好的抑制活性，其中，对尖孢镰刀菌和串珠镰刀菌的抑制率高达 70% 以上。D1 除被用于石油污染的治理，还可用于农业生物防治领域的研究。

2.8 枝顶胞霉以石油为碳源产生物表面活性剂的研究

生物表面活性剂是一种次级代谢产物，多由细菌、真菌等微生物代谢产生，其类型因微生物种类的不同而不同。快速有效地筛选并分离得到产生物表面活性剂的菌株，并对表面活性剂物质进行提取鉴定是较为普遍的一个研究课题。微生物通过表面活性剂可以降低石油的黏稠度，增大与石油的接触面积，提高石油可利用率，进而更有效地转化石油类 HOCs 物质，或以石油为碳源产生表面活性剂物质。微生物表面活性剂因其天然高效、安全无毒、性能稳定等特征，成为食品科学和药物科学的研究热点，报道较多的鼠李糖脂还显示具有较好的抗真菌作用。

在此，采用的真菌具有较高的石油降解效率，因此对其以石油为唯一碳源和能源生产表面活性剂的能力进行研究和鉴定，即通过表面张力、排油圈和乳化性能等方面进行疏水能力、乳化性能功能验证，通过萃取得到表面活性剂粗品并进行功能鉴定和类型分析。

2.8.1 以石油为碳源产生物表面活性剂的研究方法

2.8.1.1 石油发酵液驱油功能检测

取直径50mm大小的平皿，内装40mL蒸馏水，在中央加100μL柴油，待其形成油膜之后，将过滤后除去菌丝体的发酵液20μL滴于油膜之上，记录油膜被驱散的直径大小，重复3次取平均值。

2.8.1.2 真菌乳化性能及菌丝体表面疏水性功能的检测

分别将以甘油培养基，石油培养基和PDA培养基的发酵液过滤除去菌丝体，分别取3mL发酵液，加入3mL柴油，混匀后振荡2min，放置24h后，测量乳化性能指数E_{24}，并拍照。

取5mL PDA培养基中的菌丝球，离心后，用蒸馏水冲洗至无色。分别加入5mL的正己烷和二甲苯，让真菌与有机试剂充分混匀，振荡2min，静置30min后观察菌丝球与有机试剂的结合情况，以一株不能降解石油的马勃真菌作为对照。

2.8.1.3 石油降解过程中表面张力的变化

取培养时间为24h、48h、72h、96h、120h和144h的真菌降解石油发酵液，过滤后除去菌丝体的发酵液，用表面张力仪测量发酵液表面张力的变化情况，同时计算石油降解率，追踪石油降解率与表面活性剂之间的关系。

2.8.1.4 脂肪酶活性的测定

将100μL的缓冲液(含50μL 0.1mol/L磷酸钠和50μL 0.9% Triton X－100)和酶液(100μL发酵液离心后的上清)混合，加入20μL 0.005mol/L脂肪酶底物p－NPP(对硝基苯酚棕榈酸酯)，在37℃温育30min，以微波辐射30s终止反应，于410nm处测OD(光密度)值，以不加酶液的为空白对照，衡量微生物产脂肪酶的活性。

2.8.1.5 表面活性剂分离萃取

将石油发酵液过滤除去菌丝体，用等体积的乙酸乙酯进行萃取，收集合并有机相，旋转蒸发后溶于甲醇，以异丙醇：水：28%氨水＝80：11：9(体积比)为展层剂，分别用碘蒸气和紫外法显色。将薄层板上显色的点抠下，溶于水，测其排油圈直径大小。

2.8.1.6 表面活性剂鉴定

将样品进行红外光谱分析，事先将KBr在烘箱中去潮，取部分KBr与样品(质量比95：5)在大理石研钵里进行研磨，待研磨2～3min后，用混合物压片机进行压片，在透射模式下进行扫描，扫描范围为400～4000cm^{-1}，先用KBr进行背景扫描，之后再进行样品扫描。

2.8.2 以石油为碳源产生物表面活性剂的研究

2.8.2.1 排油圈大小的检测

发现真菌YC－ZJ－1的排油圈最大，排油圈直径大小为3.0～4.0cm，有必要进行下一步的研究。该菌在前文已被鉴定，属于枝顶孢属(*Acremonium* sp.)。

2.8.2.2 表面张力和降解率的测定

采用表面张力仪对菌株 YC－ZJ－1 发酵液的表面张力进行测定，发现该菌发酵液能够降低表面张力且将表面张力从 72.32mN/m 降低到了 38.54mN/m，对溶液表面张力的降幅较大，表明该菌发酵液具有产高效表面活性剂的性能。如图 2－18 所示，将不同培养时间的发酵液进行萃取测量石油降解率，并测定每天的表面张力变化情况。发现石油降解率在第 5 天达到稳定值，即 75% 左右，并且其不再随着培养时间而变化。同时，表面张力的变化值也在第 5 天达到最低，即可以推测是在第 5 天时，真菌的生长达到最旺盛期，代谢活性较高，积累次级代谢产物即生物表面活性剂类物质也最多。这些数据的获得为后期表面活性剂的提取时间提供了依据。

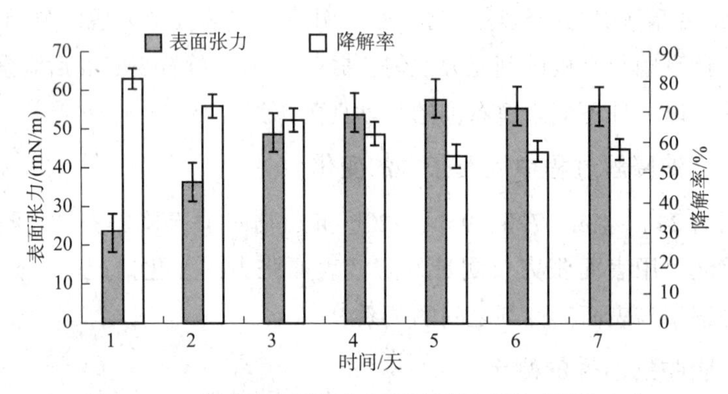

图 2－18 发酵液表面张力和石油降解率随时间的变化

2.8.2.3 脂肪酶活性的测定

脂肪酶又称甘油三酰酯水解酶，能在水油界面处催化酶系反应，如水解反应、酯化反应、酯交换反应等。部分微生物能够产生脂肪酶，并广泛应用于去污剂、生物修复、生物柴油等工业领域。该酶可以催化真菌利用石油类 HOCs 的代谢反应。该酶活性部分可以代表微生物对石油类 HOCs 物质的生物可利用性。以 p－NPP为底物，可以反映微生物发酵液中脂肪酶的产量及活性，p－NPP 在脂肪酶的催化作用下产生的对硝基苯酚(p－NP)在 410nm 处有特殊的吸收值。以此为评估手段，推测微生物对石油类 HOCs 降解活性的变化，并可以推测脂肪酶活性与表面活性剂产生之间为正相关关系。如图 2－19 所示，该真菌在石油培养基中的脂肪酶活性随时间延长到第 5 天时，达到最大值，随后随时间延长而下降。

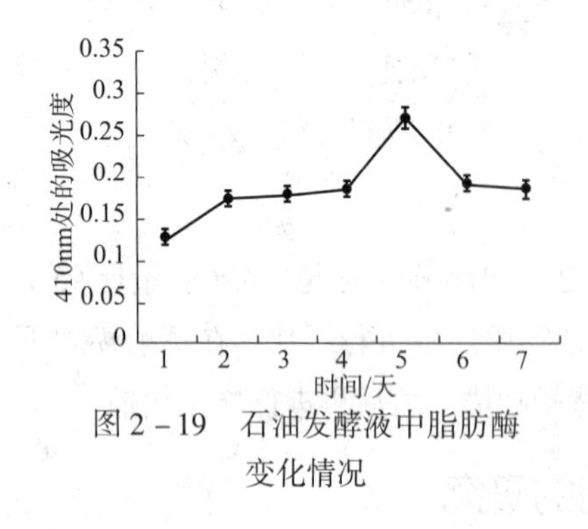

图 2－19 石油发酵液中脂肪酶变化情况

2.8.2.4　乳化性能和疏水活性的检测

由图2－20(a)可以看到，以葡萄糖为碳源的发酵液的乳化值可以达到66%，以甘油为碳源的发酵液乳化值为65%，而以石油为碳源时的乳化值为60%。和对照组1%的SDS溶液的乳化值76%相比，该真菌以不同营养为碳源的发酵液都具有较强的乳化能力。

真菌的疏水性功能检测是用来检测真菌对石油类HOCs物质的利用效率。对于细菌而言，通常使用不同浓度的细菌，观察细菌对有机物的吸附能力，通过测量吸附后溶液中剩余细菌的OD值判断细菌疏水能力的强弱。同样地，由于真菌菌丝球较细菌大，可以通过观察发酵液中菌丝球和溶液混合的浑浊度，即可判断真菌的疏水能力。如图2－20(b)所示，与往发酵液中加入等体积水的对照组相比，YC－ZJ－1分别与正己烷和二甲苯混合后(1和2)，可看到菌丝球与有机溶剂混合一起，4和5菌株为非石油降解菌株，其接种后未与有机溶剂发生任何的混合现象，即疏水能力较弱或没有。因此可以推测实验中所选用的菌株YC－ZJ－1具有较好的降解和疏水活性的能力。

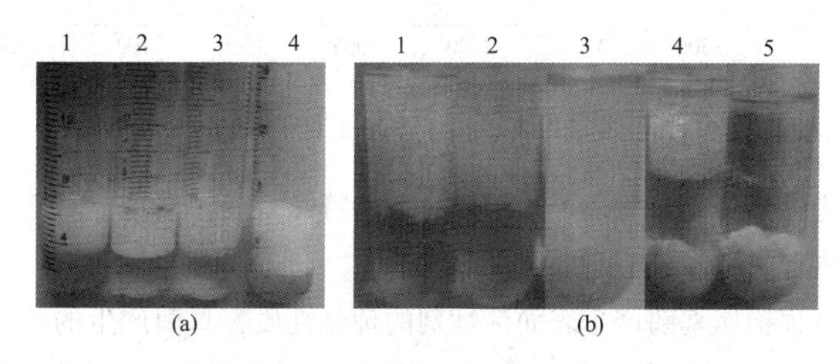

图2－20　乳化性能和疏水活性的检测

(a)为发酵液乳化图片，其中，1为葡萄糖发酵液＋柴油，2为甘油发酵液＋柴油，3为石油发酵液＋柴油，4为1%SDS＋柴油；(b)为疏水活性检测图片，其中，1为正己烷＋真菌YC－ZJ－1，2为二甲苯＋真菌YC－ZJ－1，3为水＋真菌YC－ZJ－1，4为正己烷＋真菌马勃，5为二甲苯＋马勃

2.8.2.5　表面活性剂的提取鉴定

1)表面活性剂的提取

将获得的表面活性剂进行分离，经过旋转蒸发及冷冻干燥后得到淡黄色的粉末，将粉末溶于色谱纯甲醇后，用薄层层析进行鉴定，通过碘房显色和紫外灯观察均发现有3种物质。选用制备级薄层层析板收集样品，用排油圈法进行检测不同物质的功能，发现R_f值为0.65的点的排油圈直径达到3～3.5cm，因此初步推测该物质具有较好的表面活性剂的功能，因此将该点从制备级薄层层板上抠出，并用干装柱洗脱，得到纯品后做结构鉴定。

2)表面活性剂的红外鉴定

从扫描结果(见图2－21)可以看出，该生物表面活性剂的红外光谱大致表征了该物质的化学结构。在2934cm^{-1}伸缩处，发现CH_2和CH_3基团中－CH脂族链，这一现象与Ismail等人在2013年发现的由芽孢杆菌所产脂肽的结构类似。在1464cm^{-1}和1379cm^{-1}之间的吸收峰表明了烃链的C－H结构的伸缩振动，与Huang报道的一致。另外在1229cm^{-1}处的吸

收峰显示了酯键 C－O－C 的伸缩震动，这种键型与枯草芽孢杆菌产生的脂肽类表面活性剂结构相似，并且与 Das 和 Yilmaz 等人在 2009 年的报道是一致的。因此，在 1707cm^{-1}处的峰值显示键型 CO－N 的伸缩振动，可以作为脂肽结构的特征红外吸收峰。通过以上结果可以初步得出结论，即以石油为碳源为唯一碳源和能源时，该真菌产生了具有脂肽结构的生物表面活性剂。

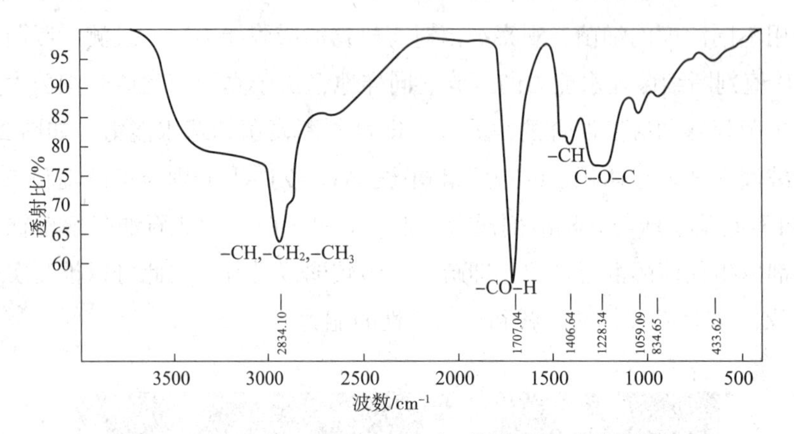

图 2－21　真菌 YC－ZJ－1 产表面活性剂红外光谱图

傅里叶红外光谱只是初步验证了该物质具备的特殊官能团结构，对于一种物质的鉴定需要质谱以及核磁等进一步分析和验证。

在此研究了枝顶孢属真菌产生表面活性剂的理化性质，真菌产生的表面活性剂可将水溶液表面张力降低到 38.54mN/m，具有较好的乳化能力，菌丝球具有良好的疏水能力。经薄层层析初步鉴定，该表面活性剂属于脂肽类表面活性剂物质，通过傅里叶红外光谱可看到特殊的内酯结构和氨基结构，是脂肽与脂肪酸结合形成的脂肽类物质，其中氨基为亲水基端，脂肪酸端为亲油基端。

第3章 影响细菌降解石油类物质的因素研究

3.1 引 言

综合文献和实践表明：活性接种物的浓度、外接菌剂和土著微生物的相互作用、外加营养、待降解有机物对微生物的可用性以及不同异源材料对生物降解过程的影响都对微生物降解污染物的过程有着重要影响。在众多物理因素中，温度直接影响污染物的化学性质，影响微生物区系的生理和多样性，对烃类的生物降解有重要影响。在低温下，石油的黏度会增加，有毒小分子物质挥发性可能降低，从而延缓生物降解的启动。温度会影响土壤中碳氢化合物在水中的溶解度，对溢油特性和微生物活性也有影响。虽然碳氢化合物的生物降解可以在很宽的温度范围内发生，但生物降解速率通常随着温度的降低而降低。土壤环境通常在30～40℃范围内，微生物可能出现最高的降解率，在淡水环境中可能为20～30℃，海洋环境中的微生物15～20℃温度范围内降解效果显著。由此可见，温度对石油污染的生物降解有着重要影响。

在影响微生物降解效率的因素研究中，碳源一般不会成为生物降解的限制性因素。然而，降解碳氢化合物的微生物细胞的快速生长常常伴随着必需营养元素(氮、磷、铁)的减少和耗竭。这些营养的减少，可能导致相应微生物数量的减少。营养元素是碳氢化合物污染物成为生物降解的重要影响因素，如氮、磷和钾，在某些情况下可能还有铁和锌等矿质元素。在生物降解过程中，一些营养物质的浓度可能成为生物降解过程的限制性因素，从而影响生物降解过程。一般而言，当海洋、淡水和土壤环境发生重大石油泄漏时，石油化合物在环境中急剧增加，环境中碳的供应量显著增加，从而使得氮和磷的供应成为石油生物降解过程的限制因素。在海洋环境中，由于一般海水中的氮和磷含量较低，微生物石油降解过程受营养限制影响的现象就更加常见。由于不同污染场地具体营养状况的差异，当考虑添加营养物质提高石油污染物的生物降解时，要针对具体情况进行具体分析，这也是生物修复过程复杂和效果不稳定的因素之一。如果在土壤中盲目地添加氮、磷、钾等元素，反而可能降低原油生物修复的效果，但针对一些如淡水湿地、高原土壤这类营养缺乏的场地污染建立生物修复策略时，补加营养一般都是必需的。在多种营养中，和化学肥料如氮肥、磷肥等相比，添加商业有机肥、发酵过的家禽粪便等有机肥更加有效。这些有机肥即使单独添加，也可以提高污染场地生物修复的效率。

虽然在实验室水平难以模拟污染场地复杂的现实条件，如空间异质性、生物相互作用、气候效应和营养物质传输限制等，但研究影响不同微生物或菌群降解石油的不同因素非常必要。这可能为在实际田间水平进行生物修复提供有关的影响因素评估，如营养水平、天气条件等关键信息，减少现场摸索最佳修复条件所需要的时间。合适的外界环境条件能够更好地辅助并提高微生物对石油烃类的降解效果，因此，对影响石油降解菌的降解性能的研究过程也就是寻找到合适微生物生长和降解石油的环境过程。微生物对石油的降解效果受到多种因素的影响，如温度、盐浓度、pH 值、不同形态的氮源与磷源、接种量等。在此主要探讨盐浓度、pH 值、不同形态的氮源与磷源、接种量等因素对筛选得到的四株石油降解细菌降解性能的影响，以确定每种菌株的最适生长和降解条件，并进一步通过 GC-MS 方法分析其在最适条件下对原油组分的不同降解性能。最后探讨各株细菌对芳香烃类物质的降解效果，研究与石油降解菌降解石油能力相关的脱氢酶活性。这四种细菌包括 *A*. sp. 1、*A*. sp. 2、*P*. sp. 3 和 *P*. sp. 4，都是从石油污染样品中筛选获得的，并在前文中有所论述。这些研究结果对在田间水平建立合适的环境条件保证生物降解过程的发生和完成有着重要意义。

3.2 影响细菌降解石油类物质的因素研究

3.2.1 生物量测定

将 10mL 的发酵培养液在 4000r/min 离心 20min，收集菌体并用无菌水洗涤离心，重复两次，最后将收集到的菌体用无菌水定容到 10mL，形成均匀的菌悬液，以无菌水作为空白对照，用 UV－300 紫外分光光度计在波长 600nm 处测定 OD 值。

3.2.2 影响石油降解菌降解效果的因素研究

将种子液接种到 50mL 的原油降解液体培养基中，分别考察不同盐浓度、pH 值、氮源、磷源、接种量等因素对不同微生物降解效果的影响。盐浓度影响实验设 NaCl 浓度 1%、2%、3%、4%和 5%等 5 个梯度实验组，pH 值影响实验设 5.0、6.0、7.0、8.0 和 9.0 等 5 个梯度实验组，磷源影响试验设 K_2HPO_4、KH_2PO_4、NaH_2PO_4、$K_2HPO_4+KH_2PO_4$（质量比为 1：1）等 4 个实验组，氮源影响实验组设硝酸铵、硝酸钠、硫酸铵、尿素、蛋白胨等 5 个实验组，接种量影响实验设 2%、4%、6%、8%、10%等 5 个梯度实验组。在 160r/min、28℃下培养，取样并测定石油降解率，以不接菌的培养基作为空白对照，每个因素影响研究做三个平行实验，结果取三次实验的平均值进行比较。

3.2.3 石油降解菌降解原油前后的石油烃类变化分析

石油组成成分复杂，如何获得其完整准确的原油组成信息是原油成分分析的关键。由于气相色谱质谱联用仪(GC-MS)能分析原油不同组分的分布及在降解过程中各组分的变化情况，气质联用仪成为分析原油成分变化表征的重要工具。气质联用仪同时具有气相色谱仪的高分离能力和质谱的高分辨力，在石油成分分析中具有独特的技术优势。

1)样品前处理

经石油降解菌降解一段时间后，向石油降解液体培养基中加入20mL的色谱纯级别的正己烷进行萃取，振荡2min，转至分液漏斗中，振荡2min，静置，待分层后分离，收集上清液。重复上述操作，合并上清液，用无水硫酸钠进行脱水，用正己烷定容至50mL容量瓶。用注射器吸取5mL的萃取液经0.22μL的有机膜除杂后，取1μL的过滤液进行GC-MS分析。

2)GC-MS条件

采用(GC-MS QP2010，日本SHIMADZU公司)，HP-5MS石英毛细管柱(30m×0.32mm×0.25μm)。进样口温度220℃，传输线温度260℃，离子源温度260℃；气体为高纯氦气；进样量1μL，不分流进样。扫描质量范围：50~550amu；柱温在70℃保留4min，再以10℃/min的速率升到150℃，保留2min，最后以6℃/min的速度升至260℃，保持15min。

3.2.4 石油降解菌对多环芳香烃类物质降解的分析研究

多环芳香烃是分子中含有两个或两个以上苯环结构的化合物，是各种矿物燃料(如煤、石油、天然气等)、木材、纸以及其他含碳氢化合物不完全燃烧的产物。目前已知的多环芳香烃类化合物约有200种，广泛存在于大气、土壤和水体中。多环芳香烃类物质具有“三致(致癌、致畸、致突变)效应”，对人类健康和生态环境具有很大的潜在危害。微生物修复是将环境中多环芳烃去除的最主要途径。在此选择五种多环芳香烃类物质作为研究对象，探讨四株石油降解细菌对多环芳香烃类的降解效果。采用高效液相色谱仪(岛津公司LC-20AT)进行分析，色谱柱选择多环芳烃分析柱(250mm×4.6mm×5.0μm)ODS C18柱，乙腈/水二元混合溶剂作为流动相。前5min采用60%乙腈洗脱，在后25min内，乙腈梯度洗脱到100%，保持5min，共计35min。

3.2.5 石油降解菌对多环芳香烃类的降解

以五种芳香烃类标准品组成混标，使每种标准品的终浓度为25mg/L，加入到灭菌的无机盐液体培养基中。将培养24h的四株石油降解菌分别接种于含有五种混标芳香烃类物质的无机盐液体培养基中，放于恒温摇床中进行培养。培养两周后，经HPLC测定石油降解菌分别对五种芳香烃类的降解效果，采用外标法定量，根据五种芳香烃类标准品的浓度-面积标准曲线确定四菌株对五种芳香烃类物质的降解率。

3.2.6 石油降解菌的脱氢酶活性检测

取培养24h的菌液放于高速离心机中，在4000r/min离心10min，去除上清液，收集下层菌体。用灭菌的蒸馏水洗涤数次，并配制成细胞悬浮液(OD=0.6)。用移液器向试管中分别加入2mL的待测菌液、Tris-HCl缓冲溶液和TTC-葡萄糖溶液，将试管放置于事先加热的水浴锅中(调节至37℃)，于无光条件下反应1h，最后向试管中加入5mL的丙酮，在室温下用丙酮进行萃取，静置、待分层后进行离心。将上层丙酮溶液用移液器吸取200μL加入到96孔板中，以不加菌的为空白对照，用分光光度计在485nm处扫描其吸光度。按照常规方法计算脱氢酶活性。当吸光度值大于其TF-标准曲线的最大吸收值时，需要进行适当的稀释，使其吸光度在最大吸光度之下，用丙酮作为稀释溶液。

3.3 不同因素影响细菌降解石油的规律和分析

3.3.1 盐浓度对四株菌降解石油效果的影响

向50mL的石油降解液体培养基中分别添加1%、2%、3%、4%和5%的氯化钠，按6%的接种量分别接入培养24h的四种石油降解菌(*A*. sp. 1、*A*. sp. 2、*P*. sp. 3和*P*. sp. 4)，在28℃、160r/min下于恒温摇床中振荡培养。培养一周后，测定培养基中的生物量和石油降解率，研究盐浓度对四株菌影响的规律。结果如图3-1和图3-2所示。在盐浓度为1%时，*A*. sp. 1、*A*. sp. 2和*P*. sp. 3菌的生物量和石油的降解率均达到最大，随着盐浓度的增加，这些菌的生长量和石油降解率不断降低；在盐浓度为2%时，*P*. sp. 4菌的生物量和石油降解率达到最大，虽然随着盐浓度的增加，其生物量和石油降解效率不断降低，但长势良好，对盐浓度表现出了一定的耐受能力。因此，可以选定盐浓度1%作为*A*. sp. 1、*A*. sp. 2、*P*. sp. 3三株菌的最适生长和石油降解的盐浓度，盐浓度2%为*P*. sp. 4的最适生长和石油降解的盐浓度。

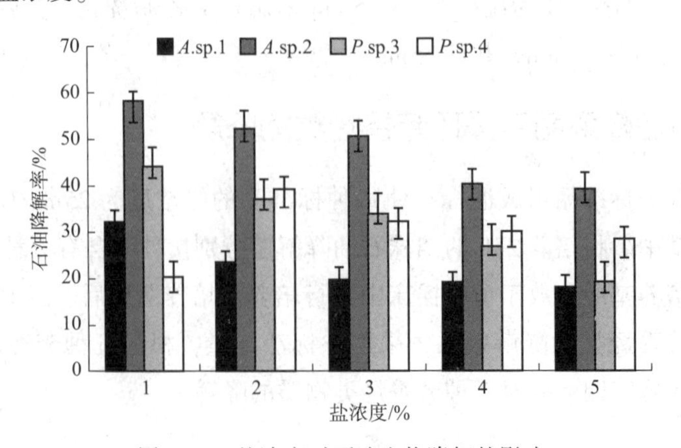

图3-1 盐浓度对石油生物降解的影响

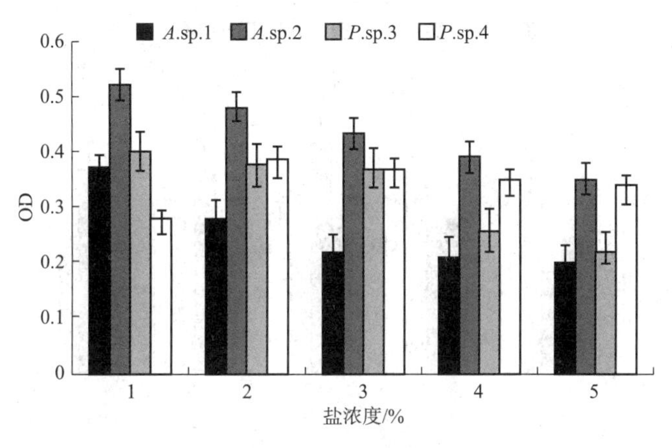

图 3-2 盐浓度对不同细菌生长的影响

3.3.2 pH 值对四株菌降解石油效果的影响

环境中 pH 值的变化对微生物的生长和代谢有着重要的影响。微生物细胞只能在一定的 pH 值范围内才能生长，但由于不同微生物间的代谢差异性，造成了不同菌株对 pH 值不同的适应能力。从图 3-3 和图 3-4 可以看出，培养基初始 pH 值对微生物的生长繁殖及石油降解效率均产生了不同程度的影响，其中四株菌在 pH=5~9 均生长良好。在 pH=6~7 时，*A*. sp. 1 和 *P*. sp. 3 两株菌的生长最好；在 pH=6 时，两株菌自身的生长量和石油降解率均达到最高值。在 pH=7~8 时，*A*. sp. 2 和 *P*. sp. 两株菌的生长最好；当在 pH=8 时，两株菌的生长和石油降解率均达到最大值。因此本实验将 *A*. sp. 1 和 *P*. sp. 3 菌株的最适生长和石油降解 pH 值条件选定为 pH=6，*A*. sp. 2 和 *P*. sp. 4 菌株的最适生长和石油降解 pH 值条件为 pH=8。

在石油无机盐液体培养基中，分别加入各株菌的最适盐浓度，再分别加入 K_2HPO_4、KH_2PO_4、NaH_2PO_4、$K_2HPO_4+KH_2PO_4$(质量比为 1∶1)作为磷源，将其培养基 pH 值调到各菌的最佳 pH，以确定每株菌的最佳磷源。按 6% 的接种量将石油降解菌分别接入，放入恒温摇床中振荡培养，在 28℃ 和 160r/min 下培养一周后，测定各株菌的生物生长量和各自的石油降解率，以确定不同石油降解菌株的最适磷源。

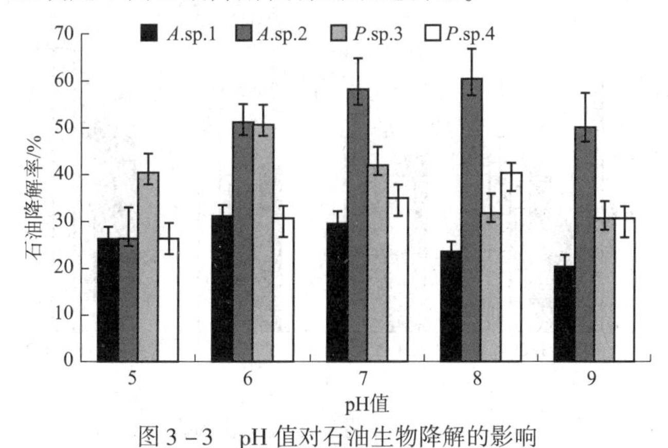

图 3-3 pH 值对石油生物降解的影响

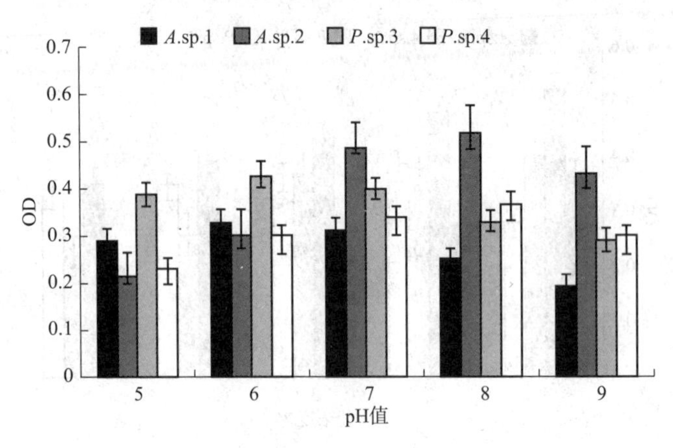

图 3－4　pH 值对细菌生长的影响

磷是生物细胞生长所必需的元素，也是限制石油降解菌对石油降解的重要因素。如图 3－5 和图 3－6 所示，四株菌对不同磷源均可利用且石油降解效果较好，尤其当采用 K_2HPO_4 和 KH_2PO_4（质量比为 1∶1）作为共同磷源时，四株菌的生长和石油降解率都最好，因此本实验选择 $K_2HPO_4 + KH_2PO_4$（质量比为 1∶1）作为四株菌的最适磷源。

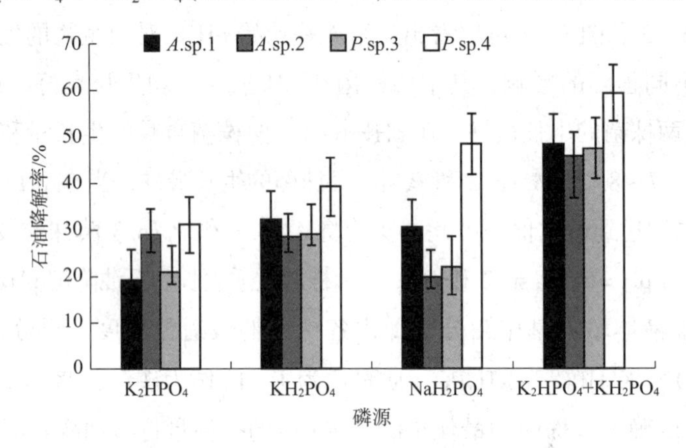

图 3－5　不同磷源对石油生物降解的影响

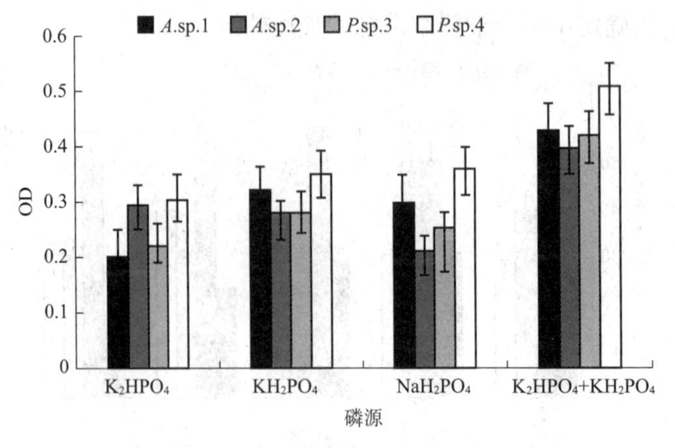

图 3－6　不同磷源对细菌生长的影响

3.3.3 不同氮源对四株菌降解石油效果的影响

在石油无机盐液体培养基中，分别加入各株菌的最适盐浓度和磷源，再向培养每株菌的石油无机盐液体培养基中分别加入硝酸铵、硝酸钠、硫酸铵、尿素、蛋白胨作为氮源，确定每株菌的最佳氮源，并将 *A.* sp. 1 和 *P.* sp. 3 的初始 pH 调至 6，*A.* sp. 2 和 *P.* sp. 4 的初始 pH 调至 8。按 6% 接种量分别将四株石油降解菌接入其中，放于恒温摇床中培养，条件为 28℃、160r/min。摇瓶培养一周后，分别测定各株菌的生物生长量和各自的石油降解率，从而确定不同菌株的最适氮源。

氮源和磷源一样，也是影响石油污染土壤的重要营养物质之一。如图 3－7 和图 3－8 所示，这四株菌在不同氮源条件下均生长良好，其中 *A.* sp. 1、*P.* sp. 4 以尿素为氮源时，降解体系中的生物量和石油降解率均达到最高，而 *A.* sp. 2、*P.* sp. 3 以硝酸铵为氮源时，降解体系中的生物量和石油降解率达到最高。从结果得知，不同菌株对不同的氮源有不同的代谢水平，从而在一定程度上决定了不同菌株的石油利用效率，可以选择尿素为 *A.* sp. 1，*P.* sp. 4 菌株的最适氮源，选择硝酸铵为 *A.* sp. 2 和 *P.* sp. 3 菌的最适氮源。

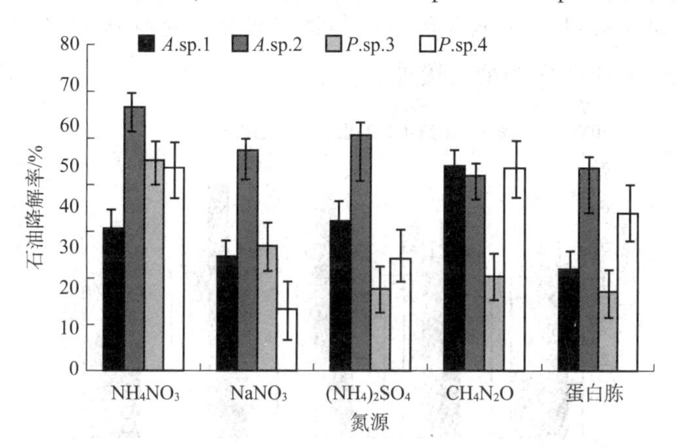

图 3－7 不同氮源对石油生物降解的影响

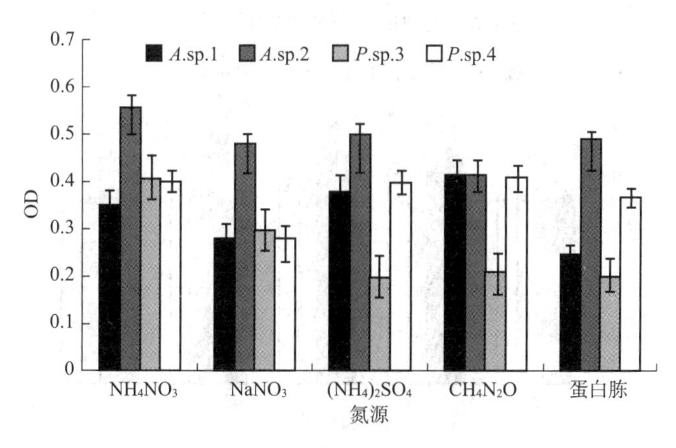

图 3－8 不同氮源对细菌生长的影响

3.3.4　接种量对降解石油效果的影响

在石油无机盐液体培养基中，分别加入各株菌的最适盐浓度、磷源、氮源，并将培养基的初始 pH 值调节到每株菌的最适 pH 值，即 *A*. sp. 1 和 *P*. sp. 3 的初始 pH 值调至 6，*A*. sp. 2 和 *P*. sp. 4 的初始 pH 值调至 8。将四株石油降解菌分别按接种量分别为 2%、4%、6%、8%、10% 的量接入其中，放于恒温摇床中继续培养。待生长一周后，测定各株菌石油发酵液中的生长量和石油降解率，以确定各株石油降解菌的最适接种量。

从图 3－9 和图 3－10 可看出，*A*. sp. 1，*P*. sp. 3 菌株在接种量为 2% ～4% 时生物量和石油降解率随着接种量的增加而增大；当接种量大于 4% 时，生物量和石油降解率随着接种量的增加而逐渐减少。即当接种量为 4% 时，*A*. sp. 1、*P*. sp. 3 菌株在降解体系中的生物量和石油降解率达到最大。*A*. sp. 2 和 *P*. sp. 4 菌株分别在接种量为 8% 和接种量为 6% 时，其生物量和石油降解率达到最大。石油降解菌的数量是影响石油降解率的重要因素之一，接种量过多、偏少都不利于菌株对石油烃组分的降解利用。接种量过大可能会导致微生物种内竞争的加剧，营养物质消耗加速。接种量过少，意味着微生物细胞数量的不足。可以选择接种量 4% 作为 *A*. sp. 1、*P*. sp. 3 菌株的最适接种量，选择接种量 8% 和接种量 6% 分别作为 *A*. sp. 2 和 *P*. sp. 4 菌株的最适接种量。

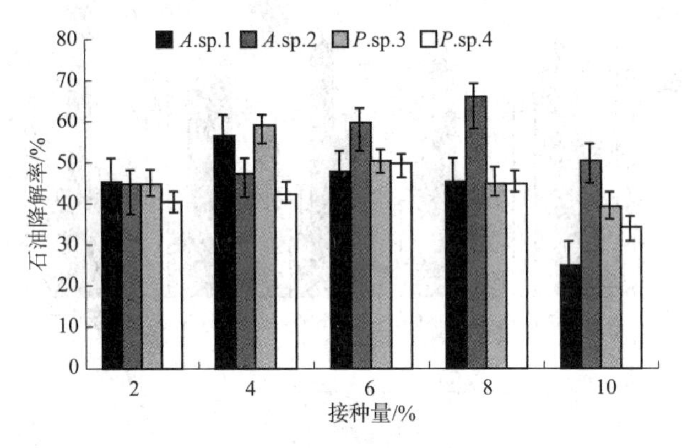

图 3－9　接种量对石油生物降解的影响

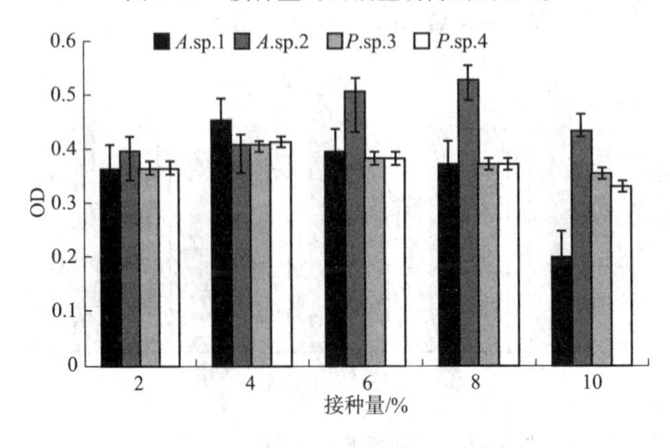

图 3－10　接种量对细菌生长的影响

3.3.5 降解前后石油组分比较分析

通过探讨盐浓度、pH 值、不同形态的氮源与磷源、接种量等因素对四株石油降解菌处理石油的影响，分别确定四株菌降解石油的最适降解条件，*A.* sp. 1 在盐浓度 1%、pH = 6、磷源（K_2HPO_4和 KH_2PO_4）、氮源为硝酸铵和接种量 4% 时其最高石油降解率为 60%；*A.* sp. 2 在盐浓度 1%、pH = 8、磷源（K_2HPO_4和 KH_2PO_4）、氮源为尿素和接种量 8% 时，其最高石油降解率为 67%；*P.* sp. 3 在盐浓度 1%、pH = 6、磷源（K_2HPO_4和 KH_2PO_4）、氮源为硝酸铵和接种量 4% 时，其最高降解率为 60%；*P.* sp. 4 在盐浓度 2%、pH = 8、磷源（K_2HPO_4和 KH_2PO_4）、氮源为尿素和接种量 6% 时，其最高降解率达到 53%。在石油降解最适条件的基础上，为了进一步了解四株菌对原油的不同组分的降解能力，采用 GC-MS 对四株菌降解石油前后的石油烃组分变化进行分析。

分别对石油降解菌 *A.* sp. 1、*A.* sp. 2、*P.* sp. 3 和 *P.* sp. 4 降解石油 7 天后的石油烃组分的 GC-MS 总离子流图谱进行对比分析，再结合峰的质谱图进行定性分析，可以得知，四株菌对石油烃各组分有不同的降解能力，*A.* sp. 1、*A.* sp. 2、*P.* sp. 3 和 *P.* sp. 4 对 $C_{14} \sim C_{30}$ 的石油直链饱和烷烃类均有较好的降解效果。其中 *A.* sp. 2 对石油烃饱和直链烷烃类的降解效果明显高于其他三株的降解效果。

3.3.6 石油降解菌株对芳香烃类的降解效果

由图 3 - 11 可以看出，经过两周的摇瓶培养实验，四株石油降解菌对五种芳香烃类均有一定程度的降解，四株菌对萘、芴、蒽的降解效果明显高于对菲和荧蒽的降解。*P.* sp. 3 对萘的降解率是最高的，达到了 93%。*A.* sp. 1、*A.* sp. 2、*P.* sp. 3、*P.* sp. 4 对芴的降解效果分别为 96%、97%、97% 和 95%。*A.* sp. 1、*A.* sp. 2 和 *P.* sp. 3 对蒽的降解效果好于 *P.* sp. 4，即四株菌的降解率分别为 93%、94%、95% 和 82%。*A.* sp. 1 对菲的利用效果最好，降解率为 57%，*A.* sp. 2、*P.* sp. 3、*P.* sp. 4 对其的降解率分别可以达到 48%、33% 和 14%。*A.* sp. 1 和 *A.* sp. 2 对荧蒽的降解明显好于 *P.* sp. 3 和 *P.* sp. 4。出现这种降解差别的原因一方面跟菌自身的特性有关，还有可能是萘、芴本身为二苯环类物质，易于被石油降解菌利用，蒽、菲、荧蒽虽都为三苯环物质，但由于它们的空间排列及分子结构的差异，最终导致了石油降解菌对它们不同的利用性能。

3.3.7 脱氢酶活性的测定

分析可知，经 *A.* sp. 2 处理后的脱氢酶活性最高，达到了 75μg TF/（mL · h），其他三株菌的脱氢酶处理后活性分别为：*A.* sp. 1 脱氢酶活性为 14μg TF/（mL · h），*P.* sp. 3 的脱氢酶活性为 41μg TF/（mL · h），*P.* sp. 4 的脱氢酶活性为 20μg TF/（mL · h）。

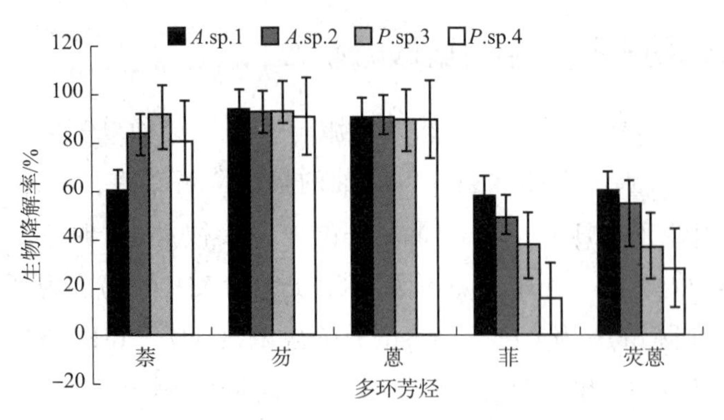

图 3-11　石油降解菌对五种芳香烃类的降解效果

3.4　讨论和展望

通过生物摇瓶实验，探讨盐浓度、pH 值、不同形态的氮源与磷源、接种量等因素对四株石油降解菌处理石油的影响。确定了四种菌株的生长和石油降解的最适条件为：*A.* sp. 1 最适条件为盐浓度 1%、pH = 6、磷源为 K_2HPO_4 和 KH_2PO_4（1∶1）、氮源为硝酸铵接种量 4%；*A.* sp. 2 最适条件为盐浓度 1%、pH = 8、磷源为 K_2HPO_4 和 KH_2PO_4（1∶1）、氮源为尿素和接种量 8%；*P.* sp. 3 最适条件为盐浓度 1%、pH = 6、磷源为 K_2HPO_4 和 KH_2PO_4（1∶1）、氮源为硝酸铵和接种量 4%；*P.* sp. 4 最适条件为盐浓度 2%、pH = 8、磷源为 K_2HPO_4 和 KH_2PO_4（1∶1）、氮源为尿素和接种量 6%。

通过 GC-MS 对四株菌降解石油烃前后变化情况进行检测，结合 GC-MS 总离子流图谱进行对比分析，并结合峰的质谱图进行定性分析，可以看出四株菌对石油烃各组分有不同的降解能力，但整体而言，*A.* sp. 1、*A.* sp. 2、*P.* sp. 3 和 *P.* sp. 4 对 C_{14} ~ C_{30} 的石油直链饱和烷烃类均有较好的降解效果。四株菌对五种芳香烃类均有一定的降解效果，但四株菌对萘、芴、蒽的降解效果明显高于对菲和荧蒽的降解。

第4章 真菌-细菌协同作用及高效菌群的构建和表征

4.1 引 言

几十年来，科学和技术的迅速发展引发了社会对石油及其碳氢化合物的强烈需求，但也导致了环境中石油烃污染物的无控制释放，导致许多土壤和水系环境的污染。近些年来，虽然石油泄漏事件发生的概率有所下降，其中严重泄漏的(>700t)发生率已经显著降低，自2000年以来，平均每年记录1.9次。但是，在石油产品的生产、精炼和运输过程中，人为事故、意外漏油、工业废水、海上和陆上的工业活动等都可能引起石油污染土壤和水系。石油污染物通常由难降解的化合物组成，其中许多物质具有强烈的致癌性、血液毒性和致畸性，如多环芳烃和挥发性化合物、苯系物混合污染物。尤其稠环芳烃等多种污染物都是持久性有机污染物，并被多国列入要优先控制的污染物名单中，引起了多国和产业界的重视。这些污染物在动植物组织中的持续积累可能导致细胞突变或组织死亡。多个报道已经证实了石油污染物的各种急性和慢性毒性，包括代谢失衡、激素紊乱、体温过低、肿瘤和发育异常。

生物降解石油是从陆地和水环境中去除中长链石油烃污染物的自然过程之一。但是对于很多种稠环芳烃化合物而言，不同微生物细胞的降解率和降解程度有很大不同。例如，萘是一种易于被生物降解的污染物，然而由其结构中的四个或更多环组成的多环芳烃(PAHs)的生物降解性较差，在环境中存在更持久，尤其是一些非烃类的化合物更难降解。微生物是环境的主要组成之一，它们可能通过清除污染物帮助维持生态系统的可持续性。微生物也是碳氢化合物污染物的有效降解者，因为它们可以利用碳氢化合物的“碳”进行细胞代谢并获得能量。因此，微生物的降解活性在能量消耗上更有利。一般而言，受污染区域内的固有或土著微生物群落由于长期的环境压力导致其发生基因突变而逐渐适应了环境，并持续暴露于污染物中，从而增加了这些微生物对污染物的电阻率及其细胞的降解潜力。有报道过不同碳氢化合物的降解细菌的种类，如 *Alcanivorax* sp.、*Bacillus* sp.、*Pseudomonas* sp.、*Ochrobactrum* sp.、*Stennotrophomonas* sp.、*Nocardia* sp.、*Micrococcus* sp.、*Achromobacter* sp.、*Acinetobacter* sp.、*Cronobacter* sp.、*Klebsiella* sp.，以及一些真菌种类，如 *Aspergillus* sp.、*Fusarium* sp.、*Neosartoria* sp.、*Penicillium* sp.，和一些酵母菌如 *Pichia* sp.、

Candida sp. 和 *Yarrowia* sp.。然而，与单一微生物菌种相比，构建菌群更为有益，因为它可能含有更多的代谢途径，从而可能提高碳氢化合物降解的范围和潜力。细菌菌群比单个菌株具有更好的降解效率。K. Poddar 等人总结过近年来报道的多种细菌菌群及其降解效率。近年来，研究人员将研究重点放在构建潜在的菌群，以便在石油污染治理中降解多种碳氢化合物。

由于较高的生物毒性和低生物可利用性，石油类非水相疏水化合物可能沉积于自然环境中。真菌细胞可以通过菌丝生长而形成疏水性菌丝体网络，并产生低特异性代谢酶，从而将此类物质作为生长基质利用，并进一步影响此类物质从非水相到水相传质的过程。非水相流体包括多种不能溶于水的疏水性有机物，石油污染土壤中的该类物质大部分源于石油泄漏和石化企业的生产现场。这些物质在自然界中逐渐积累，并进入食物链而严重影响着人们的身体健康和生活质量，对人类和生态环境的安全威胁也极大。自然界中这类疏水性有机污染物质能否进入水相或土壤不饱和水系以及进入量的多少都影响着其在水系中的生物有效性和生物毒性，而存在于海水或土壤局部水系中的非水相流体尤其是石油类疏水性有机污染对脆弱的水系生态影响更大。研究这类物质从非水相向水相的质量转移过程以及影响此传质过程的理化和生物因子，对人类理解和控制此类有机污染物的实际生物毒性并建立相应的生物修复策略、理解预测其最终命运有重要意义。真菌由于其特有的生态优势和生活特点对此类物质从非水相到水相中的传质过程有着重要的影响。真菌和细菌菌群降解石油污染物的协同作用一般表现在降解能力的互补性上。通常细菌对石油烃中直链烷烃和低分子量的多环芳烃具有较好的降解能力，对于四环以上的多环芳烃的降解能力较弱。真菌属于真核生物，能分泌多种胞外氧化还原酶和水解酶，如属于细胞外氧化还原酶类的漆酶、过氧化物酶、过加氧酶、木质素酶，属于细胞结合酶类的细胞色素 P_{450} 混合功能氧化还原酶、芳香族硝基还原酶和醌还原酶等，可以有效降解分子量高的多环芳烃及石油烃中的难降解污染物。不仅如此，在以白腐真菌为代表的降解多环芳烃的木质素降解途径中，真菌分泌的细胞外过氧化还原酶类还可以将不溶性污染物氧化为可溶性物质，进一步被其他微生物代谢。在石油降解过程中，真菌和细菌可以根据各自的降解特点，相互协调共同发挥作用。细菌在降解简单的石油烃过程中能产生表面活性剂并乳化石油烃，提高这些石油烃的生物可利用度。真菌可以产生大量胞外酶促进其对石油中难以降解的物质如多环芳烃等高毒性污染物的降解，同时还可以降解细菌所产生的高分子量、结构复杂的代谢中间产物。一些真菌降解过程中产生的小分子代谢中间产物，也可以通过细菌进一步被完全降解。细菌和真菌针对不同污染物的降解和对各自的代谢过程中间产物的共同利用，不仅有助于完成对石油的快速降解，还可能有效地消除代谢过程中高毒性污染物的积累，这些都有助于石油生物降解的发生和进行。真菌和细菌在代谢酶系上的差异和互补性也可能促进真菌 - 细菌的共生，如真菌的某些渗出液能够促进细菌的生长。韩慧龙等发现在真菌 - 细菌混合培养体系中，真菌和细菌都比单独培养时的生长数量要多。土壤环境中真菌特有的生长方式也是真菌和细菌能够协同降解石油污染物的原因之一。

真菌能适应极端的温度、水分含量和 pH 环境，并且在养分十分不充足的情况下，真菌都可以快速生长并且迅速溶入土壤基质中。很多细菌也可以从真菌分泌物中获得养分，从而在菌丝－土壤界面中生长。除此之外，真菌菌丝体在土壤中所形成的广阔的菌丝网结构，不仅能促进真菌细胞与污染物的接触，还可使依附在真菌菌丝上的细菌突破在土壤环境中不便迁移的限制，完成与污染物的接触，而顺利开始对石油污染物的降解。石油的组成成分极其复杂，是由烃类物质和非烃类物质组成的混合物。由于不同的石油降解微生物对石油烃的不同组分有着不同的降解性能，单株菌一般只对石油的某一部分有较好的降解效果，混合菌群大多数较单一菌株对石油的降解效果好，因此高效降解菌群的构建一直是努力的方向之一。

真菌的降解潜力以及在环境方面的应用前景一直未受重视，近些年由于真菌降解有机物的优点，近些年引起了学界和社会的广泛关注。基于此，从以上鉴定的细菌和真菌以及部分实验室用于生产上的真菌出发，系统地对细菌菌群和真菌菌群构建以及相应的作用机理进行了研究和阐述。在单一石油降解菌降解性能研究的基础上，通过构建石油降解菌株之间的不同组合形式，通过研究不同构建形式的菌群对石油的降解实验，确定单株菌与不同组合菌群形式之间的石油降解效果的差异性，选择优势菌群，并对影响优势菌群降解石油的因素进行研究，确定菌群的最适石油降解条件。这些结果有助于将优化得到的原油降解菌群应用于石油污染土壤处理中，探究其在土壤条件下对石油的降解效果。

4.2　细菌菌群构建的研究

4.2.1　细菌菌群构建和降解的研究

1）菌群的构建

为考察不同菌株间的协同降解效果，将所筛选到的四株石油降解菌随机组合成不同菌群。将四株石油降解菌分别按总接种量相同、菌株间等比例的原则制成混合菌液，按 6% 的接种量接入到石油降解液体培养基中，于恒温摇床中在 28℃ 和 160r/min 下进行培养。培养一周后测定各混合菌群的石油降解率，以期筛选出具备协同降解优势的混合菌群。

2）影响菌群石油降解效果的因素研究

分别考察不同盐浓度、pH 值、氮源、磷源和接种量等因素对优势菌群降解石油效果的影响。盐浓度影响实验设 NaCl 浓度 1%、2%、3%、4%、5% 等 5 个梯度实验组，pH 值影响实验设 5.0、6.0、7.0、8.0、9.0 等 5 个梯度实验组，磷源影响实验组设 K_2HPO_4、KH_2PO_4、NaH_2PO_4 和 $K_2HPO_4+KH_2PO_4$（质量比为 1∶1）等 4 个实验组，氮源影响实验组设硝酸铵、硝酸钠、硫酸铵、尿素、蛋白胨等 5 个实验组，接种量影响实验设 3%、6%、

9%、12%、15%等5个梯度实验组。在160r/min、28℃条件下培养7天，取样测定石油降解率，以不接菌的培养基作为空白对照，每个因素实验做三个平行实验，结果取平均值。

3)优势菌群对石油污染土壤的修复研究方法

(1)石油污染土壤。采集干净土壤若干，经除杂过筛后，放入烘箱中进行干燥。准确称取2.5kg干燥土壤，再称取50g原油，用石油醚将石油充分溶解后，加入到土壤中充分混匀，待石油醚充分挥发后进行实验。按质量C：N：P=100：10：1的比例补充营养到石油污染土壤里，其中碳源为原油，氮源为尿素，磷源为磷酸氢二钾+磷酸二氢钾(质量比1：1)，土壤湿度维持在30%~50%。

(2)土壤中石油的提取和测定。接种后每间隔一个星期随机采样。在处理土壤中取三个点，在每个点取湿土壤30g，将土壤样品放入65℃烘箱中烘干。称取10g干土壤进行石油的提取和测定。将10g干燥土壤放入50mL三角瓶中，加入20mL二氯甲烷，在160r/min条件下振荡30min，4000r/min离心5min，再加入20mL二氯甲烷，在160r/min条件下摇床振荡30min，4000r/min离心5min。最后再加入10mL二氯甲烷，在160r/min下振荡30min，在4000r/min下离心5min，将三次上清液合并。用无水硫酸钠除水后，倒入已经称重的培养皿中，放于65℃水浴锅中待二氯甲烷挥发完后，放入烘箱中，恒重冷却后用重量法测定石油的含量。

(3)菌群降解实验。将在牛肉膏蛋白胨液体培养基中培养24h的不同菌的菌液，按等比例构建菌群，按照接种量6%的量加入到2.5kg的石油污染土壤中，放入恒温培养箱中28℃培养，每两天搅拌一次，每周定期加水，维持一定的通气量和湿度。

4.2.2 细菌菌群的组建和影响因素研究结果

1)不同细菌菌群降解石油效率的分析

从表4-1可知，不同菌株按等比例组合组成的菌群对石油的降解效果不同。从降解率来分析，有些细菌组成的菌群降解率低，而有些组合的降解效果好，说明不同细菌之间可能在组合时产生的效果不同，有些细菌间产生协同效应，有些却产生相互的抑制作用。其中菌群组合*A*. sp. 1+*A*. sp. 2+*P*. sp. 4组成的菌群不仅比其他菌群有较高的石油降解效率，而且比单一菌株的石油降解效率提高了约10%。根据降解率初步确定，*A*. sp. 1+*A*. sp. 2+*P*. sp. 4组成的菌群为最优菌群。为了后续开展最优菌群对石油污染土壤修复的研究，以下实验对影响菌群石油降解效果的因素进行了研究。

表4-1 不同菌株组合对原油的降解率

菌群组合	石油降解率/%
A. sp. 1+*A*. sp. 2	38
A. sp. 1+*P*. sp. 3	64

续表

菌群组合	石油降解率/%
A. sp. 1 + *P*. sp. 4	68
A. sp. 2 + *P*. sp. 3	29
A. sp. 2 + *P*. sp. 4	30
A. sp3 + *P*. sp. 4	39
A. sp. 1 + *A*. sp. 2 + *P*. sp. 3	41
A. sp. 1 + *A*. sp. 2 + *P*. sp. 4	77
A. sp1 + *P*. sp3 + *P*. sp4	49
A. sp2 + *P*. sp3 + *P*. sp4	41
A. sp1 + *A*. sp2 + *P*. sp3 + *P*. sp4	41

2)盐浓度对优势菌群降解石油效果的影响

从图4-1可以看到，该优势菌群在盐浓度1%~5%范围内均能生长，且随着盐浓度的不断增加，菌群的生长量和石油降解率逐渐降低，但总体表现出了一定的盐度耐受能力。

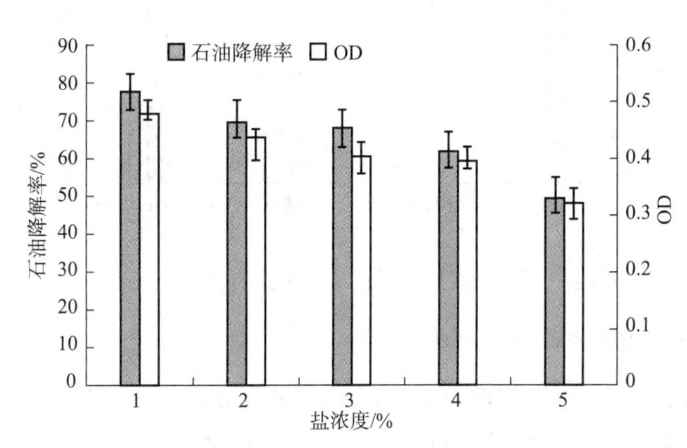

图4-1　盐浓度对石油的生物降解和菌群生长的影响

3)pH值对菌群降解石油的影响

从图4-2可以看出，该优势菌群在pH=5~9范围内有较好的石油降解效果，在不同pH值条件下，优势菌群的生物量和石油降解效率有比较大的差距。菌群在pH=7~8的范围内的石油降解效率最高，可选择pH=7~8为该菌群的最适降解pH值。

4)磷源对优势菌群降解石油效果的影响

从图4-3可以看出，该优势菌群在含有不同磷源的石油无机盐液体培养基中均可以很好地生长，但石油降解能力差异较大，优势菌群在以K_2HPO_4和KH_2PO_4(质量比为1:1)作为磷源时，菌群的生长和石油降解都相对较好。这种现象的产生可能跟这两种磷酸盐对石油液体培养基的pH值具有调节作用有关，这为后续石油污染土壤生物修复中磷源种类的选择提供了实验依据。

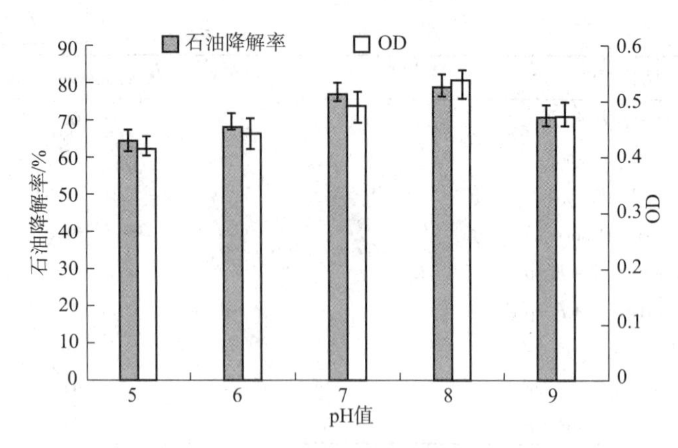

图 4－2　pH 值对石油的生物降解和菌群生长的影响

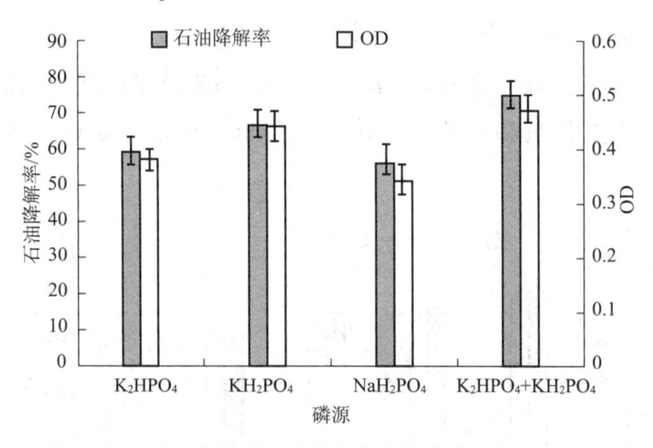

图 4－3　不同磷源对石油的生物降解和菌群生长的影响

5）氮源对优势菌群降解石油的影响

从图 4－4 可以看出，该优势菌群对实验的不同氮源均可以利用，但不同氮源对该菌群石油降解率的影响有差别。从结果可以看出，以蛋白胨为氮源时，该菌群的降解效率最低，当以尿素为氮源时，该菌群的降解效率达到最高。因此，可选择尿素为该菌群的最佳氮源。这种氮源的确定对实际修复过程中营养物质的选择有指导意义。

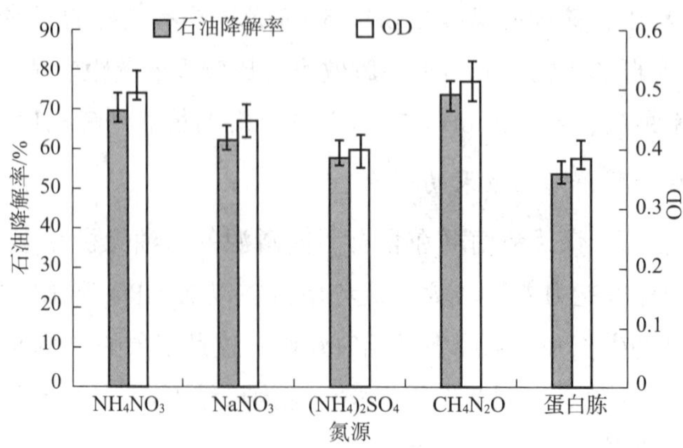

图 4－4　不同氮源对石油的生物降解和菌群生长的影响

6)接种量对菌群降解石油的影响

从图4-5可以看出，该优势菌群在3%~15%的接种量范围内均有很好的生长；当接种量在3%~9%时，该优势菌群的生物量和石油降解率随着接种量的增大而增加，但当接种量达到9%~15%时，该优势菌群的生物量和石油降解率却随着接种量的增加而不断降低。因此，该优势菌群的最适接种量为9%，而且该菌群的接种量并不是越大越好。这些结果为实际污染修复过程中接入土壤的微生物数量的确定提供了参考。

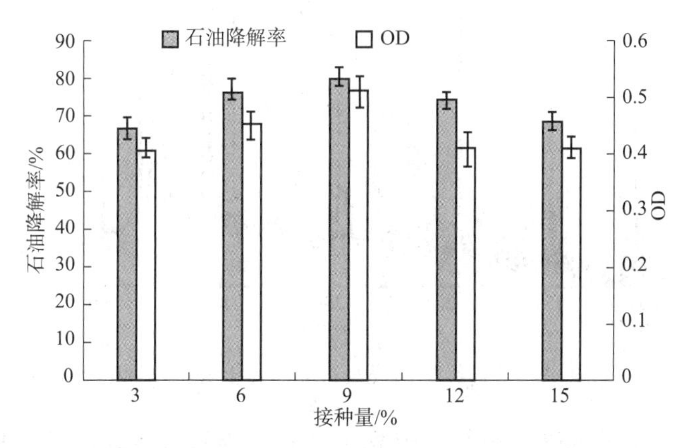

图4-5 接种量对石油的生物降解和菌群生长的影响

7)优势菌群对石油污染土壤的修复

从图4-6可以知道，在实验室条件下对石油污染土壤进行修复时，发现由于摇瓶培养和土壤环境之间的不同，导致接入石油污染土壤中的优势菌群对石油的降解速率没有摇瓶培养中上升得快，经过长达两周的生物修复，降解率才达到27%。随着修复时间的增加，该菌群降解石油的速率在不断增加，当修复6周后，其石油降解率达到了90%。这为后期真正的现场修复周期的确定提供了实验依据。

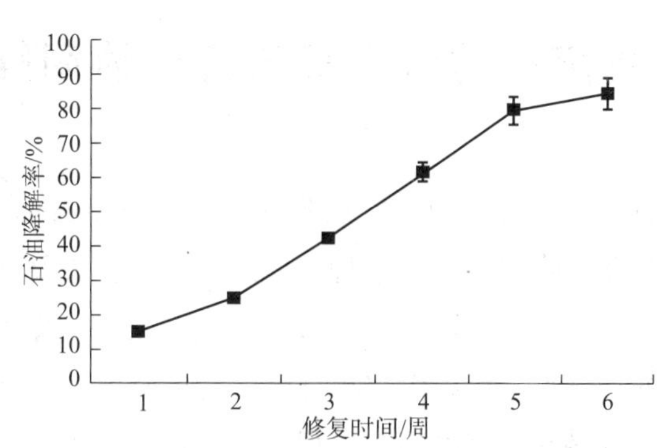

图4-6 优势菌群对土壤中原油得降解效果

8)石油污染土壤中残油组分的气质联用仪(GC-MS)分析

采用气质联用仪(GC-MS)对该菌群处理组和对照组的石油各组分进行分析，结果如图

4－7所示。对照组经自然处理的石油污染土壤残油中仍然含有多种烷烃类，处理组的残油中烷烃类几乎被完全降解，只有少量分子显示还有残留。这些结果说明该菌群对石油的降解效果明显。

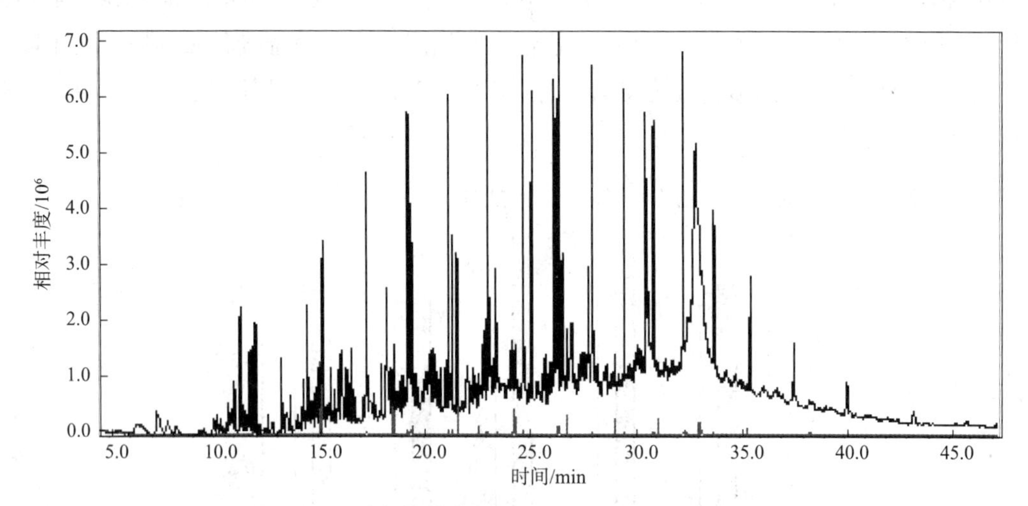

图4－7　GC-MS分析优势菌群对石油污染土壤中石油的降解效果

通过四株石油降解菌的随机组合，得到一组石油降解效果较好的菌群，即由*A.* sp. 1、*A.* sp. 2和*P.* sp. 4组成的混合菌群，其在摇瓶中对石油的降解效率达到了77%。前文也探讨了盐浓度、pH值、氮源与磷源和接种量等因素对该优势菌群处理石油的影响。该优势菌群降解石油的最适降解条件：盐浓度1%、pH＝8、合适的磷源（K_2HPO_4和KH_2PO_4）、氮源为尿素和接种量9%。将该优势菌群接入石油污染土壤中进行石油修复，经过6周后石油降解率达到了90%。通过GC-MS对石油污染土壤中残油进行分析，石油中绝大部分烷烃类都被降解，说明该菌群对石油污染土壤的整体修复效果很好。

4.3　细菌－真菌菌群对多环芳烃的协同降解

细菌和真菌在降解石油污染有机物质方面各具优势。基于石油类物质成分的复杂性，利用具有协同效应的混合菌群降解该类污染物比使用单一菌株更具有优势和应用前景。探究真菌和细菌之间发挥协同效应的作用机制，对于构建高效石油降解菌群具有一定的参考价值。真菌和细菌组成的菌群组合可以汇聚单株微生物的降解特点和优势，从而组成一个较为完整的降解体系，提高潜在的多种酶的酶促活性，进而大大提高生物降解活性，促进生物降解。Ellegaard-Jensen等分别将三种降解细菌鞘氨醇单胞菌属（*Sphingomonas* sp.）、贪噬菌属（*Variovorax* sp.）、球形节杆菌（*Arthrobacter globiformis*）和一种降解真菌被孢霉属（*Mortierella* sp.）构建的细菌－真菌菌群组合对有机农药二氯苯二甲脲的降解率，比单株降解菌的效果要好。真菌三维网状的菌丝体是一种独特的形态学特征，可以为细菌的生物降解提供运动的通道和驱动力。

多环芳烃是石油中的较难降解的环状分子，能够降解多环芳烃的菌株也可能对石油有较好的降解率。在此，以蒽为多环芳烃的模式化合物，以研究不同细菌－真菌菌群组合对蒽的生物降解作用，并结合菌株降解过程中的形态学观察，挑选优势菌群，进一步探索其降解机制。通过检测该菌群降解多环芳烃产生的中间代谢产物，推测了多环芳烃的降解途径。

菌种选自陕西师范大学微生物技术项目组实验室保藏菌种库，分别挑选四株石油降解细菌，如不动杆菌属（*Acinetobacter* sp.）的 *A.* sp. 1 和 *A.* sp. 2、假单胞菌（*Pseudomonas* sp.）的 *P.* sp. 1 和 *P.* sp. 2、真菌即枝顶孢霉（*Acremonium* sp.）。*A.* sp. 2 和枝顶孢属真菌 *Acremonium* sp. 对石油烃类、多环芳烃等具有良好的吸附和降解效果。

4.3.1　真菌－细菌菌群构建的研究方法

（1）四株不同细菌对蒽的降解。在牛肉膏蛋白胨培养基中将保藏的4株细菌活化，待活化后，按5%的接种量分别接入到50mL含50mg/L蒽的无机盐液体培养基中，在160r/min和28℃条件下遮光培养7天。当培养结束后，在4℃下，将发酵液以12000r/min离心10min，分离得到细菌菌泥和发酵液。在菌泥中加入等体积的正己烷，密封后超声30min以萃取细菌所吸附的蒽，在60℃下经旋转蒸发后用正己烷定容，再用0.45μm的有机系滤膜过滤除去杂质后，通过高效液相色谱仪检测蒽的吸附量。用正己烷提取发酵液溶液中的残余蒽，重复3次，合并收集萃取液并旋转蒸发。

（2）四种不同细菌－真菌组合对蒽的降解。分别将四种细菌和枝顶胞霉菌组合，构建四种真菌－细菌的菌群组合，即 *A.* sp. 1 和 *Acremonium* sp.、*A.* sp. 2 和 *Acremonium* sp.、*P.* sp. 1 和 *Acremonium* sp. 以及 *P.* sp. 2 和 *Acremonium* sp.。将不同细菌－真菌菌群按10%的接种量（V/V）接入50mL含蒽50mg/L的多环芳烃无机盐液体培养基中，在160r/min和28℃条件下遮光培养7天。待培养结束后，用滤纸过滤发酵液，分离细菌和真菌菌丝之后，在4℃下，以12000r/min离心10min，分离细菌和发酵液并收取上清和细菌。分别在得到的真菌菌丝体和细菌菌泥中加入等体积的正己烷，密封超声30min后分别萃取真菌和细菌吸附的蒽，在60℃下旋转蒸发后用正己烷定容。用0.45μm的有机系滤膜过滤除去杂质后，用高效液相色谱仪分析检测蒽的浓度。

在四种菌群组合培养过程中，定期取样制片，观察真菌和细菌的形态学变化，用结晶紫染色法制片，并挑取协同作用明显的真菌细菌形态图进行拍照。结合吸附率和生物降解率挑选协同作用明显的优势菌群以进行更深一步降解机制的研究。所有实验组均设置3个平行组。

（3）*A.* sp.-*Acremonium* sp. 菌群对蒽的降解途径研究。将细菌 *A.* sp. 和 *Acremonium* sp. 分别培养后，以10%的接种量（*V/V*）接种于50mL含蒽浓度为50mg/L的无机盐培养基中，每天取样，在160r/min和28℃条件下遮光培养7天。对照组分别为单独加入5%接种量的真菌和5%接种量的细菌降解体系，每天取样，培养时间为7天，并设置3个平行组。

为了验证产生代谢产物的实验组，用 Lambd－35 型紫外可见分光光度计(美国 Perkin Elmer 公司)以全波长扫描方式扫描发酵液萃取物，粗略通过吸收峰图判断是否有新的代谢产物产生。

使用GC-MS检测代谢产物的种类，其样品处理方法同液相分析时用的处理方法，在进样前需用无水硫酸钠过滤除水。GC 分析条件：RTX－5MS 毛细管柱(30m×032mm，0.25μm)，He 载气(纯度>99.999%)，柱头压61.8kPa，载气恒线速度36.8cm/s，进样口温度260℃。色谱柱升温程序：由初始70℃，保持2min，按升温速率15℃/min 升至150℃，保持2min。再以5℃/min 升至250℃并保持5min。进样方式：不分流进样，进样量为1μL。EI－MS－Scan 分析条件：电子轰击(EI)离子源，电子能量70eV，灯丝电流60μA，检测器电压1.00kV，El 源温度200℃，气－质接口温度250℃。

4.3.2 *A.* sp. -*Acremonium* sp. 菌群对蒽降解的分析和代谢途径

1)*A.* sp. -*Acremonium* sp. 菌群对多环芳烃的降解

在同样培养条件下，四株细菌对稠环芳烃蒽表现出不同的吸附率和降解率。如图4－8所示，这些细菌对蒽可能具有一定的降解作用，它的细胞膜可能具有一定的疏水性，其中疏水性强的细菌有利于细胞对有机物的吸附。*A.* sp.2 和 *P.* sp.1 对蒽都有较好的降解率，*A.* sp.1 对蒽的吸附率较强，降解却稍差。分别将这些细菌和真菌 *Acremonium* sp. 构建4种菌群组合，即 *A.* sp.1 和 *Acremonium* sp.、*A.* sp.2 和 *Acremonium* sp.、*P.* sp1 和 *Acremonium* sp.、*P.* sp.2 和 *Acremonium* sp.，研究真菌与细菌在降解过程中的相互作用。由图4－9可以看出，真菌 *Acremonium* sp. 吸附作用对溶液中蒽的去除有显著贡献。通过和细菌单独对蒽的吸附率进行比较，可以发现菌群中真菌的存在对细菌吸附蒽产生了不同的影响，与图4－8相比，在第二组即 *A.* sp.2 和 *Acremonium* sp. 组合中，细菌的吸附率相对较大，溶液中蒽的残余量随着时间延长而呈现降低的趋势，其中蒽的去除率较单株细菌处理时有所提高，且细菌对蒽的吸附率说明该菌群组合对于蒽的降解作用强于其余菌群组合的降解作用。

对土壤中的菌群组合进行形态学观察，为了更加明显地观察细菌和真菌的显微形态，用结晶紫对其进行染色，只有 *A.* sp.2 和真菌组合可以看到细菌在真菌菌丝体上的排列的现象。如图4－10所示，图(a)中真菌的菌丝体上有细菌的排列，可以推测是真菌为细菌提供了运输通道，协助完成对蒽的生物降解。综合以上单株菌及菌群组合的吸附率和降解率，以及形态学的观察，选用细菌 *A.* sp.2 和真菌 *Acremonium* sp. 组合为优势菌群，深入探索生物降解的机制。

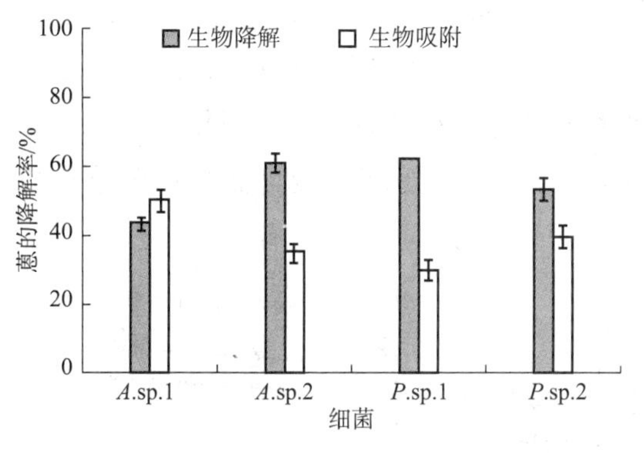

图4－8 不同细菌对蒽的生物降解

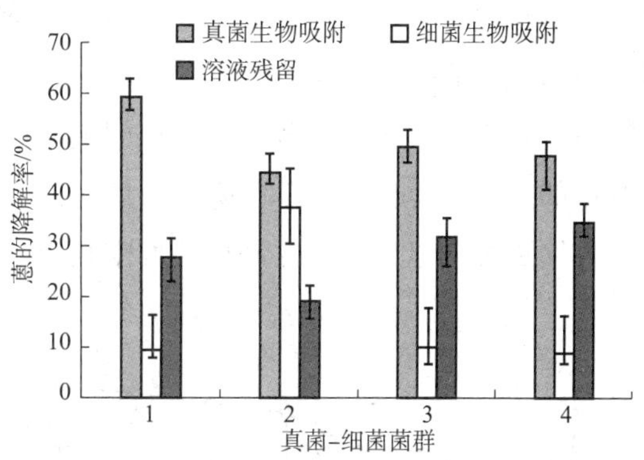

图4－9 不同菌群组合对蒽的生物降解

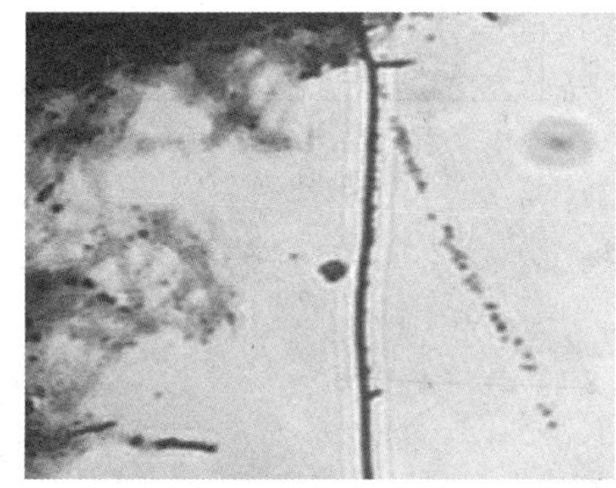

(a)真菌菌丝上的细菌

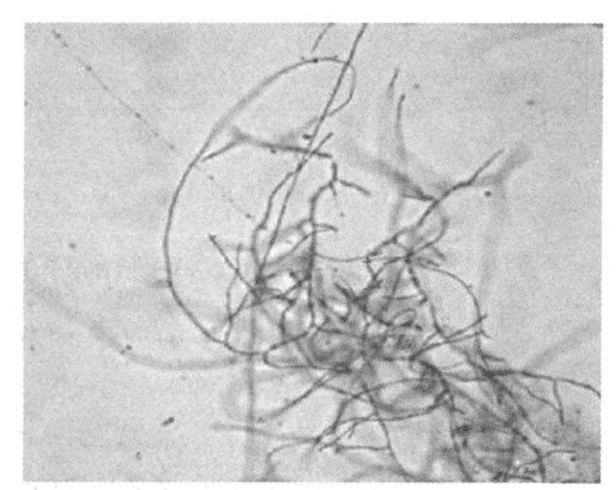

(b)真菌菌丝形态

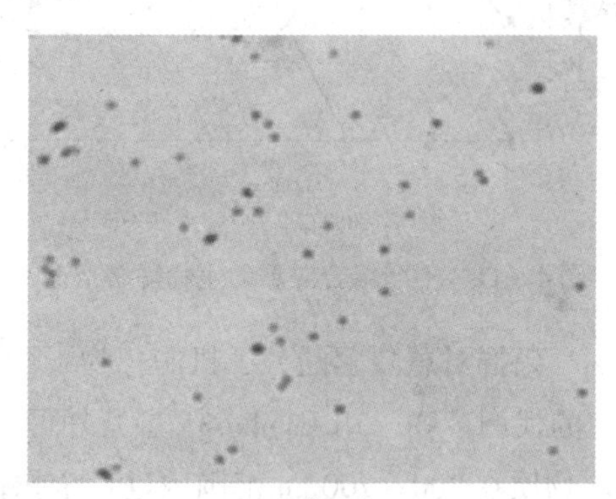

(c)细菌形态

图4－10 *A.* sp. 2和菌群组合及单株菌的显微形态图(×40)

2)*A.* sp. -*Acremonium* sp. 菌群组合对多环芳烃的降解途径

(1)*A.* sp. 2-*Acremonium* sp. 菌群对蒽的降解。通过高效液相色谱分析法检测*A.* sp. 2-*Acremonium* sp. 菌群、细菌*A.* sp. 2和真菌*Acremonium* sp. 对蒽的生物降解率，并以菌体细胞对蒽的吸附量和溶液中蒽的残余量为指标，评价不同微生物或组合对蒽的生物降解情况，结果如图4－11所示。细菌*A.* sp. 2单独对蒽的最大吸附量为15mg/L，真菌*Acremonium* sp. 对蒽的最大吸附量可达到35mg/L，菌群*A.* sp. 2-*Acremonium* sp. 中的细菌和真菌对蒽的吸附量均受到不同程度的影响。可以看到，菌群中 *A*. sp. 2 的吸附量从第 4 天开始上升，当达到 20mg/L 时不再变化，真菌 *Acremonium* sp. 吸附量下降到 15mg/L，溶液中蒽的残留量也在下降。菌群中各组分对蒽的最终吸附量都比其单独降解中的吸附量要低，并且溶液中的残留量也比细菌单独降解时低。由此推断，该菌群对蒽的生物降解作用较单株细菌的作用更加明显，可能这和该菌群中真菌对细菌明显的协助降解作用有关。

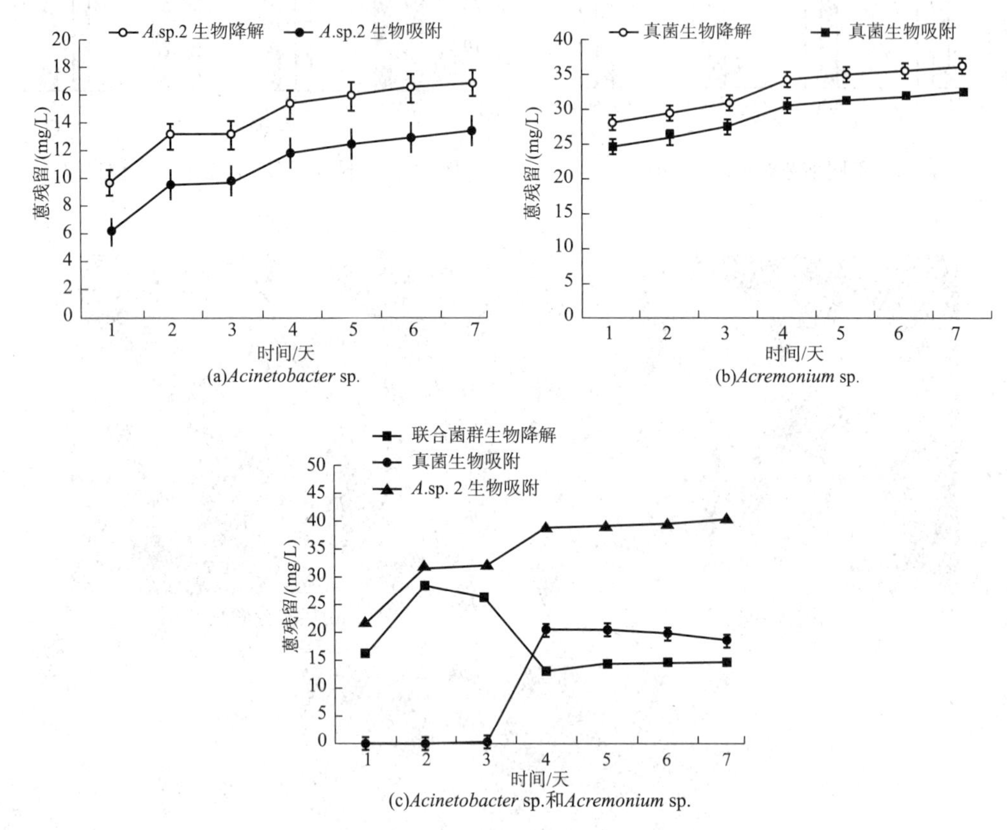

图 4－11　不同组合对蒽的生物降解情况

（2）*A*. sp. -*Acremonium* sp. 菌群对蒽降解的分子机制。为了检测 *A*. sp. 2-*Acremonium* sp. 菌群降解蒽过程中可能产生的代谢产物，用 Lambd-35 型紫外可见分光光度计（美国 Perkin Elmer 公司）对其发酵液萃取物质在 200～700nm 范围内进行全扫描，如图 4－12 所示。在细菌 *A*. sp. 2 的降解过程产生的萃取物中，可以在 254nm 左右检测到蒽的吸收峰，未出现其他物质的吸收峰；在对照组真菌 *Acremonium* sp. 降解萃取物中，除了 254nm 处的蒽吸收峰外，还在 334nm、355nm 和 374nm 处有光吸收。在菌群 *A*. sp. 2-*Acremonium* sp. 降解萃取物的扫描图中，可以发现，除了以上 4 个吸收峰外，还在 218nm 处发现吸收峰，这可能是菌群在生物降解过程中产生了部分代谢中间产物。但是，仅仅根据色谱峰还不能准确地定性所产生的代谢产物的种类，需要用 GC-MS 对中间代谢产物的种类进一步确定。

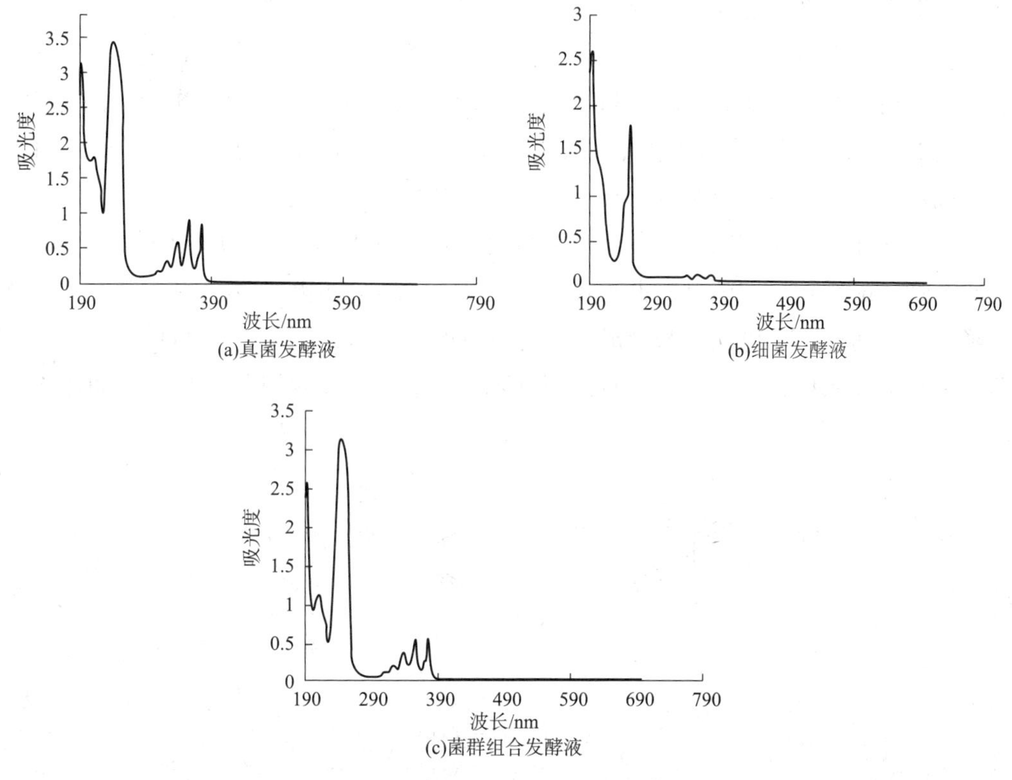

图 4-12　紫外全波长扫描发酵液萃取物

通过对降解萃取液的质谱图进行分析并参考前期的相关研究发现，该菌群对蒽的生物降解中间产物可能有邻苯二甲酸二丁酯、邻苯二甲酸和苯甲酸等(见图 4-13)。其他代谢产物则因浓度太低无法确认。

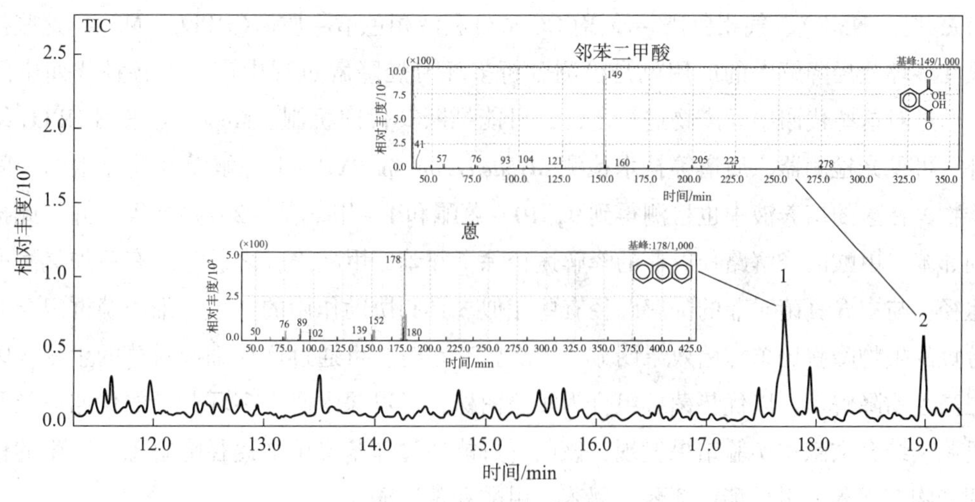

图 4-13　优势菌降解蒽中间产物的气-质联用分析

实验检测发现该菌群降解蒽的代谢产物中存在大量的邻苯二甲酸。蒽转化为邻苯二甲酸二丁酯之后的降解途径多表现为邻苯二甲酸途径，代谢速度较快，这和以前的报道基本一致。有研究表明，在多环芳烃化合物的生物降解过程中，经过羟基化和环裂解反应后，加氧酶(包括细菌双加氧酶和真菌单加氧酶)起到明显的催化作用。除此之外，检测到类似9，10－蒽醌的衍生物，说明可能是蒽在双加氧酶作用下，在分子9、10位氧化生成双氢二醇之后，经脱氢酶转化生成二羟基化合物或9，10－蒽醌。二羟基化合物可能接着开环生成邻苯二甲酸，该分子继续被氧化为儿茶酸、原儿茶酸和龙胆酸等中间代谢产物。随后苯环被断开，并可能产生延胡索酸、琥珀酸、丙酮酸、乙酸和乙醛，这些降解的中间产物可以被用来合成微生物自身的生物量，同时产生 CO_2 和 H_2O。根据实验结果和加氧酶催化反应的特点对该菌群降解蒽的代谢途径进行了推测，如图4－14所示。

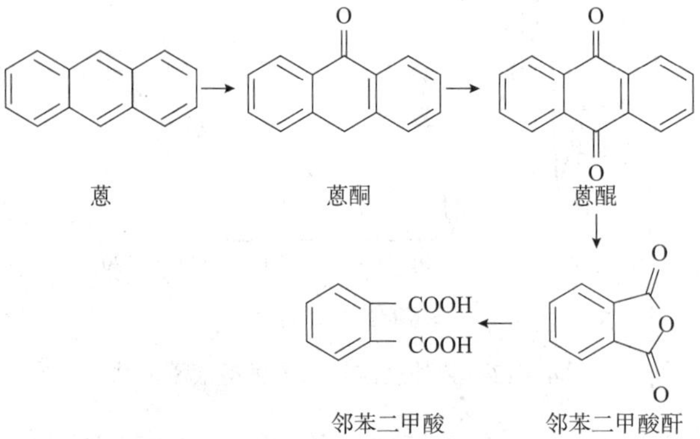

蒽　蒽酮　蒽醌

邻苯二甲酸　邻苯二甲酸酐

图4－14　降解蒽的代谢途径

代谢组学研究的是各种代谢途径的底物和产物的小分子代谢物，涉及的实验技术手段有核磁共振(NMR)、气相色谱－质谱(GC-MS)和液相色谱－质谱(HPLC－MS)。这些技术手段在多环芳烃降解中的应用就是检测分析多环芳烃降解过程中产生的各种代谢中间产物，通过对这些代谢中间产物进行定性，可能推断其代谢机制。Moody 等采用 HPLC 结合紫外－可见光检测器、质谱等技术检测 *Mybacterium* sp. PYR－1 降解蒽和菲产生的中间代谢产物，在蒽的培养液中也检测得到9，10－蒽醌和1－甲氧基－2－羟蒽等，并由此推测得到邻苯二甲酸的降解路径。菲的降解途径除了邻苯二甲酸途径之外，还有单加氧酶的开环途径，与白腐真菌对菲的降解路径有些相似。具有协助作用的真菌－细菌菌群组合对多环芳烃的生物降解比单株菌效果明显，当真菌存在时，可通过增加细菌对蒽的生物吸附进而提高生物降解率。以优势菌群组合为实验菌株，可以深入研究多环芳烃的代谢途径及降解机制。结合文献和实验结果发现，该菌群可能通过邻苯二甲酸途径降解蒽，产生的代谢中间产物有邻苯二甲酸酯、蒽醌、邻苯二甲酸和苯甲酸等。

4.4 真菌介入对细菌生物强化处理高浓度原油污染的影响

生物修复法是微生物利用石油烃类作为碳源进行同化降解，使其最终完全矿化为无害的无机物质(CO_2和H_2O)的过程。可以通过改变土壤理化条件(包括温度、湿度、pH值、供氧量及营养添加等)和接种特殊驯化或构建的工程微生物来提高生物降解的效率。目前，实施效果比较好的生物修复方法主要包括生物强化和生物刺激两类，其中对于高浓度的石油污染土壤修复，生物强化作用更为有效。然而，在实际石油污染土壤修复过程中，许多国外学者发现，生物强化存在一定的局限性。Alexander等发现微生物对石油的利用往往在开始阶段较为迅速，但降解速率随时间延长而下降，直至达到比较平缓的趋势。这种降解模型通常被称为“拐杖模型”。Huesemann等认为，这是由土壤中微生物数量减少、生物利用率低及高浓度的难降解污染物的残留等因素造成的。

在此，采用所筛得的高效石油降解细菌Ba1(*Bacillus subtilis*)对高浓度(5000mg/kg)原油污染土壤进行生物强化修复。在修复过程中用实验室已筛得的真菌*Acremonium* sp. 进行二次接种介入，通过分析该真菌和该真菌-细菌菌群接入前后污染土壤中石油各成分降解率、微生物数量及酶活性的变化，对真菌参与细菌生物强化修复过程对原油降解性能的作用机制进行阐述。

4.4.1 真菌介入对细菌生物强化处理高浓度原油污染影响的研究

4.4.1.1 实验菌株

枯草芽孢杆菌(*Bacillus subtilis*)的高效石油降解菌Ba1为实验用细菌。实验用真菌是实验室已筛选和鉴定的枝顶孢霉(*Acremonium* sp.)，该菌对石油有高效的降解功能和抗重金属离子的性能。以这两种菌组成真菌-细菌菌群*B. subtilis-Acremonium* sp.。

4.4.1.2 实验方法

1)石油污染土壤均质化

实验用石油污染土壤来自陕北地区油井废弃钻井液储蓄池附近地下5~20cm处。其理化特征如下：砂土21.4%，淤泥40.6%，黏土38%，pH=7.2，总氮量490mg/kg，总磷量370mg/kg，石油含量6%。对该土壤中的石油成分进行分析，确定石油组分含量为：烷烃类5%；芳香烃类8%；沥青质20%。用油井附近未污染的新鲜土壤调整污染土壤的石油含量至5%左右。调整过的土壤在25℃的通风橱下风干48h后碾碎，用2mm的筛网过筛。

准确称取处理过的石油污染土壤2.5kg，放入10L(长32cm，宽22cm，高17cm)的塑料盒子中，按照尿素 4.6g/kg、K_2HPO_4 0.35g/kg、KH_2PO_4 0.35g/kg 的量向土壤中添加无机营养物质，并将土壤中 C、N、P 的比例调整至 100∶10∶1。用去离子水调整污染土壤初始含水量为 40%～50%，并在实验过程中每隔两周添加水分，保持土壤湿度。

2）生物强化接种

为探究生物强化过程中真菌参与并协同细菌促进原油污染土壤修复的作用机制，修复时间为 180 天，实验分四组进行：①细菌（*B. subtilis*）接种；②细菌接种后第 100 天重复用同种细菌重接种；③细菌接种后第 100 天进行真菌（*Acremonium* sp.）重接种；④细菌接种后第 100 天进行真菌－细菌菌群（*B. subtilis-Acremonium* sp.）重接种。以未进行微生物接种的原油污染土壤为空白对照。

细菌接种物以接种环挑取保存于斜面上的细菌，于装有 100mL 牛肉膏蛋白胨培养基的 250mL 三角瓶中接种。将其放在振荡摇床中，在 160r/min、28℃培养 4h，取出，测定此时菌液在 600nm 处的吸光值，根据菌液浓度与细菌数目相对应的标准曲线算出此时细菌的数量。将菌液移入灭过菌的离心管中，在 12000r/min 转速下离心得到菌体，向菌体中加入一定量无菌水重悬菌液，将细菌数量调整到 10^8 个/mL，这些重悬菌液即为细菌接种物。四个实验组最初都按照 0.1mL/g 的量向土壤中接入细菌，细菌重接种的实验组以 0.1mL/g 的接种量重复接入该细菌，真菌－细菌菌群重接种的实验组以 0.05mL/g 的量接入该细菌。真菌接种物以接种环挑取保存于斜面上的真菌，于装有 100mLPDA 液体培养基的 250mL 三角瓶中接种，将其放在振荡摇床中 160r/min、28℃培养 3～4 天，待长出均匀菌丝球时取出。随后将培养液放入灭过菌的离心管中，8000r/min 离心，得到的菌丝体用无菌水进行清洗，8000r/min 离心，重复两次后得到的真菌菌丝体作为该真菌的接种物。对于真菌重接种的实验组，以 10mg/g 湿菌丝的量向土壤中进行接种，真菌－细菌菌群重接种的实验组，以 5mg/g 湿菌丝的量接种。

4.4.1.3 石油降解率测定

1）土壤取样

在实验进行过程中，在第 0 天、20 天、40 天、60 天、80 天、100 天、120 天、140 天、160 天和 180 天时用五点取样法分别从四组实验土壤中取样。所取的土壤样品混合均匀后置于－20℃冰箱中进行保存。

2）土壤中残余油分提取及降解率测定

将土壤样品放入培养皿中，于 45℃烘箱中烘干 24h。准确称取 10g 烘干土壤，用滤纸包裹严实，用棉线捆绑后放入索氏提取器中，以二氯甲烷为提取剂，充分抽提 8h 至提取液为澄清。收集提取液，置于 30℃烘箱中烘干，重量法计算石油降解率。

4.4.1.4 生物强化过程中微生物数量检测

采用稀释平板计数法计算土壤中微生物数量。准确称取土壤样品 1g，放入 100mL 灭

菌后的土壤缓冲液中，在160r/min、28℃下振荡摇床培养3h后取出，沉降30min。用移液器吸取上层清液1mL，梯度稀释至10^{-8}，取100μL稀释液进行涂布，每组做三个平行。细菌计数用牛肉膏蛋白胨固体培养基，真菌计数用PDA固体培养基。涂布后平板置于30℃恒温培养箱中培养，2天后对平板上长出的菌落进行计数。

4.4.1.5 FDA水解酶活性测定

准确称取1g土壤样品于150mL的三角瓶中，加入磷酸钠缓冲液50mL，再加入FDA溶液0.5mL，振荡摇匀后于30℃恒温摇床培养3h，最后加入2mL丙酮终止反应，取上清液，8000r/min离心5min，过0.22μm滤膜，用移液器吸取滤液200μL，用超微量微孔板分光光度计在490nm下测定吸光值。每个土样设置一个空白对照，根据荧光素标准曲线及换算公式计算FDA水解酶活性，单位用荧光素μg/(g·3h)表示。

4.4.1.6 TTC脱氢酶活性测定

2，3，5-氯化三苯基四氮唑(TTC)是一种人造氢受体，当微生物与有机物质发生氧化反应时，TTC便会接受有机物提供的氢原子而被还原成在485nm处有吸收峰的红色三苯基甲替(TF)。

准确称取待测土样1g于50mL三角瓶中，加入2mL TTC溶液和2mL Tris-HCl缓冲溶液，反复吹打至土壤与反应液充分混匀，放入160r/min、37℃振荡摇床中避光反应3h，加入5mL丙酮停止反应并萃取红色TF，10min后8000r/min离心5min，用移液器吸取上层丙酮溶液200μL，以不加土样的为空白对照，用超微量微孔板分光光度计在485nm处测定吸光值。根据标准曲线计算脱氢酶活性(简称DHA)，单位为μg TF/(g·3h)。

4.4.2 真菌(*Acremonium* sp.)介入对细菌降解石油的影响的结果和讨论

4.4.2.1 真菌重接种对石油降解率的影响

在高浓度石油污染(50000mg/kg)土壤180天生物强化修复过程中，每20天对生物强化实验组和对照组石油降解率进行一次测定，降解曲线如图4-15所示。未重接种前，实验组的石油降解在最初20天内增长速度很快，随后石油降解速度随时间延长而趋于平缓。当180天后，未重接菌组(Ⅰ)、重接入细菌组(Ⅱ)、重接入真菌组(Ⅲ)和重接入细菌-真菌菌群组(Ⅳ)的石油降解率分别为60.1% ±2%、60.0% ±3%、71.3% ±5.2%和74.2% ±2.7%。对四个实验组的石油降解率进行分析发现，与未重接菌对照组相比，重接入真菌和细菌-真菌菌群的实验组能显著提高石油的降解率($p<0.05$)。本实验室已有研究证实该真菌具有和细菌相似的原油降解性能(对2%浓度的原油降解率为75%)，但是与有真菌存在的重接种实验组(Ⅲ和Ⅳ)相反，重接入细菌组(Ⅱ)的石油降解率不仅没有提高，还稍有降低，这说明该真菌的接入可能是促进降解发生的主要原因。在处理180天

后，对照组也检测到了10%的原油降解率，这可以归因于土壤中存在的土著微生物群落和非生物因素联合作用所造成的石油降解。

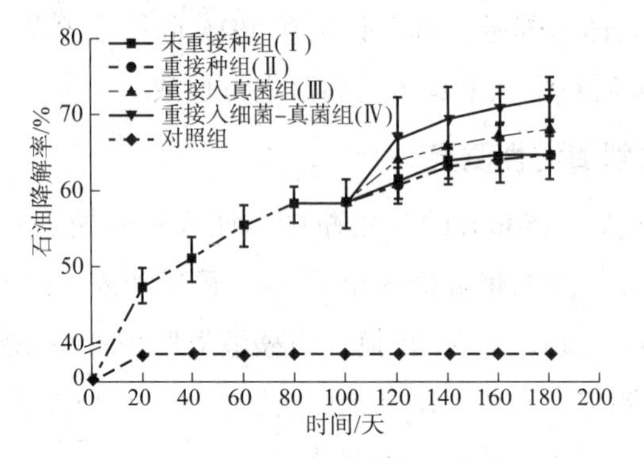

图4－15　B. subtilis-Acremonium sp. 菌群生物修复过程中石油降解率的变化实验

（Ⅰ）生物强化未重接种组；（Ⅱ）生物强化细菌重接种组；

（Ⅲ）生物强化真菌重接种组；（Ⅳ）生物强化细菌－真菌菌群重接种组

4.4.2.2　微生物数量变化

土壤中微生物的数量是影响石油降解效率的主要因素之一。一般来说，土壤中微生物的数量在 $>10^5$ 个/g时就能保证降解的发生。如图4－16所示，在实验过程中，四个实验组（Ⅰ）～（Ⅳ）的微生物数量都很高，且每组之间有显著的差异，而对照组处理的微生物总数则一直维持在一个很低的水平。对实验组（Ⅰ）的细菌和真菌数量变化分析发现，当最初细菌接种后，真菌和细菌总数量都有显著提高，并在40天后达到最大值。该处理组在最初20天内石油降解率的快速增加（见图4－15）可能就与该处理组微生物总数量的增长模式相关。

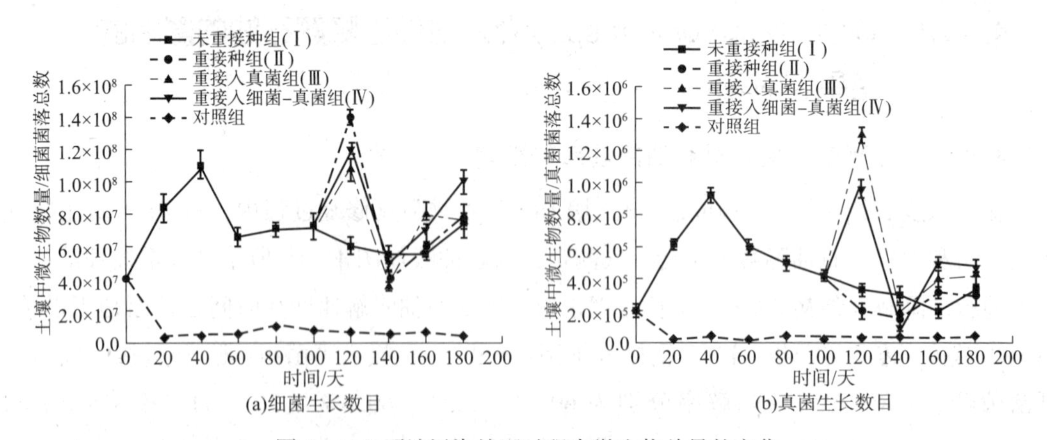

图4－16　石油污染处理过程中微生物总量的变化

重接种的处理组对土壤中微生数量的变化产生了复杂的影响。在第100天时进行重接种后，实验组（Ⅱ和Ⅳ）的细菌和真菌总量在第100天时急剧上升，但随后又快速下降。可能由于没有真菌的参与，实验组（Ⅱ）的真菌数量最初没有以上的变化，但随后也有缓慢的增长，并最终和其他三组的数量相近。实验组(Ⅳ)虽然没有细菌的接入，但细菌数量也有增长，这可能与真菌菌丝对细菌的传输促进其生长和获得营养有关。

在处理180天后，实验组(Ⅲ和Ⅳ)的石油降解率显著提高，但这两组的微生物数量与其他两组相比并没有明显的差异。这可能说明，在生物处理时，足够的微生物数量并不能保证石油降解持续有效地发生，只有针对污染物的具体特征加入具有对该类污染有机物有高效降解能力的菌株，才能有效促进降解。

4.4.2.3 真菌重接种对石油主要组分降解的影响

1)石油主要组分降解

对残余油分的GC-MS进行分析，把石油成分分为轻质油($C_{14}\sim C_{21}$)、重质油($C_{22}\sim C_{31}$)和芳香烃三部分，并对这三部分的降解率分别进行了计算，结果如图4－17(a)所示。未重接种组(Ⅰ)的轻质油、重质油和芳香烃的降解率分别为93.7% ±2.7%、75% ±1.1%和62.1% ±1.2%。重接入细菌的处理组(Ⅱ)的各部分降解率与实验组(Ⅰ)基本相同。分别接入该真菌和细菌－真菌菌群的重接种组(Ⅲ和Ⅳ)对三部分的降解都有所提高，尤其对芳香烃和重质油的降解率有显著的增加($p<0.05$)。与实验组(Ⅰ)和(Ⅱ)相比，实验组(Ⅳ)的芳香烃的降解率分别提高了34%和33%，重质油的降解率分别增加了10%和9%；实验组(Ⅲ)的芳香烃的降解率分别提高了25%和24%，重质油的降解率分别增加了3%和4%。此外，实验组(Ⅲ)和(Ⅳ)的芳香烃和重质油降解率也有显著差异($p<0.05$)，实验组(Ⅲ)的芳香烃和重质油的降解率分别比实验组(Ⅳ)低了9%和6%。这些结果表明，单纯的真菌介入对重质烃和多环芳烃的生物降解有一定的局限性。在图4－17(b)中，只有细菌－真菌重接种组(Ⅳ)的芳香烃降解率保持在一个平稳增长的趋势，这说明微生物菌群能更有效地降解芳香烃。

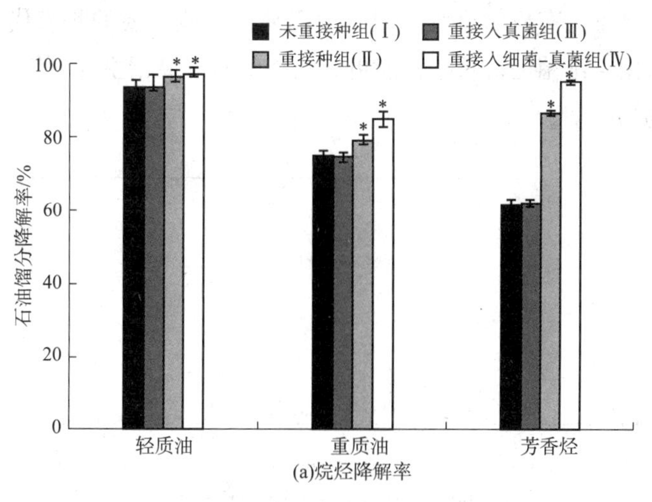

图4－17 生物强化过程中石油芳香烃及烷烃组分降解率

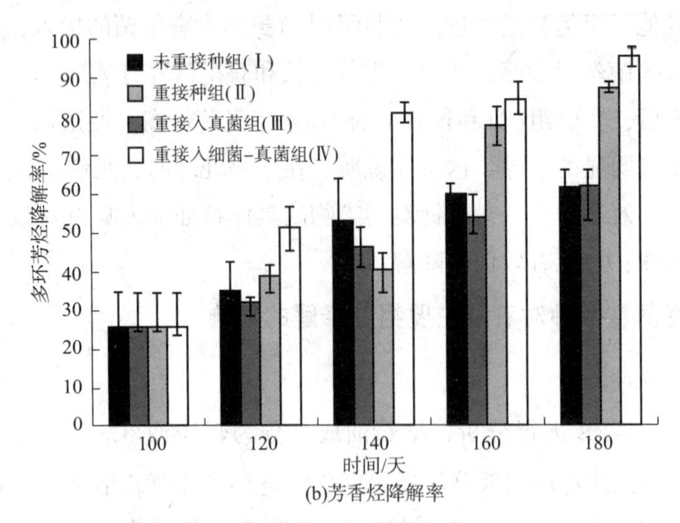

(b)芳香烃降解率

图4－17　生物强化过程中石油芳香烃及烷烃组分降解率(续)

2)石油降解气质图谱分析

通过GC-MS图谱对原油降解过程中各物质的变化进行监测，进一步探讨真菌协同细菌降解石油作用的分子机制。如图4－18所示，在生物修复过程中，C_{16}、C_{20}和C_{22}在该真菌参与重接种的实验组(Ⅲ和Ⅳ)中发生了不同的变化。在图4－18(a)(b)和(d)中，与未重接种的对照组(Ⅰ)相比，实验组(Ⅲ)中C_{16}的含量在真菌重接入20天后极速增加，C_{20}的含量却稍有增加。此外，实验组(Ⅲ)中C_{22}的含量在第140天也急剧增加。与此同时，图4－18(b)中实验组(Ⅲ)的芳香烃的降解也出现停滞。而在图4－18(c)(e)中，真菌－细菌菌群重接种的实验组(Ⅴ)只有在第120天时发现C_{16}和C_{20}的含量有轻微增加。上述增加烃馏分的现象说明，真菌参与的处理有将芳香烃分解成一些低毒性的小分子有机物的能力，能更有效降解高毒性有机污染物，但真菌仍缺乏一些必要的酶来代谢这些中间产物。因此可以推测，真菌－细菌菌群重接种能更好地降解芳香烃，主要是因为细菌能协助真菌共同完成中间产物的降解。

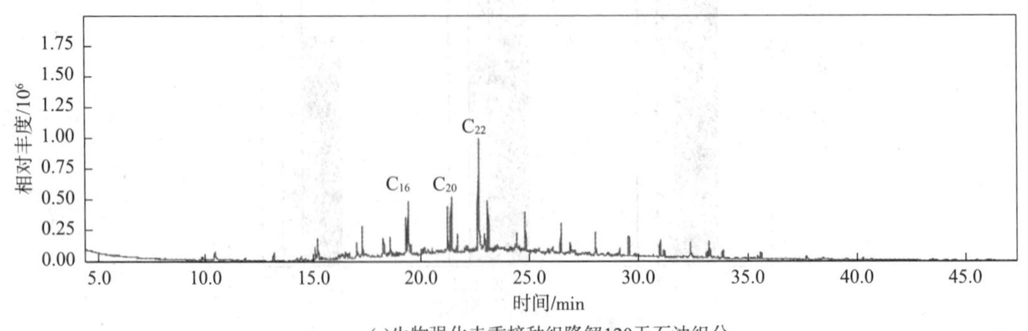

(a)生物强化未重接种组降解120天石油组分

图4－18　残余石油组分GC-MS分析图

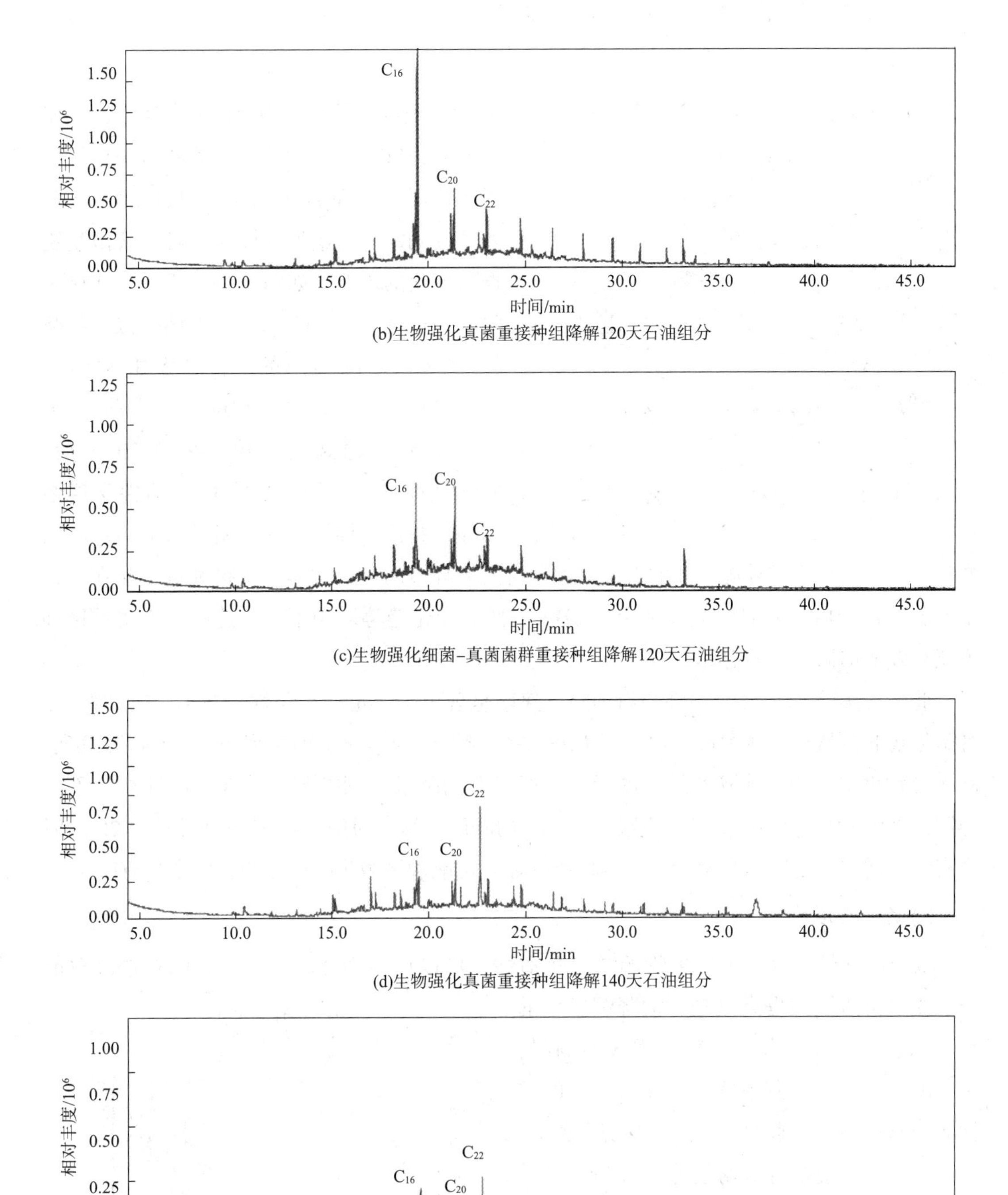

(b)生物强化真菌重接种组降解120天石油组分

(c)生物强化细菌-真菌菌群重接种组降解120天石油组分

(d)生物强化真菌重接种组降解140天石油组分

(e)生物强化细菌-真菌菌群重接种组降解140天石油组分

图4－18　残余石油组分GC-MS分析图(续)

4.4.2.4 真菌重接种对相关酶活性的影响

1)FDA 酶活性

FDA 水解酶活性分析是一种能准确、简便地确定土壤中总微生物活性的方法。已有研究证实,FDA 水解生成荧光素的量与生长的微生物群体数量直接相关。通过 FDA 水解酶活性测定外源微生物接入后对土著微生物群落变化的影响,如图 4-19 所示。在该生物强化过程中,FDA 活性与土壤中微生物数量[见图 4-16(a)]的变化趋势基本相同。在实验组(Ⅰ~Ⅳ)中,FDA 活性在前 20 天迅速增加并达到最大值;在第 20 天后,FDA 活性迅速下降;之后 FDA 活性又逐渐增加,并逐渐维持在一个相对稳定的范围内波动。这可能显示了外源接入的石油降解菌对土壤环境的适应过程。重接种虽然能在一开始显著提高 FDA 的活性,但总体上对 FDA 活性的变化趋势影响不大,这可能说明重接种不能有效增加微生物的总体数量。

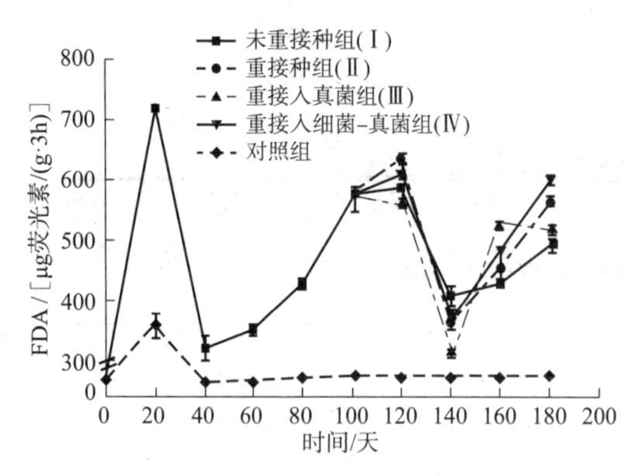

图 4-19 生物降解过程中土壤中 FDA 水解酶活性

此外,实验发现 FDA 活性与石油降解速率呈现出了一定的相关性。在第 20 天时,尽管微生物的数量没有达到最大值,但 FDA 活性与石油降解速率均达到最大。Lee 等发现,FDA 活性可以作为石油降解发生的标志,但当石油降解受到抑制时,FDA 活性往往不被抑制,因此 FDA 活性可能不能直接反映石油的降解过程。对照组的 FDA 活性在第 20 天时也有一定增加,说明实验中一些营养物质的加入也能刺激微生物的生长,但十分有限。

2)脱氢酶活性

脱氢酶活性能反映出微生物的总氧化活性,可以更准确地测定微生物的石油降解能力。脱氢酶活性的提高也是石油降解发生的重要标志,并且当石油降解过程被抑制时,脱氢酶活性也会立刻下降,因此脱氢酶的活性大小与石油烃降解的实际能力密切相关。

目前,土壤中脱氢酶活性已成为一种能衡量所接入的微生物是否适用于生物修复的有效指标。本实验通过脱氢酶活性变化研究了重接种微生物对石油降解的促进作用机制。如图 4-20 所示,脱氢酶活性在很大程度上与接入微生物的种类相关,两种真菌参

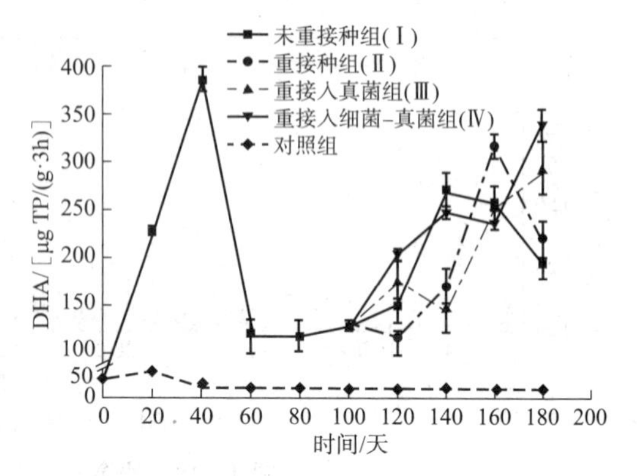

图 4-20 生物降解过程中土壤中脱氢酶活性

与接种的实验组(Ⅲ和Ⅳ)都表现出了明显的优势。在第120天时，实验组(Ⅲ)和(Ⅳ)的脱氢酶活性大幅增加，之后基本处在持续增长的趋势，最后达到较高的活性。而重接入细菌实验组(Ⅱ)和未接菌实验组(Ⅰ)则呈现出下降的趋势，最终活性也较低。此外，虽然在第120天时，实验组(Ⅱ)的微生物数量(见图4-16)和FDA活性(见图4-19)均高于其他实验组，但其脱氢酶活性却最低，这说明脱氢酶活性可能与微生物种群密度无关。

4.5 讨论和展望

生物强化是高浓度石油污染土壤修复的有效手段，我们通过利用微生物重接种对生物强化技术的增强效果和作用机制进行了实验研究。实验发现，真菌对高毒性的复杂有机污染物的降解有显著优势，可以提高土壤微生物活性，有效促进生物强化效果，改善石油降解的普遍限制规律即“拐杖模型”。而且与单种微生物相比，真菌-细菌菌群更具优势。真菌和细菌能协同降解彼此的中间代谢产物，完成石油的高效降解。实验结果展示了真菌应用于实际土壤修复的优越性，为开发真菌在高浓度石油污染土壤或水体的生物修复的应用提供了重要的理论依据。这种新型的生物强化技术的开发解决了一般生物强化的普遍局限性，对今后生物强化的研究具有重要指导意义。

第5章　真菌对稠环芳烃－重金属离子复合污染中稠环芳烃的生物降解

5.1　引　言

在不同污染和环境中，重金属离子和石油类疏水性有机污染物质如多环芳烃的复合污染现象比较普遍。作为生物修复的主体，微生物一般通过细胞壁表面基团的络合、静电吸附、离子交换、共吸附或者无机微沉淀等方式吸附重金属，达到转化或减毒的作用。这种作用存在于金属离子与生物细胞成分之间，是一种间接的物理化学作用。不同的真菌对不同的重金属离子有不同的吸附性和耐受性，其对重金属离子耐受能力的强弱往往来源于自然界中复合污染环境的驯化。丁洁等提出吸附和降解是影响多环芳烃在环境中进行迁移转化的两种重要的过程，对于环境中的多环芳烃而言，其转化和迁移过程一般以吸附态的形式完成。因为多环芳烃一经排放到大气中，就被大气中的一些颗粒物吸附，然后进入土壤、水体以及沉积物中，在这些生境中的微生物通过生物吸附和生物降解过程完成在自然界中的迁移、归趋和转化。

为了研究真菌对多环芳烃的降解以及对重金属离子的吸附能力的影响，在此选用六种不同种类的污染重金属离子，结合相关酶系评估手段，对真菌 *Acremonium* sp. 吸附重金属离子的能力进行了评估。为了结合实地污染情况，深入研究不同重金属离子对环境污染的不同影响作用，再从这六种重金属离子中挑选两种，即能促进蒽降解的 Cu^{2+} 和抑制蒽降解的 Mn^{2+}，并选择多环芳烃中的蒽为有机污染物的代表，研究了灭活真菌和活体真菌 *Acremonium* sp. 在重金属离子影响下对多环芳烃蒽的生物去除效果，从生物吸附和生物降解两个角度对该真菌去除稠环芳烃的效果进行了研究。

5.2　金属离子影响真菌降解稠环芳烃的研究方法

5.2.1　实验材料和常见溶液

从实验室保存的石油降解菌株中复筛得到的一株高效降解石油的真菌，经鉴定属于枝

顶孢属 *Acremonium* sp.。实验中用到的活体真菌为新鲜的种子液培养而得，灭活真菌的获得是将新鲜的菌丝球经121℃高压蒸汽灭菌20min，得到灭活的菌丝球。

重金属离子母液的配制：分别称取 $MnSO_4$、$FeSO_4$、$ZnSO_4$、$CuSO_4$、$Al_2(SO_4)_3$ 和 $Pb(NO_3)_2$ 各5g溶于100mL蒸馏水中，配成终浓度为50000mg/L的母液。115℃灭菌15min，冷却后待用。

5.2.2　真菌对不同金属离子的耐受曲线

用接种环从保存的菌株斜面上挑取一环于100mL PDA液体培养基中，160r/min、28℃条件下培养3～4天，待菌丝球密度均匀后取出，留作新鲜种子液。配制100mL含1%甘油的无机盐培养基，分别加入50mg/L的 $MnSO_4$、$FeSO_4$、$ZnSO_4$、$CuSO_4$、$Al_2(SO_4)_3$ 和 $Pb(NO_3)_2$，每组设置3个平行，同时以不加金属离子的作为对照组。向每瓶接入3g/L新鲜菌株种子液，160r/min下28℃恒温振荡培养。在0～80h内，间隔一定时间取样，用离心法测定其细胞干重，即先将离心管烘干后称重，然后将待测培养液放入离心管中，在4000r/min、5min下离心，40℃真空干燥后称重，通过差值计算菌体干重：

$$\text{耐受指数(Tolerance Index, TI)} = \frac{\text{真菌菌丝在重金属存在条件下的干重}}{\text{真菌菌丝在不含重金属条件下的干重}} \quad (5-1)$$

5.2.3　重金属离子存在下真菌FDA活性检测

将该菌的发酵液离心后(12000r/min，4℃，离心15min)，称取1g新鲜菌丝体，加入50mL浓度为60mmoL/L(pH = 7.6)的磷酸钠缓冲液，配制一定浓度的FDA，在24℃固定摇床器中反应3h，最后加入2mL丙酮终止反应。取一定量上清，在8820g下离心5min，过0.22μm滤膜，在490nm处测量OD值，根据荧光素的标准曲线确定微生物的活性。

5.2.4　重金属离子存在下真菌p－NPP脂肪酶活性检测

取2mL发酵液离心，收集上清液。脂肪酶反应选用微量体系进行(220μL)。将100μL的缓冲液(含50μL 0.1mol/L磷酸钠和50μL 0.9%的Triton X－100)和酶液(100μL发酵液离心后的上清)混合，加入20μL 0.005mol/L脂肪酶底物p－NPP，在37℃温育30min后，以微波辐射30s终止反应，于410nm处测OD值。以不加酶液的脂肪酶反应为空白对照，以衡量微生物产脂肪酶的活性。

5.2.5　真菌对混合多环芳烃的生物降解

配制25mg/L的含混合多环芳烃的无机盐液体培养基，用移液管将10g/L的新鲜种子液接种到培养基中，对照组不接菌，每组3个重复。经恒温摇床遮光培养14天。培养结束后，将发酵液低温离心，收集上清，用正己烷提取溶液中的混合多环芳烃，重复3次，合并收集萃取液并旋转蒸发。过0.45μm有机系滤膜过滤除杂，用液相色谱仪进行定量测定，并检测多环芳烃的生物降解率。使用日本岛津LC-2010A高效液相色谱仪进行检测，色谱柱为反相C18柱(ZORBAX Eclipse XDB-C18，4.6mm×150mm×5μm)，流动相为乙腈和水(体积比60:40)，流速为1.0mL/min，柱温30℃，检测波长为254nm。不同多环芳烃的出峰时间为：萘(11.2min)，芴(15.6min)，菲(16.8min)，蒽(17.65min)，荧蒽(19.65min)。

5.2.6 真菌对单一多环芳烃的生物降解

配制25mg/L的单一多环芳烃的无机盐液体培养基，用移液管将10%的新鲜种子液接种到培养基中，对照组不接菌，每组3个重复。

5.2.7 单一重金属离子存在下真菌对混和多环芳烃生物降解的影响

将硫酸锰、硫酸铜、硫酸锌、硫酸铁、硫酸铝和硝酸铅等六种不同的重金属盐分别加入到混合多环芳烃的无机盐培养基中，按10g/L的量接入新鲜的真菌种子液，以不加重金属离子的培养基为空白对照，每组3个重复。研究重金属离子存在下真菌的耐受能力及对多环芳烃的生物降解力。

5.2.8 硫酸铜浓度对灭活真菌吸附蒽的影响

分别配制10瓶含蒽终浓度为25mg/L的50mL无机盐培养基，之后分别加入浓度为0mg/L、10mg/L、50mg/L、100mg/L、150mg/L、200mg/L、300mg/L、400mg/L、500mg/L、600mg/L硫酸铜，按10g/L的比例加入灭活后的真菌(*Acremonium* sp.)菌体，在160r/min、28℃下，于摇床中遮光培养24h(经预实验，该时间已达到吸附平衡)。设置不接菌体的为对照组，以测定由挥发产生的损失，每组3个重复。待培养结束后，将发酵液在10000r/min离心10min，分别收集菌体和上清液。将上清液用等体积的正己烷萃取3次，于60℃下旋转蒸发至一定体积后，进行液相检测。将离心得到的菌丝球称重后，加入等体积的正己烷，超声30min后提取菌丝球上吸附的蒽，于60℃旋转蒸发后用正己烷定容，进行液相检测。所有的操作均在无菌条件下进行，菌体对多环芳烃的吸附量Q_e(mg/g)通过以下方程进行计算：

$$Q_e = (C_0 - C_e)V/m \tag{5-2}$$

式中，V为发酵液的体积，mL；m为菌丝体的质量，mg；C_0和C_e分别为蒽的起始浓度和达到吸附平衡时的浓度，mg/L：

$$\text{蒽的去除率}\ R = (C_0 - C_e)/C_0 \times 100\% \tag{5-3}$$

$$\text{批量吸附实验中分配系数}\ K_d = Q_e/C_e \tag{5-4}$$

式中，K_d表示活体真菌细胞表面的分配系数；K_d^*表示灭活真菌细胞表面的分配系数。

5.2.9　硫酸铜(锰)对活体真菌吸附蒽的影响

分别配制10瓶含蒽终浓度为25mg/L的50mL无机盐培养基，分别加入浓度为0mg/L、10mg/L、50mg/L、100mg/L、150mg/L、200mg/L、300mg/L、400mg/L、500mg/L、600mg/L硫酸铜(锰)溶液，按10g/L的比例加入活体真菌 *Acremonium* sp.，在160r/min、28℃下，在摇床中遮光培养15天。以不接菌体为对照组，以测定由挥发产生的损失，每组设置3个重复。

5.3　重金属离子影响真菌 *Acremonium* sp. 降解稠环芳烃的规律

5.3.1　重金属离子对真菌生长及其酶活性的影响

1)真菌对重金属离子的耐受生长曲线

如图5－1所示，通过比较TI(耐性指数)值，在不同重金属离子存在下，在起初的48h内TI值均小于1，表明与不含重金属离子的对照组相比，真菌在生长初期受到了重金属离子的阻碍作用。随着培养时间的延长，在48h之后，真菌呈现增长的生长状态，说明在重金属离子选择压力下，真菌对此产生了一种耐受即产生了抗性。通过比较发现，真菌 *Acremonium* sp. 表现出对 Fe^{2+}、Cu^{2+} 和 Pb^{2+} 较高的耐受性，但是对 Mn^{2+}、Zn^{2+} 和 Al^{3+} 则表现出较低的耐受性。因此，该真菌对重金属离子耐受性的强弱跟重金属离子的种类相关性较大，也可能与其代谢过程中的酶活性相关。

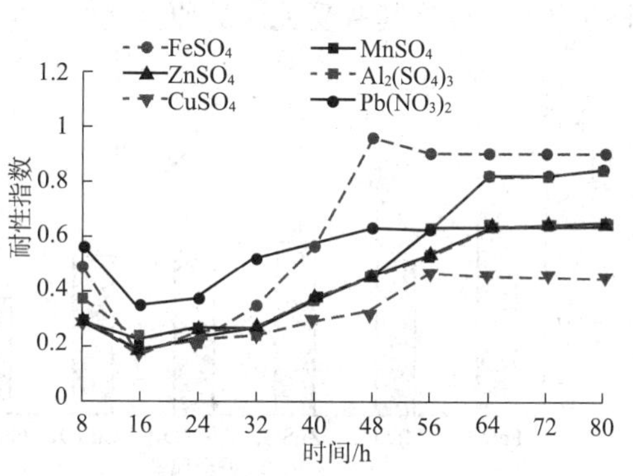

图5－1　真菌 *Acremonium* sp. 对不同重金属离子的耐受生长曲线

2)重金属离子存在对真菌FDA活性的影响

1963年就开始用FDA水解来测定脂肪酶的活性，直至1980年，FDA水解用来检测微生物的活性。荧光素醋酸酯FDA是一种无色的化合物，可以在不同介质中各种酶的催化作用下水解，经过脱水反应产生酶解终产物即荧光素，荧光素在490nm处有较强的吸收峰。因此可以用来检测FDA的水解情况及微生物的代谢活性。能够催化FDA水解的酶有酯酶、蛋白酶和脂肪酶等非专一性酶。经验证，这些酶类广泛存在于微生物如细菌和真菌中，也大量存在于土壤中。由图5－2可以看出，与对照组相比，加入重金属离子的实验组中真菌的生物活性普遍较低，说明以上所选用的六种重金属均具有一定的毒害性，但是不同重金属离子的毒害作用各不相同，有待于后面的实验中更进一步研究。

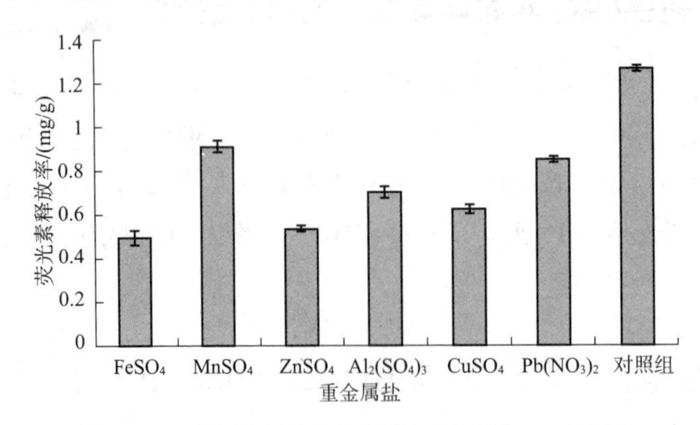

图 5－2　重金属离子对真菌微生物活性 FDA 的影响

3）重金属离子存在对真菌脂肪酶活性的影响

脂肪酶广泛存在于各种生物体中，主要功能是对油脂进行吸收、消化和修饰。一般人类、动植物及微生物中脂肪酶的活性各不相同。微生物中的脂肪酶可以通过水解油脂产生脂肪酸，进入 β－氧化途径提供能量。能产生脂肪酸的微生物多为细菌、酵母和丝状真菌等，并广泛应用于清洁剂、生物材料、生物柴油及去污剂等工业产品中。脂肪酶非水相催化的酶学特点是其备受关注的原因之一，它不仅能够催化水系反应，也能在非水相及水－油界面以高催化效率水解油脂类物质。能够代谢产生脂肪酶的微生物有很多，因此产脂肪酶微生物菌株的筛选也是研究的热点之一。本研究所选用的真菌具有较高的石油降解能力，可能与其代谢酶相关，因此选用脂肪酶作为酶系评价手段，研究其产脂肪酶的能力。通过图 5－3 可以看出，与对照组相比，加入重金属离子的实验组中真菌的脂肪酶活性普遍较低，说明以上所选用的六种重金属离子对该菌具有一定的毒性，其中 Pb^{2+} 对该菌毒性最强，Fe^{2+} 毒性较弱。

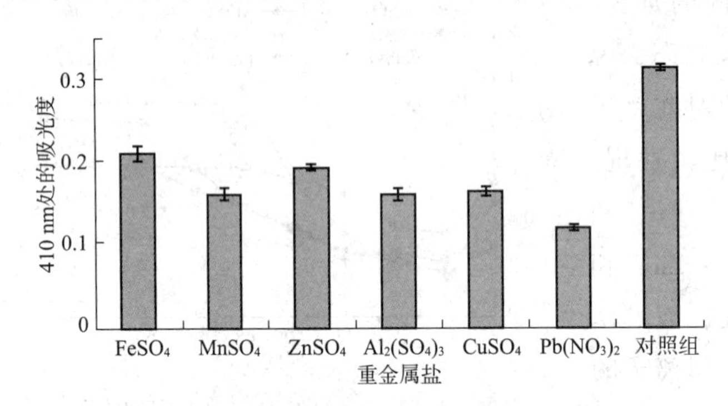

图 5－3　重金属离子对真菌脂肪酶活性的影响

5.3.2　真菌对多环芳烃的生物降解

1）真菌对单一多环芳烃的生物降解

所选用的石油降解真菌对每种分析的稠环芳烃物质均具有较好的生物降解能力，且对不同分子量的多环芳烃降解率不同。观察发现，对于含两个苯环结构的芴和萘降解率较高，对于含有三个苯环的菲、荧蒽和蒽等物质的降解率较低。由此可见，真菌相对高分子

量的多环芳烃的降解能力较弱。

2）真菌对混合多环芳烃的生物降解

在五种多环芳烃共存的情况下，该真菌对不同多环芳烃的去除效果跟五种多环芳烃单独存在时去除效果不同。相比于单一多环芳烃而言，在实际污染环境中，多种多环芳烃共存的现象比较普遍，因此研究真菌对混合多环芳烃的降解更具应用意义。

从表5－1可以看出，在五种多环芳烃共存的条件下，该真菌对多环芳烃去除率的高低顺序为萘、荧蒽、蒽、芴、菲。该真菌对混合芳烃的去除率较单一多环芳烃明显不同。基于以上实验结果，该菌株能够有效地去除多种多环芳烃。对不同多环芳烃的去除效果不尽相同，在混合多环芳烃存在的条件下，该真菌去除这些物质机制可能有所不同。这主要取决于真菌的去除能力及多环芳烃之间的相互作用。

表5－1　真菌对单一多环芳烃和混合多环芳烃的生物降解率

多环芳烃类别	单一多环芳烃/%	多环芳烃组合/%
萘	98.6±2.0	96.9±5.2
芴	99.3±3.3	71.8±3.7
菲	89.9±1.7	67.0±1.5
蒽	60.4±4.8	85.0±2.0
荧蒽	70.0±4.9	87.9±3.5

3）重金属离子存在的真菌对混合多环芳烃生物降解的影响

真菌主要通过生物吸附作用耐受重金属离子，在重金属离子存在时，真菌对多环芳烃的吸附和降解均可能产生不同程度的影响。本研究选用水系介质，在不同重金属离子浓度都为50mg/L时，通过与不含重金属离子的对照组比较发现，在重金属离子存在的影响下，真菌对混合多环芳烃中不同的多环芳烃具有不同的生物降解效果。有的金属离子显示促进作用，有的抑制生物降解。对于加入硫酸铜的实验组，真菌对多环芳烃的降解比对照组有明显的增加，可能因为发生了特殊的离子作用力。Qu等发现，在Cu^{2+}存在条件下，卵磷脂对多环芳烃的吸附能力增强，他们认为可能是Cu^{2+}和多环芳烃之间形成了阳离子－π键的作用。对于分别加入硫酸铁、硫酸锌和硫酸锰的实验组，真菌对蒽的降解比对照组有明显的增加。但是在Mn^{2+}存在下，除了蒽以外的其余多环芳烃的生物降解和对照组相比均有明显增加。当Fe^{2+}和Zn^{2+}分别存在时，该真菌对蒽的生物降解有明显的抑制作用，Mn^{2+}的存在也是极显著地抑制了该真菌对蒽的生物降解作用，这与Ting等人的研究一致，该研究发现Cu^{2+}和Mn^{2+}对蒽生物降解的影响一致。这表明真菌对多环芳烃的生物降解能力不仅取决于微生物的类型，也依赖于降解环境中其他因素之间的相互作用以及降解底物的结构不同。

由这些结果中不难发现，在此随机选取的不同金属离子对真菌降解多环芳烃的能力有不同程度的影响。对于重金属离子影响下的混合物多环芳烃的生物降解实验而言，各种多环芳烃之间、金属离子与多环芳烃之间以及真菌与多环芳烃、真菌与重金属离子之间均可能有不同的相互作用，所以重金属离子的存在对以上各种因素之间的影响较为突出(表5－2)。

表5－2　重金属离子影响真菌对混合多环芳烃的生物降解

多环芳烃类别	Fe^{2+}/%	Mn^{2+}/%	Zn^{2+}/%	Cu^{2+}/%	Al^{3+}/%	Pb^{2+}/%
萘	96.9±2.0	96.9±1.2	96.9±1.4	96.9±1.3	96.9±2.4	96.9±2.6
芴	74.5±3.7	95.4±4.7	74.4±3.5	81.0±3.0	68.1±2.2	80.8±2.0
菲	70.3±2.0	91.0±3.9	69.5±2.7	75.3±2.9	70.5±2.9	70.7±3.7
蒽	73.3±2.0	75.2±1.2	64.9±1.4	92.3±5.3	89.3±2.4	81.7±2.6
荧蒽	92.5±5.9	88.0±4.0	87.2±4.1	92.7±5.0	90.6±3.8	92.7±4.7

4)锰离子的存在对真菌生物吸附和生物降解的影响

如图5－4所示，在添加不同浓度硫酸锰的实验组之间，溶液中蒽残余量的差别很大[见图5－4(a)]。活体真菌对蒽的吸附量随着锰离子浓度的增加呈降低的趋势，但整体差距不大；随着锰离子浓度的不断增大，浓度越大的实验组中蒽的残余量越多，这说明硫酸锰的存在可能会抑制活体真菌对蒽的生物吸附。如图5－4(b)所示，灭活真菌对蒽的吸附量随锰离子浓度的增加而逐渐递减，溶液中蒽的残余量与活体真菌组溶液中的变化基本一致。通过比较分配系数进一步观察发现，随着锰离子浓度的增加，灭活真菌和活体真菌对蒽的分配系数降低，而对比未加重金属离子的对照组发现，活体真菌的 K_d^* 值高于灭活真菌的 K_d 值，说明除了生物吸附之外，可能生物降解过程也参与了该真菌对蒽的去除[见图5－4(c)]。如图5－5所示，随着锰离子浓度增加，蒽的残余浓度和活体真菌对蒽的生物去除作用逐渐递减，生物降解作用不断减弱，但该真菌对蒽的生物吸附未受到抑制，说明锰离子存在可能直接抑制了活体真菌的生物去除作用。灭活真菌对蒽的吸附和对蒽的总去除率的贡献随着锰离子浓度的增加而降低，说明锰离子的存在对灭活真菌吸附蒽有抑制作用。活菌真菌对蒽的降解和吸附对蒽的总去除率的贡献也随着锰离子浓度的增加而减少，说明该真菌对蒽的总去除率随着锰离子浓度的增加而减少。进一步比较微生物活性和脂肪酶活性发现(见图5－6)，随着锰离子浓度的增加，该真菌活性(FDA)和胞外脂肪酶活性逐渐降低，说明高浓度重金属离子的存在对真菌可能有一定的毒害作用。

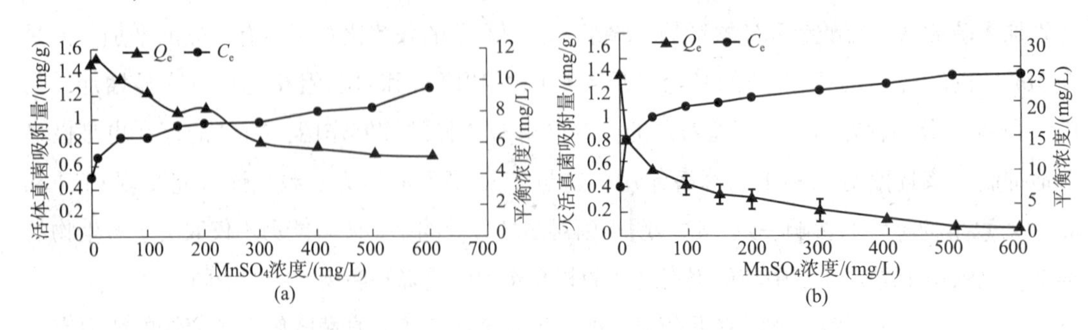

图5－4　硫酸锰对真菌 *Acremonium* sp. 对蒽的生物吸附和分配的影响

(a)和(b)为活体真菌和灭活真菌对蒽的吸附；(c)为灭活和活体真菌的分配系数

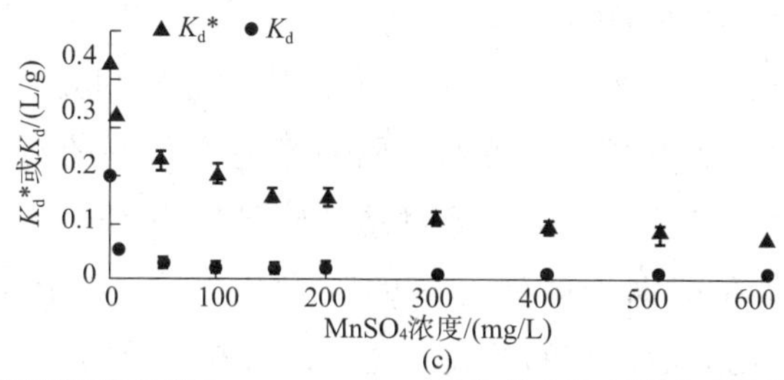

图5-4　硫酸锰对真菌 Acremonium sp. 对蒽的生物吸附和分配的影响(续)

(a)和(b)为活体真菌和灭活真菌对蒽的吸附；(c)为灭活和活体真菌的分配系数

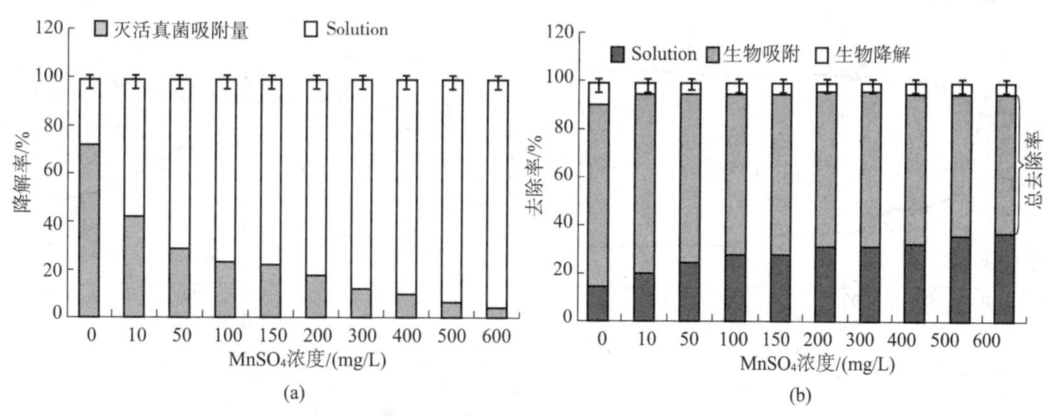

图5-5　硫酸锰影响真菌 *Acremonium* sp. 对蒽的生物去除

(a)为对灭活真菌去除蒽和降解的影响；(b)为对活体真菌去除效果的影响

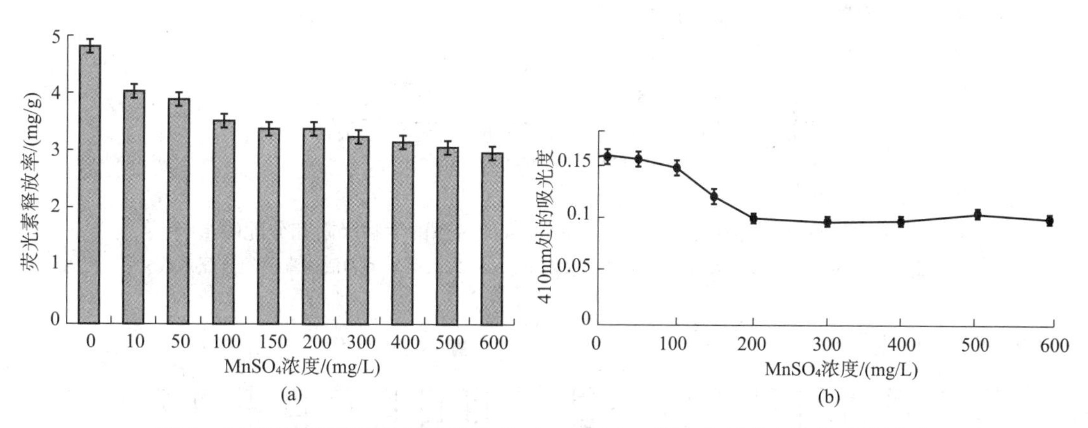

图5-6　硫酸锰离子存在对真菌 *Acremonium* sp. 微生物活性和脂肪酶的影响

(a)为对微生物活性(FDA)的影响；(b)为对脂肪酶活性的影响

5)硫酸铜对真菌生物吸附和生物降解的影响

分配系数可以用来估计或评估一种物质在两相的分配以及在污染环境中的命运和运动性。如图5-7所示，反映灭活真菌吸附的 K_d^* 和活体真菌吸附的 K_d 都随着 Cu^{2+} 浓度的增大而增大。随着 Cu^{2+} 浓度的增大，活体真菌吸附的蒽量(Q_e，mg/g)比灭活真菌吸附蒽的量增加得多。这些结果显示，Cu^{2+} 的存在对灭活和活体真菌对蒽的吸附都有促进作用。活体真菌对蒽的吸附和降解、该菌对蒽的总去除率的贡献以及灭活真菌蒽吸附对蒽总去除率的贡献见图5-8。对灭活真菌而言，蒽的吸附对蒽的总去除率的贡献随着Cu^{2+}浓度的增大而增大。活体真菌对蒽的吸附对蒽总去除率的贡献随着Cu^{2+}浓度的增大比灭活真菌更加显著。但是，活体真菌对蒽的降解随着Cu^{2+}浓度的增大而降低。这些结果显示，Cu^{2+}的存在有助于菌体对蒽的吸附和去除，活体真菌对蒽的去除率在Cu^{2+}所有浓度范围内都比灭活真菌的要高。这个结果和以前的报道一致。另外，Cu^{2+}在0~300mg/L范围内对处理液的FDA活性影响不大，但是当Cu^{2+}浓度超过300mg/L时，胞外脂肪酶活性随Cu^{2+}浓度增大而增大（见图5-9）。

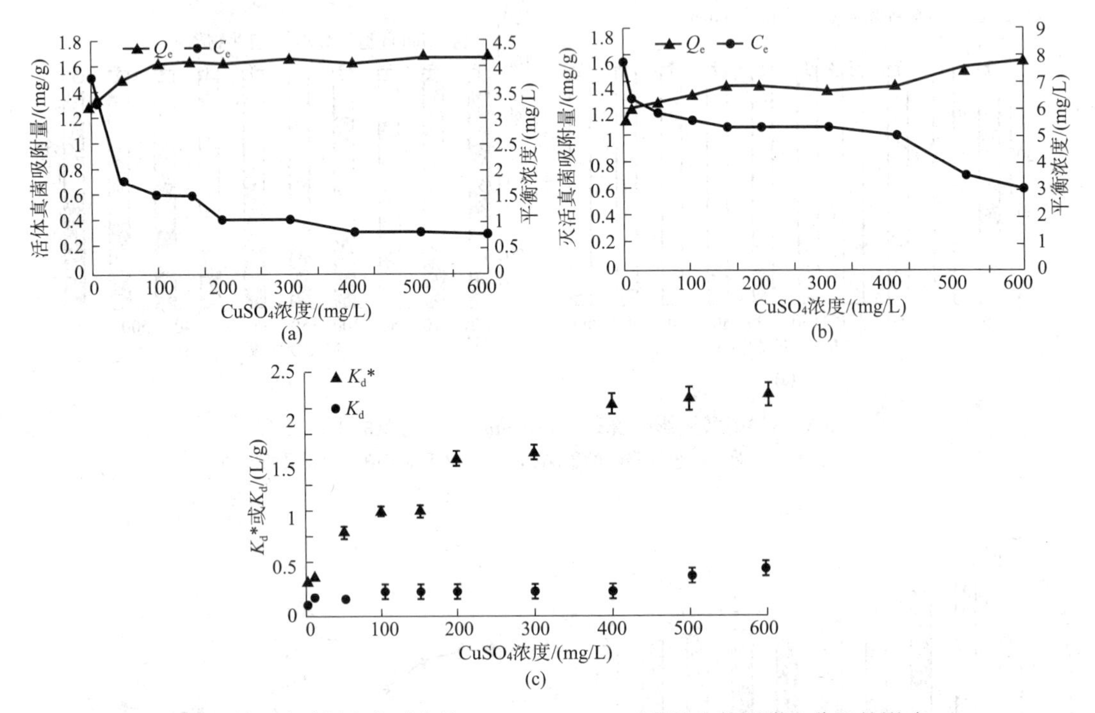

图5-7　硫酸铜存在对真菌 *Acremonium* sp. 对蒽的生物吸附和分配的影响

(a)和(b)为活体真菌和灭活真菌对蒽的吸附量；(c)为灭活真菌和活体真菌的分配系数

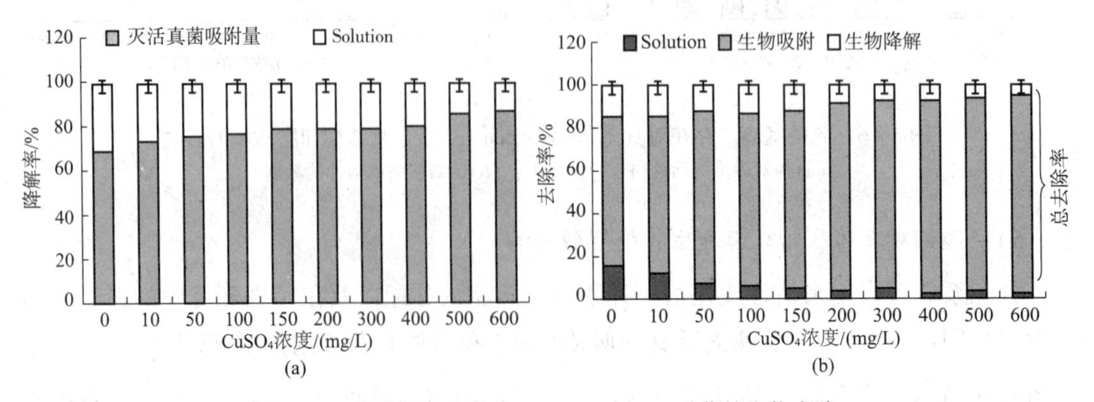

图5-8　硫酸铜影响真菌 *Acremonium* sp. 对蒽的生物去除

(a)为对灭活真菌蒽去除和降解的影响；(b)为对活体真菌去除效果的影响

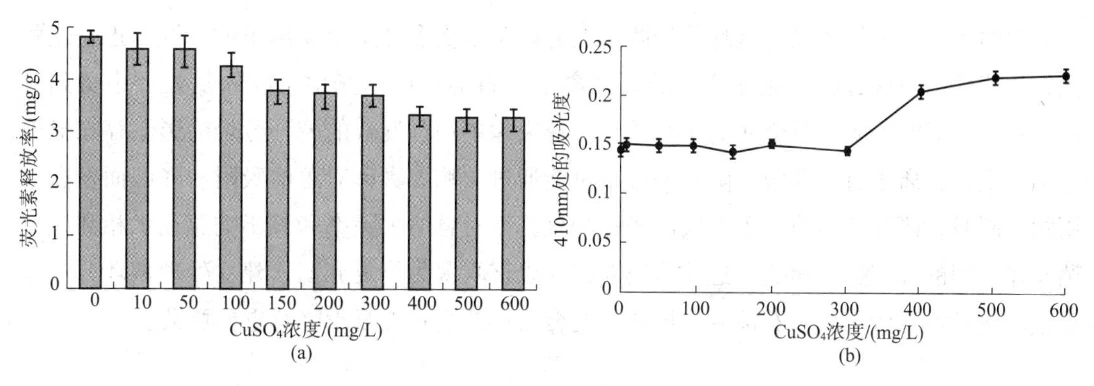

图5-9 铜离子存在对真菌 *Acremonium* sp. 微生物活性和脂肪酶的影响

(a)为对微生物活性(FDA)的影响；(b)为对脂肪酶活性的影响

5.4 讨论和展望

研究展示了枝顶孢霉对多种重金属离子的耐受性，这些研究结果证实该真菌对多种重金属离子有很好的耐受性。该真菌在重金属离子存在下的生长模式和对重金属离子耐受的方式与以前的研究基本一致。虽然以耐受指数为指标的真菌对金属离子的耐受性研究已经有过多种报道，但该指标仅能反映重金属离子对真菌生长的影响，无法反映真菌对有机污染的影响。在该研究中，综合运用脂肪酶活性和 FDA 活性研究了真菌的降解酶活性，这在以前也有过报道。在此综合测定了该菌耐受重金属离子的耐受指数、脂肪酶和 FDA 活性等指标，对该真菌在重金属离子存在下的降解活性以及生长模式进行了阐述。进行真菌对单一和混合稠环芳烃化合物的降解特性和行为的研究，为理解真菌降解混合稠环芳烃的规律提供了重要依据。稠环芳烃化合物在单一存在和混合存在时的被降解行为存在明显差异，其具体差异可能和具体真菌或微生物的种类以及特性相关。

研究表明，重金属离子的种类对其影响真菌对蒽的生物降解和吸附有重要的影响。这部分研究还说明，重金属离子对稠环芳烃去除的影响可能是通过其影响真菌生物吸附和降解对真菌去除蒽的贡献而发挥的。另外，微生物的降解活性和微生物活性及脂肪酶活性正相关。重金属离子的存在可能通过影响微生物活性而影响其降解能力。在本研究中，铜离子促进蒽总去除率的原因可能和其增加脂肪酶活性以及优化其分配过程有关。锰离子也许通过影响该菌对蒽的生物吸附和降解从而影响该菌对蒽的总去除效果。但是，重金属离子影响微生物降解活性、脂肪酶活性以及微生物活性的机制以及其影响这些指标的关系还需要进一步研究。

本研究表明，枝顶孢霉(*Acremonium* sp.)有对多种重金属离子的多重抗性，并且在重金属离子存在时，对蒽有很好的去除能力。这也许和其分离于中国陕北油田污染土壤有关。这些土壤中广泛存在多种稠环芳烃和重金属离子的复合污染，该类污染有可能有助于土壤中的土著微生物形成对稠环芳烃降解能力以及耐受多种重金属离子的特性。正是这些优越的特性使得该真菌可能在实际的金属离子和石油污染的场地生物修复处理中得到应用。总之，研究表明，重金属离子对枝顶孢霉去除单一和混合的稠环芳烃的影响存在显著差别。重金属离子对该真菌去除蒽的影响可能通过影响该真菌对蒽的吸附和降解而发挥作用的。同时，研究还表明，重金属离子影响该真菌对蒽的去除率和其影响蒽在水相和该菌菌丝体之间的分配过程相关。这些研究对建立以该真菌为修复介质、建立处理稠环芳烃和重金属离子混合污染以及石油－金属离子复合污染的生物修复策略有重要意义。

第6章　重金属离子影响真菌－细菌菌群协同降解稠环芳烃的研究

6.1　引　言

稠环芳烃类化合物和重金属离子都是环境中的持久性污染物，在许多污染环境中常常同时存在，从而构成复合污染。尤其是在我国主要石油化工产业区的现场污染环境中，此类复合污染的现象十分普遍。现阶段对于稠环芳香烃－重金属离子复合污染修复治理的重要性已得到国内外的广泛认识，但目前尚无有效的针对稠环芳香烃－重金属复合污染的修复方法。重金属具有不可降解性和难转移性，在环境中常常因发生积累而对微生物产生毒害作用。土壤中重金属离子和有机污染物的同时存在也会影响土壤中微生物的交互作用，使微生物活性和酶活性发生改变，直接影响微生物对有机污染物的降解。微生物对稠环芳香烃－重金属离子复合污染的修复技术主要通过微生物对重金属离子、稠环芳香烃的吸附以及对稠环芳香烃的降解作用完成。因此，能高效降解稠环芳香烃且具有高重金属耐受性的微生物资源十分重要。

真菌－细菌菌群能协同降解高毒性有机污染物，但重金属离子的存在对真菌和细菌协同降解作用的影响尚不明确。为了研究真菌－细菌菌群在复合污染下对稠环芳香烃的协同降解性能，在此选用常见的六种重金属离子，对细菌及真菌－细菌菌群的重金属离子耐受能力进行了评估，并以真菌－细菌菌群为修复主体，深入研究了不同重金属离子存在对混合芳香烃生物降解的影响，以期为稠环芳香烃－重金属离子复合污染的生物处理提供可借鉴的科学理论和方法策略。

实验菌株选用枯草芽孢杆菌(*Bacillus subtilis*)和枝顶孢霉(*Acremonium* sp.)，均保藏于陕西师范大学微生物技术项目组实验室和国家专业保藏机构(*B. subtilis* CCTCC AB 2014248、*Acremonium* sp. P0997 CCTCC M 2013569)，并以这些菌组成真菌－细菌菌群作为菌群研究模型。六种金属盐分别为 $MnSO_4$、$FeSO_4$、$ZnSO_4$、$CuSO_4$、$Al_2(SO_4)_3$和 $NiSO_4$，将其分别溶解形成金属离子溶液。

6.2 重金属离子影响真菌－细菌菌群协同降解稠环芳烃的研究方法

6.2.1 不同重金属离子存在时的细菌耐受生长曲线

用接种环从保存的 *B. subtilis* 菌株斜面上挑取一环于 100mL 牛肉膏蛋白胨液体培养基中，在 160r/min 和 37℃条件下，在摇床中培养 24h 后取出。测定此时菌液在 600nm 处的吸光值，根据菌液浓度与细菌数目相对应的标准曲线算出此时细菌的数量。用无菌水将种子液中 *B. subtilis* 数量调整到 10^8 个/mL，作为细菌种子液。

配制 100mL 含 1% 甘油的无机盐培养基，将 $MnSO_4$、$FeSO_4$、$ZnSO_4$、$CuSO_4$、$Al_2(SO_4)_3$和 $NiSO_4$ 分别加入到甘油－无机盐液体培养基中，分别设置 300μmol/L、600μmol/L、1mmol/L、3mmol/L 和 5mmol/L 五种浓度梯度，同时以不加重金属盐的作为对照组，每组设置 3 个平行。分别向以上 100mL 培养基中接入 10mL 细菌种子液，放于振荡摇床中，在 160r/min 和 37℃的条件下培养 4 天，每 20h 进行一次取样，测定菌液在 600nm 处的吸光值，计算细菌耐受指数。

6.2.2 真菌－细菌耐受重金属的影响

将斜面保藏真菌 *Acremonium* sp. 用接种环在 100mL PDA 液体培养基中进行接种，于 160r/min 和 28℃条件下，在振荡摇床中培养 3～4 天后取出作为真菌种子液。

将 $MnSO_4$、$FeSO_4$、$ZnSO_4$、$CuSO_4$、$Al_2(SO_4)_3$和 $NiSO_4$六种重金属盐，以 5mmol/L 的浓度分别加入到甘油－无机盐液体培养基中，对照组不加重金属盐。分别向以上培养基中同时接入 500mg 真菌湿菌丝体和 5mL 细菌种子液，在 160r/min 和 28℃条件下，于振荡摇床中培养 100h 后取样，过滤分离收集真菌菌丝体，所得菌液在 600nm 下测定吸光值。根据公式计算细菌耐受指数。过滤所得的真菌菌体用蒸馏水洗涤，在 8000r/min 下离心 5min，再次洗涤，重复 3 次。最终所得菌丝体于 40℃真空干燥，称重。根据以下公式计算真菌耐受指数：

$$\text{真菌耐受指数(Tolerance Index, TI)}\frac{\text{菌丝在重金属存在条件下干重}}{\text{真菌菌丝在不含重金属条件下的干重}} \quad (6-1)$$

6.2.3 细菌对混合稠环芳香烃的生物降解

配制每种芳香烃终浓度为 50mg/L 的混合稠环芳香烃的无机盐液体培养基，再将 10mL 的 *B. subtilis* 种子液接种到 100mL 上述培养基中，以不加重金属盐的培养基为对照，分别设 3 个重复，置于 160r/min 和 37℃的恒温摇床培养 10 天。培养结束后，向培养液中加入

等体积的正己烷超声萃取稠环芳香烃30min。将萃取液在12000r/min离心5min，收集上层有机试剂，通过0.22μm有机系滤膜过滤除去杂质，用带有紫外检测器的高效液相色谱仪进行测定，采用外标法根据五种芳香烃类标准品的浓度-峰面积标准曲线进行定量，计算每种稠环芳香烃的生物降解率。

用日本岛津LC-2010A高效液相色谱仪进行检测，色谱柱为反相C18多环芳烃分析柱（ZORBAX Eclipse XDB-C18，4.6mm×150mm×5μm），以乙腈/水二元混合溶剂作为流动相。在前5min内采用60%乙腈洗脱，随后在25min内用乙腈梯度洗脱到100%，在100%洗脱保持5min，共计35min。检测波长为254nm。不同多环芳烃的出峰时间分别为：萘11.2min、芴15.6min、菲16.8min、蒽17.65min、荧蒽19.65min。

将1g真菌 *Acremonium* sp. 的湿菌丝体接种到100mL混合稠环芳香烃的无机盐液体培养基中进行处理。

将0.5g真菌湿菌丝体和5mL *B. subtilis* 种子液同时接种到100mL混合稠环芳香烃的无机盐液体培养基中进行生物降解，以分析细菌-真菌菌群（*B. subtilis-Acremonium* sp.）对混合稠环芳香烃的生物降解。

6.2.4 重金属离子对细菌-真菌（*B. subtilis-Acremonium* sp.）协同降解稠环芳香烃的影响

将六种不同的重金属盐 $MnSO_4$、$FeSO_4$、$ZnSO_4$、$CuSO_4$、$Al_2(SO_4)_3$ 和 $NiSO_4$ 分别加入到不同混合稠环芳香烃的无机盐培养基中，将0.5g真菌 *Acremonium* sp. 湿菌丝体和5mL *B. subtilis* 种子液同时接种到100mL上述培养基中，以不加重金属盐的培养基为空白对照，每组分别设3个平行组。

6.3 重金属离子影响真菌-细菌菌群协同降解稠环芳烃的规律和机制

6.3.1 细菌对重金属离子的耐受生长曲线

细菌 *B. subtilis* 对六种重金属离子均表现出较高程度的耐受性，对 Zn^{2+}、Mn^{2+} 和 Cu^{2+} 的最大耐受浓度可达到5mmol/L以上，对 Al^{3+} 和 Ni^{2+} 的最大耐受浓度达到5mmol/L，对 Fe^{2+} 的最大耐受浓度可达到3mmol/L。这表明该细菌可以在高浓度重金属离子存在的环境下生长。通过对该细菌在不同金属离子下的耐受指数TI进行比较发现，重金属离子的种类对该细菌的生长产生了一定的影响。如图6-1（a）（b）所示，细菌 *B. subtilis* 对 Mn^{2+} 和 Zn^{2+} 两种重金属离子表现出了很强的耐受性，当这两种重金属离子的浓度达到5mmol/L时，该细菌的耐受指数达到0.8以上。对于 Fe^{2+}、Al^{3+} 和 Ni^{2+} 三种重金属离子，该细菌则表现出了较差的耐受性[见图6－1(c)～(e)]。当这三种重金属离子浓度分别达到5mmol/L时，细菌的耐受指数均小于0.3。该细菌对Cu^{2+}的耐受性较强[见图6－1(c)]，但低于对Mn^{2+}和Zn^{2+}的耐受性，当其浓度达到5mmol/L时，该细菌对这些金属离子的耐受指数在0.6～0.8。重金属离子的浓度也是影响细菌生长的重要因素之一。如图6－1(e)(f)所示，当重金属离子浓度小于1mmol/L时，该细菌对Al^{3+}和Ni^{2+}的耐受指数能达到0.8以上，表现出了强的耐受性，甚至当Al^{3+}的浓度达到3mmol/L时，细菌的耐受指数也能达到0.8以上。而对于Fe^{2+}，当其浓度达到3mmol/L时，该细菌的生长就呈现出了明显的抑制，当其浓度达到5mmol/L时，该细菌的生长基本被抑制。通过对以上数据进行分析，这六种重金属离子对细菌的毒性大小顺序为：$Fe^{2+} > Ni^{2+} > Al^{3+} > Cu^{2+} > Mn^{2+} > Zn^{2+}$。实验还发现，在重金属离子存在下，细菌的生长过程也呈现出了一定的规律性。细菌往往在一开始生长缓慢，对金属离子的耐受指数也很低，随着时间延长，细菌的生长速度加快，耐受性也随之增强。这可能是因为细菌可以通过吸附作用降低溶液中重金属离子的毒性。但微生物对重金属离子的吸附量达到一定程度后会饱和，因此在较高浓度的重金属离子存在的环境中，这种吸附作用并不能完全抵消重金属离子对细菌的毒害。

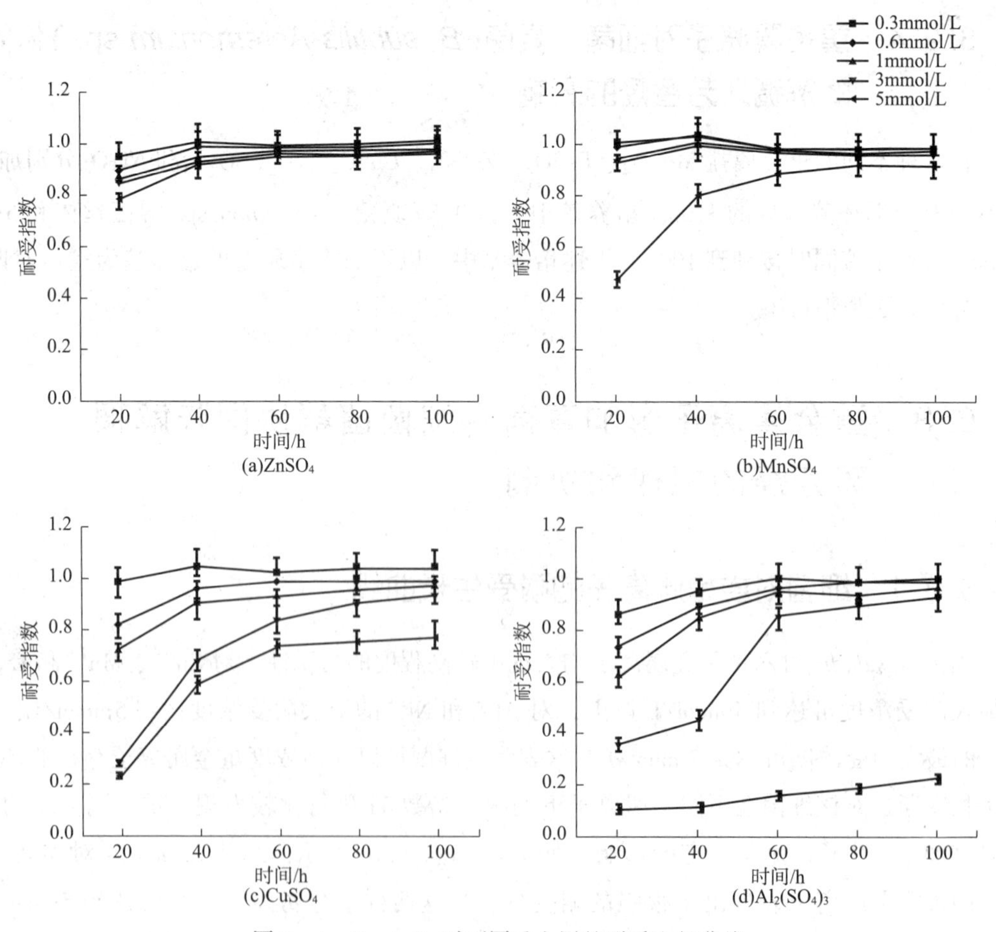

图6－1　*B. subtilis* 对不同重金属的耐受生长曲线

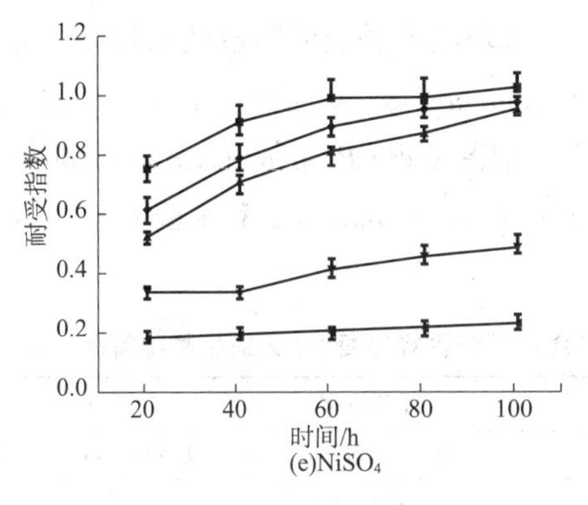

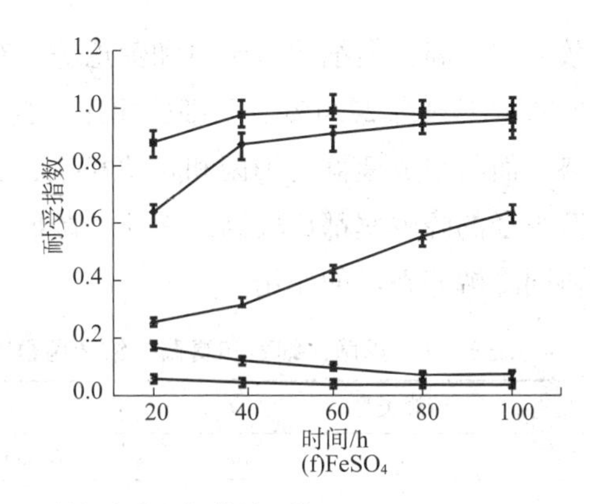

图 6－1　*B. subtilis* 对不同重金属的耐受生长曲线(续)

6.3.2　真菌－细菌菌群对高浓度重金属离子的耐受

如图 6－2 所示，真菌 *Acremonium* sp. 对毒性较大的 Cu^{2+}、Al^{3+}、Ni^{2+} 和 Fe^{2+} 的耐受指数均高于细菌 *B. subtilis* 的耐受指数。这表明，与细菌相比，真菌 *Acremonium* sp. 对于高毒性重金属离子有更强的抗毒性。此外，该真菌还有更好的重金属生物吸附能力，在 5mmol/L 的高毒性重金属离子存在下，真菌 *Acremonium* sp. 的加入可能会促进细菌的生长。在真菌－细菌接入的实验组中，与单独接入 *B. subtilis* 的实验组相比，培养五天后，该细菌对六种重金属离子的耐受指数都有明显的升高。即使在该细菌生长基本抑制的 Fe^{2+} 存在的环境中，真菌的加入也显著促进了细菌的生长。这说明真菌可能通过对重金属离子的吸附作用降低培养基中毒性重金属离子浓度，从而促进该细菌的生长。与单独真菌 *Acremonium* sp. 接入的实验组相比，该真菌－细菌菌群接入实验组的真菌对六种重金属离子的耐受指数也有明显的升高，这进一步证明真菌和细菌能协同抵抗重金属离子的毒性，促进各自生长。

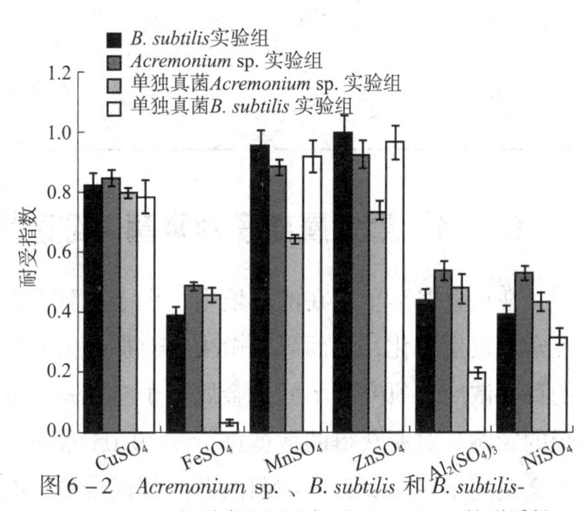

图 6－2　*Acremonium* sp.、*B. subtilis* 和 *B. subtilis*-*Acremonium* sp. 对不同重金属离子(5mmol/L)的耐受性

6.3.3　微生物菌群(*Acremonium* sp. -*B. subtilis*)对混合稠环芳香烃的生物降解

多种稠环芳香烃共存的现象在实际污染环境中十分普遍，因此研究对混合稠环芳香烃的降解更具实际意义。如表 6－1 所示，所选用细菌和真菌都有降解稠环芳香烃的能力，但降解效果与稠环芳香烃的结构相关。该真菌和细菌对于萘和芴具有两个苯环的芳香烃的

降解效果都很高，但细菌对于蒽和荧蒽等含有三个苯环的芳香烃的降解效果较差，尤其对荧蒽的降解率只有27.4%。和细菌相比，真菌 *Acremonium* sp. 对高分子量芳香烃的降解更具优势。而与组成菌群的细菌和真菌相比，真菌－细菌菌群（*B. subtilis-Acremonium* sp.）对五种芳香烃的降解率都比较高，因此，菌群中的真菌 *Acremonium* sp. 和细菌 *B. subtilis* 可能具有协同降解芳香烃的作用。

表6－1　真菌、细菌和真菌－细菌菌群对混合稠环芳香烃修复10天的生物降解率

芳烃类型		降解效率/%		
名称	结构	*B. subtilis*	*Acremonium* sp.	*B. subtilis-Acremonium*
萘	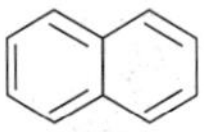	95.5±4.3	96.9±5.2	100±1.2
芴	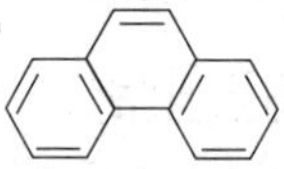	85.7±2.2	71.8±3.7	89.2±3.7
菲	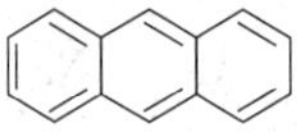	72.5±3.0	63.0±3.5	81.9±2.9
蒽	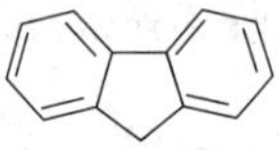	57.4±2.7	55.0±2.0	71.2±2.3
荧蒽	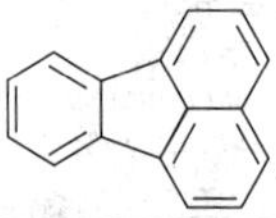	27.4±1.8	52.9±3.5	60.6±3.0

6.3.4　重金属离子对真菌－细菌协同降解混合稠环芳香烃的影响

在重金属离子存在的环境中，由于受到重金属离子的胁迫，微生物的生物量和生物活性常会发生变化，从而影响微生物对稠环芳香烃的降解。在此选择5mmol/L为重金属离子的存在浓度，研究了不同重金属离子对 *Acremonium* sp. 和 *B. subtilis* 协同降解混合稠环芳香烃的影响。对所获得的数据进行 $p<0.05$ 水平的SPSS分析，如图6－3所示，不同种类的重金属离子对该真菌－细菌菌群降解混合稠环芳香烃中不同的稠环芳香烃降解效果有不同的影响。在重金属离子加入组和未加入组，萘的降解都达到100%。对于其他四种稠环芳香烃，除了 Mn^{2+} 以外，其他重金属离子的存在对这些真菌和细菌的协同降解效果都有一定的抑制作用。Mn^{2+} 的存在对芴、菲和荧蒽的降解有一定的促进作用，尤其是对荧蒽的降解，相对于对照组（60%）而言，Mn^{2+} 加入组荧蒽的降解率达到74%，显示该离子对荧蒽降解的促进作用十分明显，但 Mn^{2+} 的存在却明显抑制了该菌群对蒽的降解。Ni^{2+} 的影响也存在这种同种重金属离子对不同稠环芳香烃影响不一致的现象。尽管 Ni^{2+} 存在对芴、菲和蒽的降解都有抑制作用，但对荧蒽的降解却呈现出促进作用。Cu^{2+} 的存在对菲、蒽、荧蒽的降解都呈现出了抑制作用，尤其对蒽和荧蒽降解的抑制作用十分明显。Cu^{2+} 加入组荧蒽的降解率为44.2%，这明显低于对照组（60%）和 Mn^{2+} 加入组的降解率（74%）。以上实验结果表明，重金属离子对稠环芳香烃的生物降解的影响与稠环芳香烃的结构有关，高分子量的芳香烃更易受到影响。此外，重金属离子对稠环芳香烃降解的影响与重金属离子

对微生物生长的影响不完全一致。虽然所选用的微生物对 Fe^{2+} 的耐受性最低，但 Fe^{2+} 存在实验组的荧蒽降解率却高于 Cu^{2+} 存在的实验组。微生物对 Zn^{2+} 的耐受性最好，但和其他重金属离子的实验组相比，Zn^{2+} 存在实验组的稠环芳香烃降解率却不高。由此可以推断，真菌与细菌虽然可能协同抵抗重金属离子环境，有利于各自的生长，但这并不是重金属离子存在下该真菌和细菌协同降解稠环芳香烃的唯一的作用方式。重金属离子的存在不仅会通过微生物量的变化影响微生物对稠环芳香烃的生物降解，还可能会通过其他方式影响稠环芳香烃的降解。

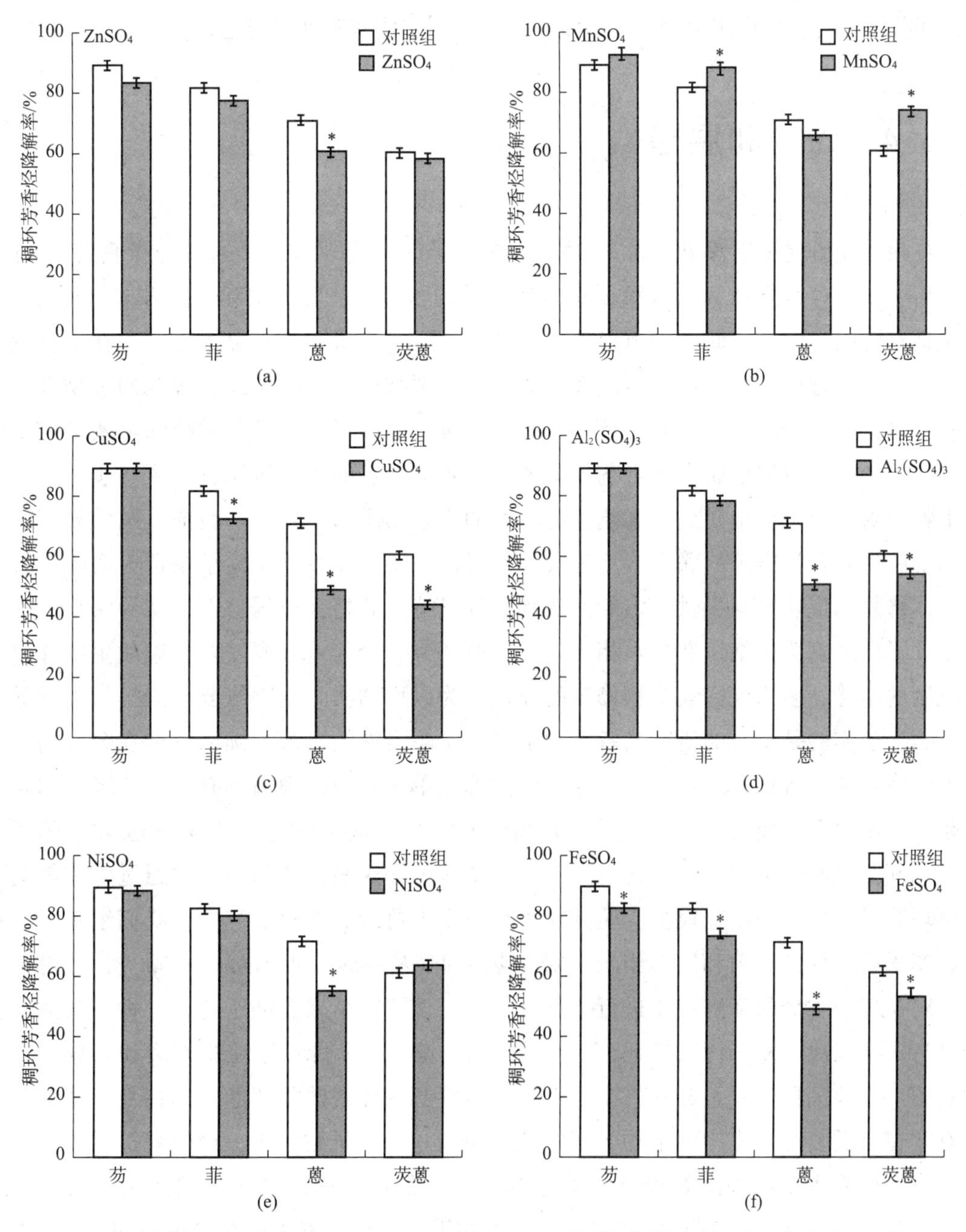

图 6-3 重金属离子存在对 *B. subtilis-Acremonium* sp. 菌群降解混合稠环芳香烃的影响(续)

在真菌–细菌协同降解稠环芳香烃的过程中，真菌菌丝可以为细菌的生物降解提供通道，促进细菌与真菌菌丝上吸附的稠环芳香烃的有效接触，提高细菌对稠环芳香烃的生物降解。另外，在污染环境中，微生物对稠环芳香烃的迁移转化主要包括吸附和降解两种方式，生物吸附能够保证微生物与污染物的接触，增加稠环芳香烃的生物有效性，促使生物降解的发生。已有的实验基础证明，在液体环境中，重金属离子会通过影响真菌对芳香烃的吸附影响芳香烃的去除效果。因此，生物吸附可能是重金属离子影响真菌–细菌协同降解稠环芳香烃的主要作用方式之一。但在非水相环境下，重金属离子对真菌和细菌协同降解稠环芳香烃的影响作用机制尚不明确，需要进一步的实验加以验证。

6.4 讨论和展望

在此首先研究了细菌 *B. subtilis* 对重金属离子的耐受现象，又通过分析真菌 *Acremonium* sp. 加入对细菌 *B. subtilis* 耐受重金属离子的影响，证明真菌和细菌对重金属离子的耐受具有协同作用。在此基础上模拟实际环境，进一步研究了重金属离子存在下真菌–细菌菌群对混合稠环芳香烃的协同降解能力，发现结构复杂的稠环芳香烃的生物降解更易受到重金属离子的影响。通过综合分析不同重金属离子对稠环芳香烃降解效果和微生物生长的影响，对重金属离子影响稠环芳香烃生物降解的作用机制进行了初步分析，发现生物吸附可能是重金属离子影响生物降解的主要作用方式之一。目前，国内外关于真菌和细菌在复合污染中的联合应用还没有针对性的研究，以上实验结果可为实际复合污染水体修复的成功实施提供一定的方法和数据支持。此外，根据这部分实验结果，进一步设计了后续真菌–细菌在非水相环境中对稠环芳香烃–重金属复合污染的生物降解作用机制的实验，多角度探索生物修复的规律，为以后的实际生物修复污染提供可靠的基础依据。该实验是少有的研究具备多种金属离子耐受性的真菌–细菌菌群在金属离子存在下的降解稠环芳烃的过程。真菌–细菌菌群比单一真菌或细菌具有更高的降解功能以及耐受金属离子的能力。虽然在美国环境保护署污染场地的清单中有高达40%的场地都是稠环芳烃和重金属离子复合污染的，但是有关在这些复合污染场地通过生物修复去除稠环芳烃的信息和研究很少，尤其在水系环境中更少。在此研究中，我们组建了有重金属离子耐受性的真菌和细菌组成的微生物菌群（*B. subtilis-Acremonium* sp.），并进一步对其对稠环芳香烃的降解规律进行了系统研究。该研究结果有助于建立一种高效的生物降解有重金属离子复合污染场地（如水环境或土壤中）的稠环芳烃的方法和策略。所用的真菌–细菌菌群具有重金属离子耐受性和稠环芳香烃高效降解能力的特性，使得该菌群有望在该类复合污染中的生物修复中被使用。和先前研究相比，该研究提供了更多的有关真菌耐受重金属和降解稠环芳香烃的信息，是该领域的一个重要进展。此研究表明，浓度高达250mg/L五种模式多环芳香烃在不同重金属离子存在(5mmol/L)下，真菌

-细菌菌群(*B. subtilis-Acremonium* sp.)在短短10天内可以将其基本降解。结果表明，该菌群对多种高浓度重金属离子具有较强的抗性，对水相中稠环芳香烃的降解效率很高，组成该菌群的真菌和细菌在金属离子抗性和生物降解方面表现出了真菌与细菌的协同作用。此研究中的实验环境是水环境，这与报道中的水不饱和环境土壤有很大不同。由于在受污染的水环境中不存在土壤中水不饱和环境的异质性的特点，因此，除了真菌-细菌间存在的代谢协同作用外，此研究获得的结果可能提示了与先前报告不同的真菌-细菌协同作用。选用真菌-细菌菌群而不是单一的真菌或细菌进行生物处理，有可能在降解过程中充分利用菌群的一些独特性，如广泛的酶活性以及在恶劣环境下高的存活率。同时，使用微生物联合体而不是水中纯培养物，有可能利用微生物联合体的一些独特性，包括广泛的酶活性或高存活率。组成菌群的真菌和细菌细胞在生物降解过程中可以在代谢和生态两个层面相互协同，从而可能形成高效的代谢途径、性能上的高稳定性和对恶劣环境的抵抗力和耐受性。此外，真菌菌丝和细胞壁对金属离子的吸附和吸收在水环境中生物吸附金属离子方面起着关键作用。菌丝吸附占重金属离子吸收的绝大部分，这有可能大大降低重金属离子对细菌细胞的毒性。在本研究中，与单一菌株相比，真菌-细菌菌群对重金属离子的耐受性增强，这可能部分归因于真菌对重金属离子的吸收和吸附，因此可能提高微生物菌群在该复合污染环境中的存活率。

人们提出了许多减轻金属离子毒性和提高有机生物降解性的方法，例如使用耐金属离子的细菌、降低金属生物利用度以及添加中和盐等。此研究为了了解重金属离子对和其共污染水体中的稠环芳香烃降解的影响提供了有价值的见解。结果发现，Cu^{2+}存在可显著抑制菲、蒽和荧蒽的去除；Mn^{2+}可以促进菌群对蒽、菲、蒽的去除，但可能抑制了蒽的降解。有趣的是，Mn^{2+}对蒽的去除有积极的促进作用，而Mn^{2+}的存在在15天内降低了该菌群对蒽的生物吸附和生物降解。这和以前报道的有关Cu^{2+}和Mn^{2+}对多环芳香烃去除影响的研究存在差异，这可能部分归因于所使用的不同微生物种类以及这些微生物对金属离子的耐受性不同。这项研究进一步揭示了真菌-细菌联合体在水环境复合污染生物修复中的价值。研究结果对金属离子-有机混合污染水体中有机污染物的生物修复具有重要意义。由于水生系统缺乏土壤环境复杂的非均匀结构，在水生系统的多环芳烃降解过程中，金属离子对真菌-细菌协同作用的影响与土壤基质的影响可能存在差异。这项工作对水生环境存在稠环芳香烃-金属离子复合污染的生物强化行为和策略提供了重要的启示。

第7章　重金属离子影响真菌-细菌协同降解稠环芳烃的作用机制

7.1　引　言

污染物与微生物细胞之间的有效接触是污染物得以有效降解的重要保证之一。微生物细胞对生长环境的变化十分敏感，常常通过自身运动来适应改变的环境，以保持自身环境的生态稳定性。尤其在稠环芳香烃等高毒性有机污染物存在的非均质环境中，具有降解能力的能动细菌会随着降解过程中污染物生物利用度的降低而自发地向生物利用度高的污染区域移动。细菌的这种通过感受化学物质浓度变化、顺着化学物质浓度梯度移动的能力被称为趋化性，是细菌进行生物降解的前提和保障之一。但细菌在土壤中的迁移能力必须依赖于土壤颗粒微孔中自由水的存在，当水分含量不足时，土壤颗粒之间的微孔不能被丰富的水膜包围或充实，细菌的这种趋化移动就可能受到限制。土壤中细菌的运动常常被限制在-50kPa以上的基质电位(matric potentials)。如果土壤环境中没有水、植物根丝、蚯蚓等存在时，细菌就很难在土壤颗粒之间运动；一些物理因素如可接触界面、不连续水相以及土壤基质等也可以限制或影响一些鞭毛细菌的运动。土壤中占多数的好氧微生物中，含有75%的好氧型真菌，即1g干土中含有0.2~0.4mg的真菌，相当于100m的真菌菌丝。和细菌不一样，真菌的生长迁移不完全依赖水环境体系的存在，因此比细菌能更好地接触到污染物。此外，真菌还具有一种独特的形态学特征即三维网状的菌丝体，这种菌丝网络可以在土壤颗粒之间形成连接的桥梁，可以为细菌与污染物的有效接触提供通道和驱动力，促进细菌和污染物之间的接触进而保证细菌降解作用的发生。研究证实，一些真菌菌丝的表面有一些疏水蛋白，有助于真菌突破土壤颗粒之间的水-空气界面，并在土壤里的空隙中生长迁移。真菌菌丝还可以通过“边缘尖利”的菌丝刺入土壤颗粒，形成液泡、膨胀并生长，从而分布在整个土壤颗粒中。真菌通过提供菌丝表面的连续水相或通道协助细菌在土壤颗粒中的运动，其在菌丝表面发展形成的连续水膜可能充当细菌运动的高速通道(highway)，这已经在多种实验中得到过证实。在水不饱和环境中，关于真菌和细菌通过这种物理作用协同降解有机污染物的研究已在国内外有过报道，但还没有关于重金属离子影响真菌-细菌协同降解稠环芳香烃的作用机制的相关研究。在此，基于国外文献相关模型，设计了模拟水不饱和污染非水相与水相相隔开的实验模型，分析真菌-细菌菌群降解稠环芳香

烃－重金属复合污染中的稠环芳烃，以对金属离子影响菌群协调作用的机制进行研究。通过比较修复过程中的复合污染体系(稠环芳烃－重金属离子)与非复合污染体系中菌群对稠环芳香烃降解率的差别，探究在重金属离子存在时真菌协同细菌对芳香烃的降解性能。通过比较修复过程中复合污染体系与非复合污染体系中真菌对细菌的传递率和扩散系数的影响，探究重金属离子对真菌－细菌协同降解稠环芳香烃的影响。选用菌株为枯草芽孢杆菌(*Bacillus subtilis*)和枝顶孢霉(*Acremonium* sp.)，均保藏于陕西师范大学微生物技术项目组实验室和国家专业保藏机构(*B. subtilis* CCTCC AB 2014248、*Acremonium* sp. P0997 CCTCC M 2013569)，这些菌株具有降解稠环芳香烃的能力。

7.2　重金属离子影响真菌－细菌协同降解稠环芳香烃作用的研究方法

7.2.1　微生物接种物的制备

1)细菌接种物制备

以接种环挑取保存于斜面上的细菌，接种于100mL牛肉膏蛋白胨液体培养基中。培养1天后将菌液放入灭过菌的离心管中，在12000r/min下离心得到菌体，用无菌水将细菌数量调整到10^8个/mL，以此重悬菌液作为细菌接种物。

2)真菌接种物制备

以接种环挑取保存于斜面上的真菌*Acremonium* sp. 接种于摇瓶中，于摇床培养3~4天。将培养液放入灭过菌的离心管中，在8000r/min下离心，用无菌水洗涤，重复两次后将得到的真菌菌丝体作为真菌的接种物。对于真菌连续接种的实验组，以10mg/g湿菌丝的量向土壤中进行接种；对真菌－细菌菌群连续接种的实验组，以5mg/g湿菌丝的量接种。

7.2.2　真菌－细菌协同作用的研究实验模型

基于文献，设计选用直径3cm、高为12cm的50mL注射器作为基本实验器材。选用沙土模拟非水相环境，牛肉膏蛋白胨液体培养基模拟水相环境，玻璃珠隔开非水相(沙土)和水相(牛肉膏蛋白胨培养液)环境。实验模型设计如图7－1所示。

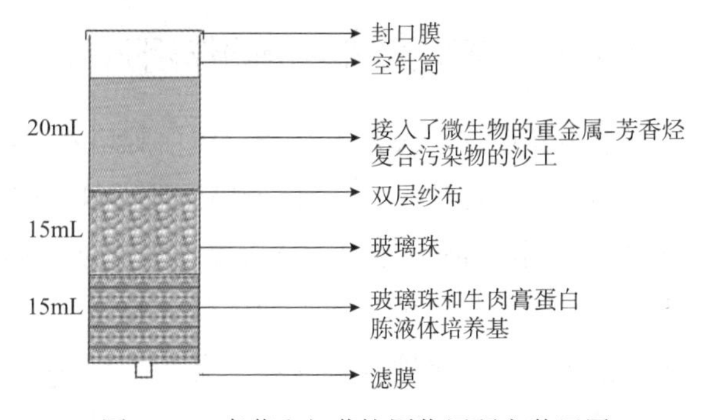

图7－1　真菌和细菌协同作用研究装置图

其中模型实验各部分的作用(从上到下)：封口膜用来封住注射器针筒，防止水分蒸发与杂菌进入；空针筒用来保证有足够的氧气供微生物生长；接入微生物的复合污染沙土是为了模拟非水相复合污染生物修复环境；双层纱布是为了有效隔开污染沙土和玻璃珠；玻璃珠是为了隔开非水相环境(底部牛肉膏蛋白胨液体培养基)和水相环境(纱布及土壤)；底部液体培养基用于模拟水相环境，验证细菌从非水相环境向水相环境的传递作用；滤膜是为了堵住针筒底部，防止液体培养基漏出。使用前所需物品做灭菌处理。

7.2.3 模型充填

将采集的沙土先经盐酸酸化，蒸馏水各洗涤3次，去除可能存在的金属盐离子。然后置于60℃烘箱烘干，用直径为2mm的筛网过筛，在121℃灭菌30min备用。将16mL荧蒽母液作为有机污染物添加到1kg沙土中，获得浓度为80mg/kg的荧蒽污染沙土。然后分别将50mL重金属盐 $CuSO_4$ 和 $MnSO_4$ 母液添加到荧蒽污染沙土中，获得重金属离子浓度为5mg/kg的荧蒽污染沙土。以尿素为氮源，以 KH_2PO_4 和 K_2HPO_4 为磷源，向沙土中添加基本营养物质，调整污染体系中碳氮磷的比例至100：10：1，加入的荧蒽的量即为碳的量。以蒸馏水调整沙土含水量至10%(所有的水分都计算在内，包括加入菌液和营养物质的水量)，在实验过程中，保持沙土含水量稳定。

7.2.4 真菌-细菌协同作用的研究设计

为了研究真菌-细菌菌群(*Acremonium* sp. -*B. subtilis*)对荧蒽的协同降解性能，分别设置：①在荧蒽污染沙土层接入真菌枝顶孢霉(*Acremonium* sp.)；②在荧蒽污染沙土层中接入枯草芽孢杆菌(*Bacillus subtilis*)；③在荧蒽污染沙土层中接入真菌-细菌(*Acremonium* sp. -*B. subtilis*)。以未进行微生物接种的组为空白对照。

为了探究稠环芳香烃-重金属复合污染下真菌菌丝对细菌的传递作用机制，实验分3组进行：①在重金属盐 $CuSO_4$ 和荧蒽复合污染沙土中接入真菌-细菌菌群(*Acremonium* sp. -*B. subtilis*)；②在重金属 $MnSO_4$ -荧蒽复合污染沙土中接入真菌-细菌菌群(*Acremonium* sp. -*B. subtilis*)；③在荧蒽污染沙土中接入真菌-细菌菌群(*Acremonium* sp. -*B. subtilis*)。以未加入重金属盐和真菌土层只接入细菌组作为空白对照。以上实验均设置3个平行，两部分实验同时进行，实验持续14天。

7.2.5 真菌-细菌协同作用研究模型的使用

在注射器底部吸入8mL牛肉膏蛋白胨培养液后，在纱布及玻璃珠隔开的上层加入25g经过微生物接种的沙土，用封口膜封闭注射器开口处，以直立方式(实验过程中注射器不能倾斜，否则会导致实验失败)放置于恒温培养箱中，30℃培养。为了保证实验的准确性和可靠性，对所接种微生物要进行严格的量化。细菌 *B. subtilis* 接入实验组以0.1mL/g的量向沙土中接种，单独真菌接入实验组以10mg/g的量向沙土中接种，接入真菌-细菌菌群的组分别以0.05mL/g和5mg/g的接种量接入细菌和真菌。

7.2.6　稠环芳烃荧蒽的取样和降解率分析

在实验过程中，在第2天、4天、6天、8天、10天、12天和14天分别对所有实验组模型上层沙土进行取样，取样沙土置于烘箱(30℃)中烘干后进行后续分析。准确称取10g沙土样品，加入20mL正己烷，密封超声萃取荧蒽30min后于60℃旋转蒸发至干，用正己烷定容，使用0.22μm的有机系滤膜过滤除去杂质后，用高效液相色谱仪进行定量检测，测定荧蒽的生物降解率。

7.2.7　细菌的生长及传递分析

取1g上层沙土烘干样品，用稀释平板计数法计算其中细菌的数量。分别在第2天、4天、6天、8天、10天、12天和14天对实验模型底部牛肉膏蛋白胨培养液取样，以稀释平板计数法计算其中细菌的数目，记为细菌传递数目。真菌菌丝对细菌传递率按照以下公式计算：

真菌菌丝对细菌传递率＝底部培养液中细菌的数目/沙土中细菌的数目

7.2.8　真菌协助细菌运动的扩散系数(D_{eff})分析

在实验开始的前4天内，每天对真菌-细菌菌群接种的复合污染实验组的底部培养液进行取样，以稀释平板计数法检测其中细菌数目。由于真菌菌丝在玻璃珠中是向着一个方向生长的，假定真菌菌丝上的水膜可以满足细菌沿菌丝的扩散运动，因此细菌从非水相向水相进行扩散的运动可能在一维空间中进行。选用爱因斯坦的一维扩散系数方程进行计算。通过分析观察确定底部培养液中细菌出现的时间(t)及沙土与底部培养液之间的距离(x)，算得细菌的扩散系数D_{eff}，再通过曲折度τ(=1.8)计算出细菌的随机动力扩散系数D，单位为(cm^2/s)。用以下方程计算细菌的扩散系数D_{eff}：

$$D_{eff} = \frac{D}{\tau} = \frac{\langle x^2 \rangle}{2t}$$

7.3　真菌-细菌协同降解荧蒽以及金属离子对此协同降解作用的影响

7.3.1　真菌-细菌菌群对荧蒽的协同降解

如图7-2所示，在14天内，细菌 *B. subtilis* 单独对荧蒽的降解率达到了30.6%±1.4%，真菌 *Acremonium* sp. 达到了58.4%±3.1%，由这两种微生物组成的菌群达到了64.1%±1.4%。这些结果说明真菌-细菌菌群、细菌和真菌组之间的降解率存在统计上的显著差异($p<0.05$)。该菌群对荧蒽降解率比单独的细菌和真菌分别增加了109.4%和9.8%，说明该真菌和细菌对荧蒽的降解可能存在协同效应。如果和 *B. subtilis* 单独相比，

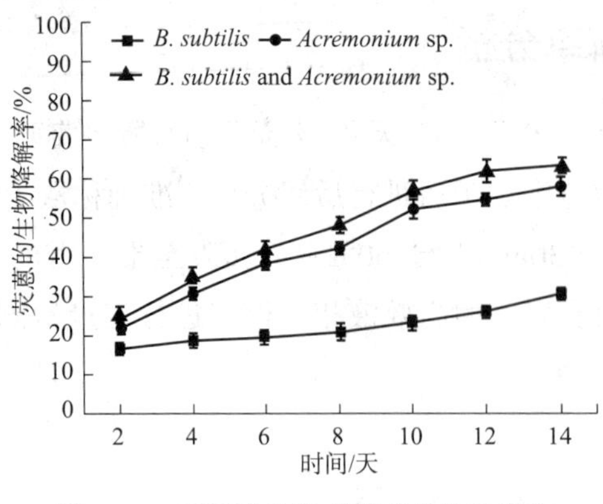

图 7－2　不同微生物对荧蒽的生物降解

真菌 *Acremonium* sp. 介入对该细菌降解荧蒽的促进作用就更加明显，其降解率比该细菌几乎增加了 2 倍之多。虽然和真菌 *Acremonium* sp. 相比，该菌群的降解率只增加了 9.8%，但考虑到荧蒽是一种难以降解的大分子稠环芳香烃，说明该真菌在荧蒽的降解方面确实有很大的作用。菌群对荧蒽降解率的增加可以部分归因于真菌 *Acremonium* sp. 给该细菌所提供的运动的高速通道，协助细菌克服了在非饱和水环境中的运动限制。此部分结果显示：由真菌和细菌组成的菌群可能比单独的真菌和细菌组分获得了又快又彻底的降解荧蒽的效果，说明了真菌 *Acremonium* sp. 在菌群协同降解荧蒽中的作用。

7.3.2　重金属离子存在对真菌－细菌菌群协同降解荧蒽的影响

重金属离子存在对菌群协同降解荧蒽的影响在图 7－1 的模型中进行了研究。如图 7－3 所示，Mn^{2+} 存在实验组的荧蒽降解率为 78.2% ±1.9%，而 Cu^{2+} 存在的荧蒽的降解率仅为 53.7%。这些结果显示，Mn^{2+} 存在对菌群荧蒽的降解存在明显的促进作用，Cu^{2+} 的存在却对荧蒽的降解存在明显的抑制作用。如图 7－3(a) 显示，在对照组以及这两种金属离子存在的降解过程中，该菌群对荧蒽的降解率呈现明显区别($p<0.05$)。实验结束时，Mn^{2+} 处理组降解率达到 78.2%，比对照组增加了 21.9%，说明 Mn^{2+} 的存在促进了菌群对荧蒽的降解；Cu^{2+} 处理组降解率仅达到 53.7% ±1.7%，比对照组减少了 16.2%，说明 Cu^{2+} 的存在抑制了菌群对荧蒽的降解[见图 7－3(a)(b)]。这些结果说明，重金属离子的存在对该菌群降解荧蒽的过程有影响，而且影响的程度和金属离子的种类有关。结果还显示：金属离子存在的处理组和对照组相比，真菌的生长没有明显差异，说明该真菌对这些金属离子有很好的耐受性。

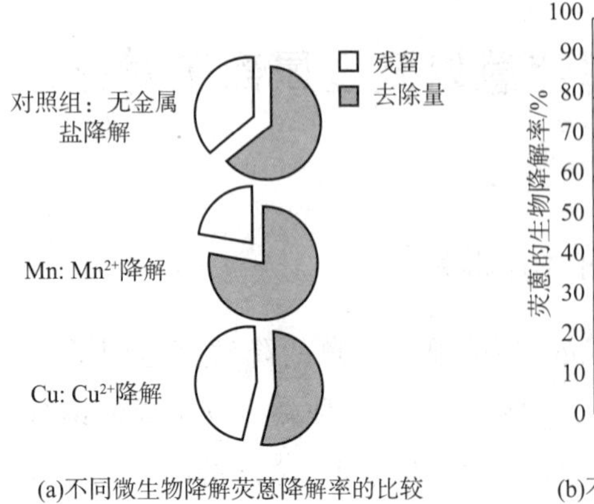

(a)不同微生物降解荧蒽降解率的比较

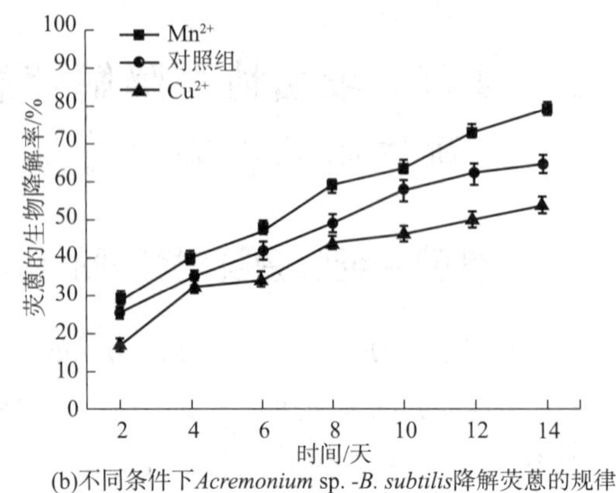

(b)不同条件下 *Acremonium* sp. -*B. subtilis* 降解荧蒽的规律

图 7－3　金属离子影响 *B. subtilis*-*Acremonium* 菌群降解荧蒽的过程

7.3.3　重金属离子影响真菌菌丝对能动细菌的传递作用

如图7-4(a)所示，金属离子的存在对沙土中的细菌生长有很显著的影响。Cu^{2+}的存在抑制了细菌的生长，而Mn^{2+}的存在却促进了沙土中细菌的生长。如表7-1所示，当实验结束时，在模型下端液体中检测到的细菌数量在添加不同金属离子处理组和对照组之间有显著差异($p<0.05$)。说明该菌群对不同金属离子有不同的耐受性，对Cu^{2+}的耐受性低，对Mn^{2+}的耐受性强[见图7-4(b)]。另外，沿真菌菌丝运输的细菌数目在Cu^{2+}和Mn^{2+}存在的处理组之间也存在明显区别，Mn^{2+}存在时的处理组要高于Cu^{2+}处理组的数目。同时还观察到在不同金属离子存在时，对真菌的生长影响不显著，说明该真菌对这些金属离子有很强的耐受性。如图7-4和表7-1所示，Mn^{2+}存在时的细菌运动数目比对照组增加了34.4%，生长速度也更快；Cu^{2+}存在的组的细菌运动数目却降低了91.8%。如图7-4(b)所示，随着降解过程的进行，存在Cu^{2+}和Mn^{2+}的处理组之间细菌沿真菌菌丝的转运率存在显著区别；Mn^{2+}的存在促进了细菌的转运，而Cu^{2+}却抑制了细菌沿菌丝的运动。结果还显示，金属离子存在的处理组的细菌被转运的数目和模型沙土中的细菌生长没有线性关系，说明金属离子可能是通过影响真菌菌丝对细菌的转运而导致不同金属离子存在时真菌转运细菌数目存在差异的[见图7-4(c)]。

表7-1　沙土中接入 *Acremonium* sp. -*B. subtilis* 菌群14天后检测到的细菌和真菌数目

实验设计	污染沙土中的细菌量/(CFU/g)	下层培养基中细菌数量/(CFU/g)	污染沙土中真菌数量/(CFU/g)
Acremonium sp. +*B. subtilis*	6.3×10^7	1.9×10^7	3.9×10^5
Acremonium sp. +*B. subtilis* -Mn^{2+}	7.5×10^7	2.5×10^7	4.0×10^5
Acremonium sp. +*B. subtilis* -Cu^{2+}	12.0×10^7	1.6×10^6	3.8×10^5

注：CFU是指在存在Mn^{2+}或Cu^{2+}(5mmol/kg)的污染荧蒽的沙土中以及在污染沙土下层培养基中细菌的数量，真菌生长分析的是每克沙土中的菌落形成数量。

实验结束时，Mn^{2+}存在组的细菌被转运率达到了33.9%，比对照组增加了12.0%，Cu^{2+}组的细菌转运率仅仅达到15.5%，比对照组降低了49.5%。这些结果显示，重金属离子可能会通过影响真菌菌丝传递细菌接触污染物的通道作用影响荧蒽的生物降解速率。但细菌沿真菌菌丝的相对传递率并未与细菌的生长数目呈现出明显的线性关系，说明重金属离子对细菌生长的抑制不是重金属离子影响细菌沿真菌菌丝传递的唯一方式。细菌沿真菌菌丝的传递更可能与真菌的形态变化有关。有文献表明，真菌生长所必需的重金属离子如Mn、Co、Cu等适度浓度的存在会促进真菌的生长。较高的重金属离子浓度也会对真菌菌丝体的形态及孢子的形成有重大影响。研究发现，当Cd离子存在时会使真菌的菌丝更加密集，菌丝更长。这可能是Mn^{2+}存在实验组细菌沿真菌菌丝的相对传递率升高的原因。研究还发现，高浓度的重金属离子会影响真菌产生孢子的能力，抑制真菌生长，这也可能是Cu^{2+}存在组的细菌沿真菌菌丝相对传递率降低的原因之一。

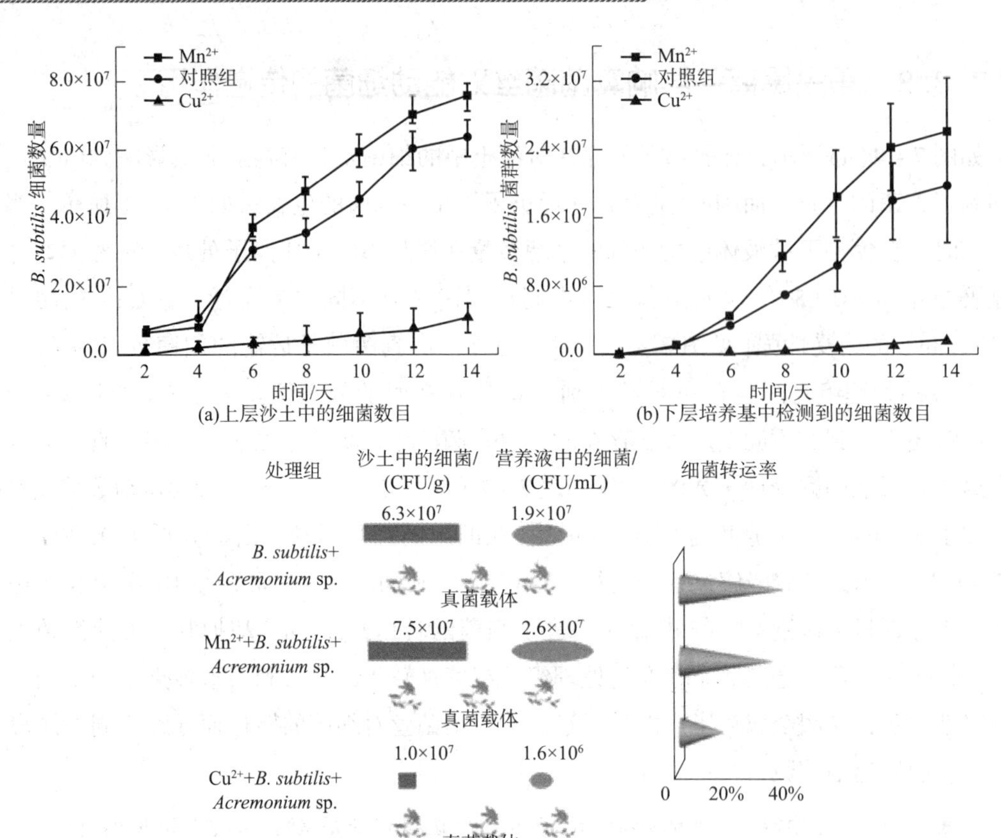

(a)上层沙土中的细菌数目

(b)下层培养基中检测到的细菌数目

(c)图示细菌生长、转移以及金属离子对细菌运动的影响

图 7－4　金属离子对细菌沿真菌菌丝运动的影响

这些结果显示，金属离子在多孔介质中的存在可能对真菌作为细菌运动载体的功能产生影响，进而影响细菌沿真菌菌丝的分散，从而进一步改变土壤介质中疏水性有机物对土壤细菌的可利用性。土壤中微生物与污染物的接触是生物降解的第一步。在非均质环境中，污染物和细菌可能都不能均匀分布，环境中总水分的缺乏更可能限制了细菌向污染物的移动，因此细菌细胞和污染有机物的有效接触可能受到抑制。在非水相环境中，真菌菌丝为细菌和污染物的有效接触提供通道以协同细菌降解污染物。这种物理协同方式在真菌－细菌菌群联合修复有机污染物的过程中可能发挥着至关重要的作用。但在复合污染环境中，真菌和细菌的这种联合作用方式是否受到重金属离子的影响及其作用机制还并不清楚。因此，通过模拟实际非水相稠环芳香烃－金属离子复合污染环境，对真菌－细菌菌群生物修复过程中真菌菌丝传递细菌的数目、传递率和细菌扩散系数进行了分析监测，以期探索重金属离子存在下真菌菌丝传递细菌的作用机制。

7.3.4　真菌菌丝通道对细菌的传递

结果表明：重金属离子的存在对接种 *Acremonium* sp. -*B. subtilis* 菌群的沙土中的细菌生长有不同的影响。和对照相比，Cu^{2+}存在抑制了其中细菌的生长，而 Mn^{2+}的存在却促进

了模型沙土中细菌的生长($p<0.05$)。没有真菌 *Acremonium* sp. 接入的实验组的底部培养液中没有检测到细菌的存在和生长，有该真菌接入的实验组的底部培养基中存在细菌 *B. subtilis*，并随着时间延长数目有所增加，说明细菌 *B. subtilis* 可能是通过真菌 *Acremonium* sp. 的菌丝从非水相传递到水相中的。如表7-1所示，不同重金属离子的存在在一定程度上影响了细菌 *B. subtilis* 的生长和该细菌沿菌丝的传递过程。当实验持续14天后，Mn^{2+}、Cu^{2+}存在的实验组和未添加重金属离子的实验组的非水相环境中的细菌生长数目分别为 7.5×10^7个/g、1×10^7个/g 和 6.3×10^7个/g；细菌在各自底部水相环境中的细菌数目分别为 2.54×10^7个/mL、1.55×10^6个/mL 和 1.89×10^7个/mL。Cu^{2+}存在实验组的细菌生长数目和传递数目都比对照组的低，说明重金属离子可能通过对细菌生长的抑制影响细菌沿真菌菌丝的传递效果。

7.3.5　金属离子存在对细菌转运率的影响

如图7-5所示，随着处理时间延长，在添加 Mn^{2+} 和 Cu^{2+} 以及对照组之间，细菌沿着菌丝的细菌转运率存在显著差异($p<0.05$)。当处理结束时，Mn^{2+} 存在组细菌转运率达到了33.89%，比对照增加了12%，而 Cu^{2+} 存在组的转运率仅仅达到了15.5%，比对照组减少了49.5%。当 Mn^{2+} 存在时，细菌的转运率随着处理时间的延长而增加；当 Cu^{2+} 存在时，随时间的延长，细菌转运率的增大并不显著。在所有处理组可以观察到，在降解过程中，细菌的转运率都在0~60%范围内，这和以前的报道一致。另外，各组的细菌转运率并没有和沙土中细菌的生长和数目成线性关系，该结果说明不同处理组的细菌转运率不同，可能源于不同金属离子对真菌菌丝转运细菌过程的不同影响。由于在各处理组之间真菌的生长没有差异，这说明金属离子的存在可能影响了真菌菌丝在多孔介质中作为载体运输或转运细菌的能力，从而可能进一步影响环境中疏水性有机物和细菌的接触性。

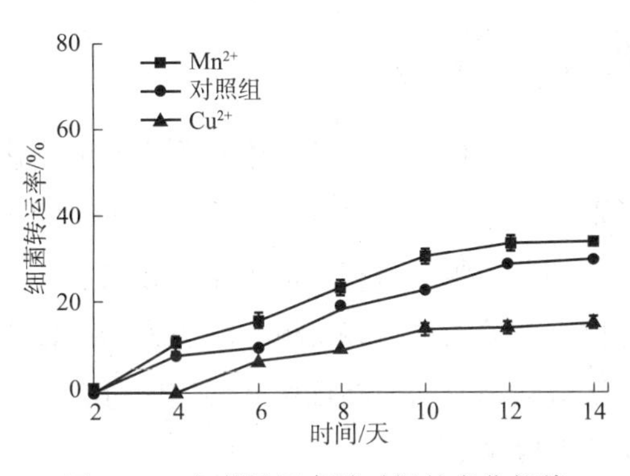

图7-5　细菌转运率随时间的变化规律

7.3.6　细菌沿真菌菌丝的扩散

细菌的扩散能力与其在多孔介质的扩散系数直接相关，通过细菌扩散系数可以从细菌沿真菌菌丝的扩散运动方面说明重金属离子对细菌沿真菌菌丝的传递的影响。观察发现，三组真菌-细菌菌群接种实验组底部培养液细菌出现时间(t)分别为：Mn^{2+} 存在实验组和对照组为72h，Cu^{2+} 存在实验组为96h。沙土与底部培养液之间的距离(x)为1.8cm。通过爱因斯坦的一维扩散系数方程可以计算得出三组实验组的细菌扩散系数。为了进一步说明金属离子存在对细菌沿真菌菌丝运动的影响，通过爱因斯坦的一维扩散系数方程将金属离子对细菌扩散运动的影响进行了进步研究。研究结果显示,Mn^{2+}存在组的细菌的随机动力扩散系数 D 和细菌的扩散系数 D_{eff} 分别达到了 $6.9\times10^{-6}cm^2/s$ 和 $12.4\times10^{-6}cm^2/s$,这和没有金属离子存在的对照组相似。对于 Cu^{2+} 存在的组,D 和 D_{eff} 分别达到了 $8.5\times10^{-6}cm^2/s$ 和 $4.7\times10^{-6}cm^2/s$,这分别比对照组降低了46.8%和31.9%。同时发现,大约在72h后,在 Mn^{2+} 存在处理组的底部培养液中发现了细菌,而 Cu^{2+} 存在的处理组大约在96h后才发现底部有细菌出现。这些结果表明:Mn^{2+} 的存在可能促进了真菌对细菌的运输或传递,而 Cu^{2+} 的存在抑制了细菌沿菌丝的运动。细菌在非水相介质中的传递除了需要真菌菌丝所提供的通道,还需要能动细菌沿着菌丝的移动。加入 Mn^{2+} 离子的实验组,细菌的扩散系数没有显著增高,而加入 Cu^{2+} 组的细菌扩散系数却有了明显的下降,说明 Cu^{2+} 离子的存在对细菌沿着真菌菌丝的被动扩散起到了抑制作用。细菌的被动扩散与细菌的形态结构有关,而重金属离子等污染物的存在则容易导致细菌形成生物膜等形态结构方面的变化。这种细胞表面特征的改变可能就是在不同重金属离子存在时,细菌沿真菌菌丝的扩散速度不同的原因之一。一般来说,能动性强的细菌沿着真菌菌丝扩散的能力也更强。

7.3.7 真菌协助细菌运动形态观察

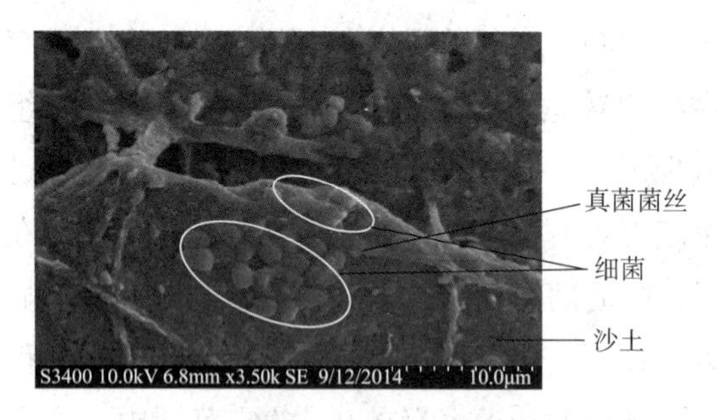

图7-6 真菌协助细菌运动形态观察

通过扫描电镜对沙土中真菌协助细菌运动形态观察,如图7-6所示,发现在沙土上,细菌依附在真菌上的现象十分明显。结合以上实验数据可以推测,真菌为细菌提供了运输通道,从而与细菌共同完成对有机污染物的降解。

7.4 讨论和展望

对多种复合污染的修复处理已成为当前国内外的热点话题。真菌和细菌协同修复处理有机污染环境有过研究,但有关处理稠环芳香烃-重金属离子复合污染的真菌和细菌菌群的协同修复研究还鲜有报道。在此针对国内外亟待解决的主要环境问题,如高浓度石油污染和多环芳香烃-重金属复合污染问题,通过模拟实际污染修复环境,利用真菌-细菌菌群(*Acremonium* sp. -*B. subtilis*)对荧蒽-$MnSO_4$和荧蒽-$CuSO_4$复合污染的土壤进行了修复,探究了真菌-细菌协同降解复合污染中稠环芳香烃的降解机制。实验结果表明:荧蒽的降解率分别达到了78.2%和53.7%,真菌 *Acremonium* sp. 和细菌 *B. subtilis* 能协同降解稠环芳香烃,并且能协同抵抗重金属离子的毒性。这些结果表明,真菌-细菌菌群在复合污染土壤修复上具有很好的应用前景。通过研究不同重金属离子对真菌和细菌协同降解稠环芳香烃的影响,发现重金属离子对稠环芳香烃的生物降解的影响与金属离子的种类相关。通

过探究真菌 *Acremonium* sp. 菌丝在水不饱和荧蒽 – 重金属离子复合污染体系中的传递作用，发现该真菌菌丝可能作为载体将细菌从非水相传递到水相，这种协同作用方式有助于促进土壤中稠环芳香烃的生物修复。在此基础上，根据在实际环境中真菌 – 细菌协同作用方式的特点，有针对性地对重金属离子影响稠环芳香烃生物降解的作用机制进行了分析：重金属离子 Mn^{2+} 和 Cu^{2+} 的存在对细菌沿着真菌菌丝的扩散可能起到了促进或抑制作用，这说明重金属离子主要通过与微生物的交互作用对稠环芳香烃的降解产生影响。真菌菌丝对细菌的通道传递作用和能动细菌沿真菌菌丝的自由扩散是重金属离子影响真菌和细菌协同作用的主要方面。因此，在实际复合污染修复中，可以考虑通过添加真菌来促进细菌的生长和提高污染物的生物利用度，但需要根据污染物的特点选择合适的微生物种类和组合进行接种。

值得注意的是，金属离子的存在对真菌菌丝作为细菌运动的运输载体的功能产生了不同的影响，并导致了模型沙土中真菌菌丝的转运率以及细菌生长和扩散的差异，该影响的效果取决于金属离子的种类。此外，细菌在多孔介质中的运动模型只能基于真菌菌丝周围的水膜作为细菌运动的载体，金属离子可能会影响菌丝周围水膜溶液的化学性质，进而影响细菌的运动。实验和理论研究表明：孔隙大小和性状、化学环境条件对细菌在多孔介质中的运动有相互协同的影响。因此，细菌在多孔介质中的扩散是一个强烈依赖于重金属离子种类的过程，有关金属离子影响实际复合污染环境中稠环芳香烃生物降解过程的规律还有待进一步研究。

运用 *Acremonium* sp. -*B. subtilis* 菌群在自建模型的沙土中进行了荧蒽的生物修复，研究结果显示，不同金属离子存在下该菌群对荧蒽的降解率和对照组显著不同。实验结果表明，这可能是由于金属离子对该菌群在降解过程中细菌生长、转运率以及细菌在多孔介质中的扩散有不同的影响。前期实验表明：Cu^{2+} 和 Mn^{2+} 分别对稠环芳香烃的生物降解过程有抑制或促进作用。在此进一步证实，不同金属离子对菌群协同降解荧蒽有不同的影响，这种差异是通过影响细菌沿真菌菌丝为载体的运动而发挥作用的。进一步研究有金属离子耐受性的真菌 – 细菌菌群协同降解稠环芳烃的规律，有助于建立菌群协同降解金属离子 – 稠环芳香烃复合污染实际环境中的稠环芳香烃。在模拟实际非水相不饱和多孔介质环境的模型中，证实真菌菌丝可以作为载体用于细菌在沙土中的运动，从而获得更好的基质生物利用度，提高了生物降解能力。前期研究还证实：与单个真菌或细菌相比，真菌和细菌菌群对稠环芳香烃荧蒽的降解能力有很大提高。这也部分说明参与菌群降解的真菌对降解作用的促进还要归功于真菌和细菌之间的代谢协同作用。真菌 – 细菌菌群促进稠环芳香烃的降解作用不能完全归因于真菌菌丝对多孔介质中细菌的传递，应该还包括真菌和细菌对多孔介质中可利用稠环芳香烃物质的协同代谢作用。在此研究中，首次利用具有稠环芳香烃降解能力的真菌菌丝协助细菌运动扩散而促进了对荧蒽的生物降解，该研究背景与实际污染和修复现场更接近。这也说明该研究和以前的研究不同，以前的研究多是利用没有降解能力的的真菌，研究其影响细菌运动的扩散规律，但这和实际修复现场的条件不相符。因此，此研究的结果和以前相比提供了更多有利于建立实际修复策略的信息。

第8章　化学生物综合法处理含油污泥的研究

8.1　引　言

生物修复技术(bioremediation)是一种促进或加快自然降解过程的技术。它的成功在于能优化污染环境的不同的理化条件、生物因素等环境因子，使得微生物或其他生物细胞能发挥降解的功能。有两种主要手段或技术：生物强化(bioaugmentation)是在污染环境中补充或加入有石油降解能力的微生物促进该污染环境中的生物降解过程；生物刺激(biostimulation)是添加营养物质或其他限制性生长的同类营养及通过环境改变刺激污染场地土著微生物的生长使得污染物被降解。生物修复产品因而也分类为生物强化剂和生物刺激剂。综合文献分析发现，多种生物修复产品已被应用于多种生态系统和环境条件下的石油烃污染的处理，如石油污染的海岸、污染土壤、地表水或地下水，采用的方式包括原位和异位处理。实际操作中可以通过建立堆肥、生物堆、大型生物反应器等方式实施。这些方式和方法在许多文献和实际应用中都有过报道和体现。一般在通过物理方法或化学方法清除表面大量油污后，采用生物修复法处理污染场所的低浓度的石油污染。但是，在一些环境安全的敏感区域，生物修复策略是一种主要的应对石油污染的方法，如居民居住区附近或者污染程度很低的区域。

基于文献和本项目组的实践分析可知，在开放环境中采用生物强化策略处理溢油污染或含油污泥的效果不佳。在许多田间试验中，添加具有石油降解能力的微生物培养物并没有比单独添加营养物质的效果更显著。一般而言，由于田间试验设计和实施的固有难度，供应商标榜的所谓成功案例所得到的结论大多缺乏科学依据。许多报道的生物修复案例缺乏适当的条件限制和处理的随机性设置以及重复性设置，或者对试验结果统计分析不当。这就使得报道中的所谓生物修复产品或试验品的功效评估不客观、不准确。目前有关生物修复产品田间试验效果评估的信息非常缺乏，这个可能是由于实地研究的费用高昂，或者是由于污染发生时，来不及设置对照或随机性的设置，导致对生物处理的效率评估难以有效和客观。

生物刺激修复策略及其产品在多种实践中被证明是有效的，这在石油污染的水系区域和土壤中都有过报道。这种策略应用于土壤石油污染的处理，其关键在于维持或补充土壤颗粒空隙中的营养元素水平，但该法对湿地环境中石油污染处理的效果不佳，这也许是由于在湿地环境中的营养水平本来就不低。同时，应该注意：生物刺激策略的成功与否是高度特异性的，和场地的原有营养水平直接有关。针对污染环境，准确确定其营养水平的限制因素和水平是成功实施生物刺激处理策略的关键之一，但这种营养分析往往存在困难。

美国环保署(U. S. EPA)将用于提高生物降解速率以及减轻污染程度的微生物培养物、酶等称为生物修复剂。为了正确地使用生物修复产品，美国环保署编制了一份生物修复剂清单，作为美国国家石油和有害物质污染应急计划(NCP)产品登记目录，并且时有更新。这是美国多家单位为了帮助使用者在不同污染情况下选择相应的修复产品而编制的。但是该修复剂清单的产品只有一种 28 天修复实验的效果评估，没有任何有关田间水平(Field test)的效果水平评估的数据。我国在该领域的立法和管理措施还有待提高。农业部相关部门近些年来将生态修复剂纳入农业微生物菌剂管理，但对其使用范围、使用剂量、效果评估还没有统一的评估标准，尤其对其降解效果评估的政策管理措施尚未出台。

化学氧化技术(chemical oxidation)是国外在石油污染以及其他有机物污染处理方面使用较为成熟的技术。该法普适性强、处理效果显著，尤其是处理时间短，而且相对不受场地条件的限制，还可以和生物修复以及物理技术联合使用。化学氧化技术包括原位和异位处理技术。其中原位化学氧化技术(ISCO)在国外已有多年规模化实践，相关公司和政府管理部门都出台过具体的专业操作说明书。国内在该领域技术和实践积累相对缺乏，仅局限于小面积和小样本的污染处理。该技术是将氧化剂以溶液形式通过高压注入地下水环境或直接将溶液混入到污染土壤中，主要通过一系列反应(包括氧化还原、酸碱反应、溶解、水解等)作用破坏和降解地下水或土壤中的有机污染物。目前，基于不同的化学氧化剂建立了不同化学氧化处理有机污染的策略和方法，其中对氧化剂活性激活的方法研究和应用是关键之一。目前，国外有专业公司可以提供规模化的石油污染、水系尤其地下水污染以及其他相应化学污染修复的处理技术和产品。

根据许多公司利用 ISCO 技术修复处理多种污染场地的经验和文献分析，该技术处理污染物的类型多，对多种有机污染物都有效果；和生物处理相比，该法处理效果稳定，用时少，效率显著；还可以和生物处理方法及其他方法耦合以进一步提高处理效果。在实践中，该法可以和其他修复技术如土壤气相抽提、微生物修复技术和石油回收技术等结合进而提高现场处理效果。

在石油类污染场地化学修复中，氧化剂如过硫酸钠($Na_2S_2O_8$)和过碳酸钠($2Na_2CO_3 \cdot 3H_2O_2$)以及这些物质的复合盐在国外使用更为广泛，其他一些常见的氧化剂如高锰酸钾($KMnO_4$)、臭氧(O_3)等在规模化修复使用中较少，虽然它们在实验室对于石油类污染物都具有较好的去除效果。在使用 ISCO 技术处理多种污染的实践中也存在一些问题，例如：有些氧化剂的稳定性差或反应速度过快，反应活性难以持久；氧化剂溶液在地下传输时容易受到地下环境的影响；非必需氧化剂损耗量大，如土壤有机质和含水层的自然氧化剂用量较大。虽然存在多种可能的弊端，但该法在国外诸多石油污染或难降解有机物污染的修复中仍有广泛应用，而且多是以主要的处理方法用于地下水污染、土壤污染场所的处理。

有多家有名的污染处理技术公司(如 REGENESIS ®)提供了多种氧化剂产品和整套的配套技术使用的指导书，可以在实际使用时参考。

长期进行环境修复处理的Ivey公司(Ivey international Inc.)使用氧化剂处理石油的实践表明，如果单独使用氧化剂处理石油污染，仅仅能将总石油污染中的3%降解掉。在使用生物修复法处理石油污染时，发现99%左右的有机物污染被紧紧吸附在土壤颗粒上。这些由于颗粒吸附所导致的降解率降低是这些方法能否规模化使用的关键因素之一。国内外实践尤其是国外石油修复的实践以及文献分析表明，90% ~95%以上的有机物污染被吸附在土壤和地下水区域的颗粒、岩屑上，而这种吸附限制了这些有机污染物对各种修复处理方法的可用性和可及性。包括Ivey公司的多种实践证明，固体颗粒对污染有机物的吸附是导致多种处理方法修复率低、成本高和失败的首要原因。Geoyge A. Ivey在2008年指出，如果能解决污染有机物的吸附问题，就能提高原位或异位生物和化学方法的修复效率。通过表面活性剂将污染有机物从颗粒上解吸附是提高多种污染物处理效率的关键之一。表面活性剂由于具有较强的亲水及亲油效果，并且具有极强的吸附性，可以将污染有机物从固体颗粒上解吸附，增加有机物在水中的溶解性，从而提高各种处理方法的处理效率。

甘肃省庆阳市属黄河中游内陆地区，位于甘肃省东部，地处祖国大西北，是陕甘宁三省的交汇处，已经成为当地油田公司主力产油区之一。我们项目组选取甘肃庆阳某厂某作业区某井现场为处理场地，以采自当地含油量为5% ~10%的含油污泥进行室内源污染降解实验的相关研究，进而在该井场现场选取含油量在10% ~25%的不同含油污泥进行系列生物强化修复现场处理，为以后通过生物强化策略处理不同含油污泥提供技术支持，并为处理漏油等突发事件提供技术支撑。基于我们实验室长期的研究，在中国石油长庆公司油气研究院的支持下，我们利用表面活性剂、氧化剂、生物修复等多种综合手段，建立了半封闭的生物修复方法和策略，成功地在野外自然条件下对不同含油量的污泥或污染土壤进行了修复。这些结果对建立不同浓度的含油污泥或落地油泥以及污染土壤的修复处理策略有重要的示范意义。

8.2 含油污泥理化、生化分析和现场理化评估系统的建立

含油污泥的生物强化法以及氧化法处理是否成功，要受到诸多土壤地质化学多样性(geochemical variability)以及其理化条件等非生物因素的影响。分析含油污泥的理化和生化性质，对建立有效的生物综合法处理策略和现场修复技术体系非常重要。

影响石油污染土壤及地下水微生物修复的主要因素涉及有机污染物特性、微生物和土壤及地下水环境，因此可将影响生物修复的因素分为三个方面，即石油的理化特性、微生物及其活性和土壤地下水环境，在研究和选择生物修复技术和氧化法策略时应加以考虑。

具体分析石油污染土壤和含油污泥的理化、生化性质，涉及的参数包括BOD(生物化

学需氧量或生化需氧量）、COD（化学需氧量或化学耗氧量）、总有机物含量、溶氧量、污泥土质类型、pH、湿度或水分含量、总微生物量以及含油率等，但是在现场处理时不可能对这些参数全部进行分析。综合分析国外有关现场修复的实践经验和我们的相关研究，确定以自由产物（Free Product）、pH、土壤孔隙度（Soil Porosity）重金属离子含量（Heavy metals）、土壤营养（Nutrients）和污染物含量（如含油率）等为指标进行定量分析。

在特定修复现场，如稠环芳香烃含量或重金属离子含量可能偏高的场地，对一些项目的测试也是要考虑的。综合分析有关影响生物降解的因素及国际上有关技术公司使用生物处理的实践，并结合我们实施现场修复的经验和教训，特提出如表8－1所示的可生化体系检测标准。此部分的内容旨在提供一些为了建立现场修复策略应关注的评估信息，而且，从我们现场实施的成功经验分析，尽可能多地获得现场含油污泥土壤以及当地天气变化规律对建立有效的生物处理策略尤为重要。但是，也应该指出的是，现场修复含油污泥时的自然条件千变万化，如何抓住主要因素或参数建立有效修复策略还需要很多实践。有时过多的参数检测费时费力，同时更不可能为现场修复的实施提供有效的参考。如表8－1所示，通过收集或通过现场检测各种参数获得现场情况的评估报告，可以方便地在现场实施时综合考虑各种影响生物降解或氧化处理的因素，确定相关操作单元参数以及确定具体修复的策略，这些对最终是否成功修复含油污泥有重要的参考意义。以下对这些参数做具体解析，以期为建立现场修复策略提供基础参数。

表8－1　生物强化修复含油污泥理化评估体系可生化性分析

场地信息					
油井编号		油泥产生时间			
地址		电话		联系人	
自由产物	含量高　低　中度　（画钩即可）			描述人	
污染来源		污染物种类	原油　油田高聚物　两者混合　（画钩）		
油泥分布	分布面积/m^2	深度/cm	估计估算/m^3	吨数估计	
土壤类型　黏质土　壤土　砂质土　其他　（画钩）					
含油污泥 pH		测定方法	pH 计　pH 试纸　（画钩）		
土壤孔隙度　描述	很疏松　疏松　较疏松　板结　（画钩）				
重金属离子含量（Mn Fe Zn Ni Cu Al）		判断其含量是否高于生物强化菌剂耐受最高浓度			
油泥地球化学特征分析	矿物油/%　总磷/（mg/kg）　总氮/（g/kg）　总钾/（mg/kg）　总有机质/%　干物质/%　（尽量获得此类信息或委托检测）				
土壤营养	有机质/%　溶解氮/（g/kg）　有效磷/（mg/kg）　速效钾/（mg/kg）				
含油量测定/（mg/kg）		测定方法	回收率/%	重量法红外法	
含水量/%					
评述		时间			
		签字 时间			

自由产物：指一般存在于土壤中的有机质类等可以和加入的化学和生物处理剂发生反应的一类物质。根据国际通行做法和美国 EPA 的相关信息，使用缓释性处理剂或其他化学氧化剂处理含有此类物质的效果不佳。据实验研究可知，如果此类物质大量存在，对成功地开展生物修复或氧化处理都有不利影响，因此需要在生物强化菌剂添加或预处理时考虑增加添加剂的添加量。但是，目前国内外尚无可靠的检测指标或手段，需要在现场修复实践中不断积累感性判断的经验。一般而言，污染环境的营养或有机质含量(不包括石油类物质等污染)越高，其自由产物含量越高，对微生物菌剂生长越有利，但对生物酶法和化学氧化处理却不利。

污染来源和污染物种类：对含油污泥的来源及其他污染油类物质的相关信息要尽量获得，以方便技术人员对其评估。由于在现场处理过程中，造成土壤污染油类或者其他油田有机物污染都可能形成类似于原油污染的性状，搞清楚现场的污染来源和污染物种类，对于制定有效的修复策略意义重大，并为后续的修复成功提供有力保证。尤其对那些非石油有机物污染土壤和类似含油污泥物理形态的有机物污染要重点对待，因为石油工业中常会发生非石油有机物污染所引起的土壤污染。

含油污泥分布和地表深度：包括含油污泥地理表面分布和地表深度及其污染体积。这种信息可以用于计算含油污泥的体积和质量，并进而用于计算生物强化菌剂或处理剂的投放量。

土壤类型：获得含油污泥产生的土壤类型信息是非常重要的。要对含油污泥形成的土壤的类型包括沙质、黏土、黄土等进行分析确定。或者对含油污泥中的含沙量、黏土比例等尽可能地进行分析评估并记录，并报给技术员以评估确定生物强化菌剂使用量和建立有效的化学预处理方法。

pH 值：要进行现场处理，分析测试含油污泥或土壤的酸碱度或 pH 值是必需的。测试可以使用便携式 pH 计甚至 pH 试纸进行。一般而言，对于生物综合法处理技术，要求落地油泥的 pH 值一般在 6～8，如果没有在此范围内时，需要通过添加肥料等措施进行调节。经测试，沙土地一类污染土壤的 pH 值在 6.0～6.5，而经过各种化学氧化处理后，土壤 pH 值会有所变化，需要在加入微生物菌剂前进行调节处理。如何调节氧化处理后的土壤 pH 值，与氧化法和生物强化处理的耦合有关。

土壤孔隙度：测定的是土壤颗粒之间的孔隙度，是土壤含氧量估计或测定的一种指标，对于生物综合法处理含油污泥是非常必要的。如果条件允许，建议购买可以测定土壤含氧量的测定仪。目前，此种仪器购置价偏高，在现场使用较少。

重金属离子含量：土壤里重金属离子含量的高低对于化学氧化和生物处理的效果都有非常显著的影响。按照国际通行做法，需要对至少 10 种重金属离子对所使用生物菌剂的耐受性或毒性进行实验。但是，这种测试在现场实际操作条件下，难以实施。建议在实验室进行现场修复模拟或条件探索时，要对多种重金属离子含量进行分析，并对其对化学氧化和生物处理的影响进行定性和定量评估。

含油污泥土壤地化特征分析：建立合适的自由电子条件是生物强化策略修复含油污泥的关键因素之一。因此，在建立现场修复策略前，获得当地土壤或现场土壤的地化特征信息，是建立有效生物强化策略的关键之一。这些数据可以提供当地土壤的基本理化信息，帮助了解含油污泥产生土壤的理化背景值，为制定修复策略提供一定参考价值。

土壤营养：落地油泥或土壤的营养状况对生物强化以及预处理的处理效率有很大影响，目前尚无土壤营养对化学法处理效果影响的田间试验数据。有关土壤营养影响生物处理效果的数据很多，但由于各地土壤营养差异很大，目前尚无一般规律可以参考使用。但是从实践上说，测定土壤的氮磷营养是必要的，可以通过土壤营养仪进行简单测定。在现场试验中，可以通过土壤类型以及简易测试设备进行测试。有机质含量(除去石油有机物含量)也可以作为重要的营养指标之一。

污染程度测定：从实践处理而言，一般在地表下 5~10cm 的土壤层的五处地方取样，充分混合，取一定量进行总石油烃含量测定(TPH)。同时，国外实践表明，测定 COD 的大小也是非常必要的。但是对含油污泥的 COD 测试的步骤较为烦琐，现场测试无法进行。国外有方便的用于测定 COD 的工具箱可以选用。尽量获得含油污泥土壤背景值，对于建立有效修复策略很有指导意义。

对于现场可生化分析而言，我们经过综合分析和实际测试确定，以含油污泥含油量、有机质含量、土壤类型、含水量、pH 值、土壤营养水平作为主要关键分析参数，形成现场可生化分析技术体系。

综合而言，经过研究和实际考量，建立了现场可生化体系的检测体系。但是，这些参数检测体系还有待现场不断的实施检验。如含油量测定，如果采用传统或国标方法进行，那在现场或实施单位一般很难满足相关检测要求。土壤中总有机质含量的测定尤其包括石油类物质在现场测定实施困难重重，实际应用中还需要借助相关技术人员的经验和技术积累进行决定。因此，从这些检测体系提出的指标检测出发，尝试建立现场便捷式的检测设备体系是建立可行的现场可生化体系的关键。

8.3 土壤中重金属离子固定化技术和增氧技术研究

8.3.1 文献和理论分析

建立合适的氧化还原条件是建立有效的生物强化处理的关键因素。环境中的自由电子受到其他电子受体的影响，比如硝酸盐、锰/铁氧化物和硫酸盐的存在可能对生物强化有影响，进而影响生物强化处理的效果。一般而言，含油污泥的生物强化处理多在好氧或兼性厌氧条件下进行，这些离子的存在势必通过氧化还原电势的变化影响微生物厌氧或好氧呼吸的电子传递链。在污染环境中，重金属离子的存在直接影响微生物的活性甚至可能直接杀死微生物，导致最终生物强化处理的失败。当然，这些重金属离子的存在也会通过氧化还原电子环境影响生物修复过程，但这一影响很难在实践中评估和测定。在此，基于以前工作的基础，通过选择几种特征重金属离子为对象，研究通过添加化学试剂固定化这些离子，以减弱其对后续生物强化处理含油污泥的不利影响。同时，从微生物对金属离子的耐受性角度，研究可能减弱土壤中重金属离子对生物强化处理不利影响的方法和策略。

针对含油污泥可溶性氧浓度低，不适于微生物处理污染有机物的生物技术的处理瓶颈，以及含油污泥中可能存在重金属离子而抑制微生物处理污染有机物等问题，通过生物增氧和重金属离子固定化技术的现场操作单元试验，降低含油污泥中重金属离子的抑制作用，提高生物处理含油污泥的效率。研究高浓度可溶性重金属离子对真菌和细菌菌株生长的影响，确保微生物菌剂在金属离子存在时仍然能发挥作用。

8.3.2　过氧化钙对含油污泥中重金属离子的固定化

过氧化钙(CaO_2)作为一种氧化性的材料被越来越多地应用于环境修复中。该物质作为一种环境友好型物质，可用作修复受重金属离子污染的土壤。CaO_2用于稳定土壤中的重金属离子基于以下原理：①CaO_2在潮湿环境中与水反应生成 H_2O_2和 $Ca(OH)_2$。1g CaO_2产生 H_2O_2最大量为0.47g。土壤中的低价重金属离子被 CaO_2生成的 H_2O_2氧化，生成高价形式而被固定或被减毒，而且被氧化的高价重金属离子可以进一步和 $Ca(OH)_2$生成金属离子配合物。例如毒性金属离子砷和 CaO_2发生两次反应后，可以形成 $Ca_5(AsO_4)_3(OH)$和 $Ca_4(OH)_2(AsO_4)_2 \cdot 4H_2O$ 这类不溶性的固定金属配合物，从而减小了砷离子的迁移性，以及其在生物链中富集的可能性，也就减小了其对人类健康的危害。尤其重要的，CaO_2可以和多种重金属离子反应，还可以作为释放氧气和氧化有机物的氧化物，有助于含油污泥的生物和化学修复处理，从而提高最终的修复效率。

经过文献分析和本研究室前期预实验，过氧化钙对土壤中的重金属离子有一定的固定化作用，通过加入过氧化钙可以固定化重金属离子从而可能减少其对环境和生态的危害。研究表明：随着土壤中过氧化钙浓度的增加，可溶性重金属离子(以 Cu^{2+} 为例)的浓度随之下降，在其含量为2%时，铜离子被固定化的效果最好，超过此浓度值时，铜离子的去除率变化不大。因此，确定选择在含油污泥中添加过氧化钙的量为2%。研究还显示，加入过氧化钙对落地油泥的酸碱度有影响，随着其浓度的增加，土壤 pH 值随之增大，最终可以达到14。考虑其加入所产生的土壤碱性化以及此碱性对后续生物处理的影响，确定其加入比例应该低于2%，在1%左右为佳。

使用时，除了选择质量较好的过氧化钙，现场使用时一定要和含油污泥搅拌均匀，避免形成局部高碱性环境，影响后续微生物菌剂的生长和作用。当加入过氧化钙入后，不要立即补充水分，可以将土壤静置2～3天后再进行下一步的操作。另外，从现场操作来分析，含油污泥不能过湿或过干。当含油污泥或土壤过湿时，所加入过氧化钙不能和含油污泥充分混合，这样可能会在处理含油污泥中形成大量的局部高碱性区域，影响其固定化重金属离子的效能，并可能对后续的生物处理造成不利影响；当含油污泥过干时，虽然其容易和过氧化钙混合，但由于缺乏水分，对其充分反应发挥效能有不利影响。总之，通过实验，我们确定过氧化钙是相对安全和有效的去除或降低重金属离子影响的过氧化物，并确定了最佳的添加浓度为1%。同时将其对土壤pH值的影响进行了研究，发现土壤pH值也可能达到14。不过，由于各地土壤条件差异，尤其是土壤中所含重金属离子和有机质浓度高低不一，具体的处理条件还需要在现场验证，确保现场处理效果。尤其对每一批处理含油污泥做室内实验，确定最佳加入浓度是非常必需的。

8.3.3 增氧剂(释氧剂)对真菌固体发酵的影响

从含油污泥现场处理分析，浆板地、黏性土壤、洪涝地和砂土质与一般土壤的透气率相差很大，而且不同含油量的含油污泥之间的透气性和板结性也有很大差异。在对含油污泥进行生物处理时，如果污泥或土壤透气性不足，微生物菌剂与土壤间隙空气中氧气的接触不足，降解微生物菌的生长和繁殖就会受到影响，进而影响其降解有机物污染的酶活性和降解能力的发挥。如果含油污泥中含氧量不足，导致处理过程中初期微生物生长不足、数目少，从而不足以启动微生物菌的降解过程；或者后期厌氧降解过程发生不足，导致对大分子有机物污染不能降解，从而导致最终降解率的降低。在含油污泥中加入增氧剂，可以增加含油污泥中氧的扩散率，使含油污泥变得较为疏松、通气，有利于养分的分解与转化。据现场分析，含油污泥中氧的扩散率一般随含油污泥的深度和含油率的增高而降低，深度越深，其降低越快，而含油量越高，其含氧率越低。另外，含油污泥渗水率普遍较低，并随着含油量的增大，其渗水率就越发降低，同时容易板结。

根据国外文献调研和实验室初选，确定选择过氧化钙和过碳酸钠复合盐(1:4，真空干燥混合，干燥造粒)作为微生物现场处理的增氧剂或释氧剂。按照一定比例分别将过氧化钙和过碳酸钠复合盐加入到预先灭菌后的固体培养基中，然后按照1%的比例接入菌种。培养结束后，分别取样测定各处理组的细菌和真菌总数。分析结果显示，在所加浓度没有超过0.2%时，随着其浓度增加，固体菌剂中的细菌和真菌含量随之增加；而当超过此浓度后，随着其浓度增大，真菌数目随之而下降，在其含量为0.2%时，细菌数目随着时间的增长比其他浓度组的趋势更为明显。这些结果说明，当增氧剂添加浓度达到0.2%时，对细菌和真菌增殖的影响最佳。

据使用现场含油污泥的实验表明：加入过氧化钙复合盐，可以适当提高氧分，并在一定程度上提高含油污泥的渗水性。综合实验室的多种结果，确定在现场处理时，预加入复合盐的比例为0.1%~0.2%。

通过以上实验结果，确定在处理过程加入过氧化钙和过碳化钠复合盐作为增氧剂，确定在培养细菌和真菌时的最佳浓度范围为0.1%~0.2%。实验室模拟现场试验表明，现场处理过程中复合盐增氧剂添加的比例为0.1%。但需要指出的是，由于现场具体处理背景的差异，尤其是含油污泥土壤基本条件的不同，具体浓度还需要在现场再做确认和验证，以保证处理效果。

8.3.4 重金属离子对真菌生长的影响(耐受性研究)

由于多种原因，含油污泥或油田生产现场会污染重金属离子，这些重金属离子包括汞、镉、铅、铜、铬、砷、镍、铁、锰、锌等。这些离子在含油污泥中对土壤的污染基本上是一个不可逆转的过程，被某些重金属离子污染的土壤甚至可能要100～200年时间才能够自然恢复。含油污泥一旦发生金属离子和有机物的共同污染就形成了复合污染，对这类污染的治理就越加困难。因此，对含油污泥的生物综合处理，既要考虑以其主要指标石油成分作为降解对象，同时也要考虑含油污泥中重金属离子污染对生物处理过程的不利影响。克服或减弱重金属离子对生物处理过程的不利影响，可能的途径或办法有两个：首先，考虑固定化或去除重金属离子污染，只有使用固定化的方法以减弱其对含油土壤的污染程度及对生物处理含油污泥的不利影响；其次，从微生物菌剂角度考虑减弱其对微生物生长和处理能力的影响。一般而言，从经济和理论层面考虑，筛选对重金属离子有抗性的微生物菌株作为处理剂生产菌，这样就可以简化生物处理的过程。微生物菌在含油污泥处理过程中的生理过程可能会产生诸多生理性的碱性或酸性盐，从而可能减弱或对一些金属离子起到固定或解毒的作用。据分析，在处理前加入一定比例的有机肥如鸡粪、牛羊粪或商品化的有机物，都可能会对减弱重金属离子对污泥中微生物或其他生物体的毒性有一定的促进作用。

我们实验室前期实验表明：环境体系中的不同重金属离子对微生物菌去除稠环芳香烃有不同的影响。如Cu^{2+}可以促进真菌对蒽的吸附过程，但真菌对蒽的降解有一定的抑制作用；Mn^{2+}对真菌吸附蒽的过程有抑制效应，也降低了真菌对蒽的降解。为了建立有效的生物强化策略，我们选择不同浓度的重金属离子为对象，研究真菌对常见的几种重金属离子的耐受程度，以考察该真菌是否可以耐受一定浓度的重金属离子，并研究该菌可以耐受不同重金属离子的适宜浓度。

根据我们前期有关废弃钻井液中重金属离子污染的测定结果和国内外有关文献的调查以及本实验室对重金属离子的真菌吸附的相关研究，我们以真菌枝顶孢霉菌(*Acremonium* sp.)为微生物菌剂处理模型，研究分析了几种重金属离子在高浓度下对该真菌生长的影响。

前期研究已经证明，该真菌对这些重金属离子有较高的耐受性，尤其是在培养体系中，经历过一段时间适应后，该真菌对常见污染金属离子的耐受指数可达到0.8以上，生长几乎和对照组没有区别。实验结果还表明，该真菌对常见的几种重金属离子有较好的耐受性，同时该菌也被证明对稠环芳香烃和石油烃都有很好的降解特性，该菌对含5%原油的土壤或含油污泥有高达74%的降解率(液体摇瓶水平)。

综合相关实验结果，说明该真菌可以耐受一定浓度的不同的常见重金属离子，对石油成分中稠环芳香烃也有很好的降解率，对原油也有高的降解率。因此，确定所用目标菌株可以耐受高浓度的重金属离子，可以完全在相关土壤中的生物修复中使用。

总之，重金属离子常常和石油成分的污染共同存在于土壤之中，这给有效生物降解原油成分带来了严峻的挑战。经研究证明，真菌枝顶孢霉菌对常见污染环境中可检测到的重金属离子有很好的耐受性。但是，如果这些离子的含量超过其所承受的范围，采取措施去除或降低其对生物降解的影响，是非常必要的。

8.4　生物解吸附、生物活化操作单元参数优化

8.4.1　理论分析

影响生物强化策略修复含油污泥的主要限制因素之一是有机污染物的生物可利用性。研究发现：含油污泥中污染物的疏水性、土壤颗粒的吸附以及屏蔽排斥作用都会影响污染物的生物可利用性。如果低水溶性的物质形成独立的非水相溶液，微生物就不能被直接利用，而且这种非水相溶液一般被认为容易产生生物毒害。含油污泥中的疏水性污染物还容易被土壤颗粒吸附。目前研究和实践表明，被吸附的污染物通常难以被微生物利用，因此，从动力学角度来分析，当石油污染物解吸所需的时间超过降解所需的时间时，解吸速率便成为整个降解过程的限速步骤。一般认为，土壤被污染的时间越长，越难以被修复，这是因为随着污染时间的延长，污染物逐渐被分散到一些极小的土壤颗粒的微孔中，而这些微孔的内空隙直径常常比一般土壤微生物的长度要小，因此细菌微生物就不能进入此微孔接触到这些污染物，因而降低了污染物的生物可利用性，这就是通常所谓的微孔排斥作用。就含油污泥而言，影响有机物污染生物可利用性的因素可能还包括污染物的分布特性、初始浓度、土壤颗粒分布状况以及有机质含量等。由于表面活性剂能够改善疏水性有机污染物的溶解性，从而可以增加污染物的生物可利用性，因此在土壤和地下水污染的生物修复中得到广泛的应用。但是，在应用过程中，由于表面活性剂本身的特性和污染环境的复杂性，要考虑表面活性剂可能产生的对土著微生物活性的毒害作用。为了在缩短生物修复周期的同时达到高效、彻底地对污染土壤及地下水进行修复的目的，需要对表面活性剂的增效机制、表面活性剂吸附性及毒性，是否与微生物菌剂的复配或对微生物生长有无明显抑制作用等方面进行分析研究，以确保在田间水平使用表面活性剂提高生物强化修复含油污泥的降解效率。表面活性剂能够促进土壤颗粒中许多难溶性石油烃污染物的解吸和溶解，提高这些污染物的生物可利用性，较大幅度地提高微生物对其的降解效果。研究证明，许多人工合成的化学表面活性剂(阴离子表面活性剂、阳离子表面活性剂、两性表面活性剂、非离子表面活性剂及其他特殊表面活性剂)的单独使用或两种及两种以上联合使用，能够对土壤中的污染物有很好的去除效果。也有在实验室水平证明有效但到田间试验却证明毫无效果的报道。有些人工合成的化学表面活性剂不易被土壤中微生物降解，使用量过多也可能会造成二次污染。近几年来，利用微生物产生表面活性剂是环境污染修复领

域一项新的课题。生物表面活性剂拥有许多化学表面活性剂不具有的新特性和优点，但由于微生物合成产率低，导致其价格昂贵，在大量污染修复过程中可能难以推广使用。

综合文献分析可知，表面活性剂解吸含油污泥中的石油烃类物质的机理可能包括两个过程：当溶液中表面活性剂浓度低于临界胶束浓度时，表面活性剂单体的存在增加了含油污泥土壤胶体颗粒与石油烃类疏水基之间的接触角，促进了污染物分子与土壤颗粒的分离，此过程被称为卷曲机制；另一过程称为增溶机制，当溶液中表面活性剂浓度大于临界胶束浓度时，从含油污泥土壤颗粒表面分离下来的污染物大分子被表面活性剂胶束吸附于其疏水核中，使污染物分子在水中溶解度增加。表面活性剂通过这两个机制的共同作用，可以将含油污泥土壤中难溶的石油烃分子从土壤颗粒表面分离并从土壤颗粒上解吸出来。对所确定的石油污染土壤体系，表面活性剂的临界胶束浓度越低，卷曲作用越明显，则此表面活性剂越有效并具经济性。土壤对化学表面活性剂的吸附作用比对生物表面活性剂强，因此生物表面活性剂能够有效转移土壤中的石油，并且生物表面活性剂在原位石油污染土壤修复过程中易于土著微生物的生物降解。受石油污染的含油污泥及其他污染体系(如地下水)都是一个复杂的系统，在添加表面活性剂促进生物修复的过程中，表面活性剂的类型及其浓度是影响修复效率的主要因素。使用不同类型的表面活性剂，由于其特性不同，一般会得到不同的修复结果，如果使用达不到临界胶束浓度的表面活性剂，就可能没有增溶作用；若其浓度过大，则可能对微生物降解起到抑制甚至溶细胞作用。因此，在含油污泥或石油污染土壤的实际修复中，就应该使用类型合适及浓度适宜的表面活性剂。还要注意的是，对含油污泥污染环境及微生物降解条件的细致研究有助于将表面活性剂成功应用于特定污染环境的修复。最近有研究表明，单独添加鼠李糖脂修复污染，却没有得到阳性结果。但是由于生物表面活性剂如鼠李糖脂价格高，与国内化学表面活性剂相比，生物表面活性剂的价格要高于相应化学表面活性剂数倍。因此，添加表面活性剂用于生物修复或一般自然修复，尤其选用鼠李糖脂等生物表面活性剂的修复，多局限于室内修复甚至是摇瓶水平的实验，规模化或仅仅就田间试验而言，选用生物表面活性剂的研究和报道很少。对添加化学表面活性剂联合使用生物修复尤其是生物强化的策略报道不多。

国外公司的修复实践证实，生物处理有效性的关键在于营造一个理化参数平衡的适宜环境以将目的污染物彻底矿化和消耗。在现场实践发现，含油污泥污染环境中疏水性有机物污染物的生物有效性和生物可接触性都很低，导致微生物或其他生物菌剂不能有效地将其降解；而且还发现，高达95% ~99%的污染物被“固化”或“吸附”在土壤颗粒上。污染物大量被吸附在土壤颗粒上，就严重影响生物修复剂中微生物或酶类物质与其接近。具体而言就是，微生物细胞膜不能和污染物有机物质充分接触，从而也就影响了其被细胞或酶的降解，因为微生物细胞或酶只能接触和降解水相中的有机物。大量的文献研究分析表明，石油密度小、黏度高、乳化能力低，常常吸附在土壤粒子的表面，从而影响土壤的渗透性和孔隙率，也造成微生物修复效率低下。国外有些公司认为，这类污染其中有高达99%的石油污染物吸附在土壤颗粒上，从而成为生物修复的主要障碍。尤其是一些难降解有机物包括稠环芳香烃、多氯联苯(PCBs)和邻苯二甲酸盐等对土壤的吸附力比较强，从而导致其生物可利用性大大降低。另外，国外修复实践也采用化学氧化剂氧化降解污染有机物，而氧化剂和有机物的接触也是其被氧化而降解的必要前提。如果化学污染物不能和氧化剂接触，就不能被降解。而且应该注意到，化学氧化剂和有机物的反应一般需要在水介质中进行，而有机物常常被吸附在固体颗粒上形成疏水相从而也降低了其进一步被反应的可能性。因此，分析文献和相关修复实践，把污染有机物从土壤颗粒上解吸下来对于生物修复和相关化学药剂的处理都是必需的。

基于以上文献分析和本实验室的实验积累，结合长庆公司油气研究院环保室的部分预实验结果，我们选用从市场上可以购买的国内外的数种商品表面活性剂进行了类型筛选和最佳浓度以及生物适应性研究，为建立综合利用表面活性剂和生物强化修复策略处理含油污泥提供技术基础。

8.4.2　生物解吸附和活化单元的建立与优化

8.4.2.1　商品表面活性剂或解吸附剂的初步筛选

在分别装有商品为美国某公司Ⅰ号、美国某公司Ⅱ号、美国某公司Ⅲ号、重油清洗剂(KD－L315)、沥青清洗剂(济南产)、表面活性剂Ⅰ的定容试管中，分别加入含油污泥5g，以15%比例加入各表面活性剂至指定刻度，完全盖住含油污泥土壤，静置半小时后观察上层表面活性剂中的油样及表面活性剂颜色的变化。以油样颜色的深度和浊度大小初步确定表面活性剂的优劣。结果显示，重油清洗剂KD－L315对石油的解吸效果最好，其上清液颜色呈现深褐色，浊度相比其他而言也要大。而据称有修复效果的美国某公司Ⅱ号和美国某公司Ⅲ号表面活性剂的上清液中的颜色和正常的原油颜色有区别，不能确定是否具有修复降解作用，但解吸作用明显较差，其中美国某公司Ⅱ号表面活性剂上清液呈现微黄褐色，美国某公司Ⅲ号表面活性剂的洗脱液呈现绿色。而产于西安的表面活性剂Ⅰ洗脱液中的颜色很浅，说明对含油污泥中石油类物质的解吸附能力比较差。

为了进一步对各表面活性剂的解吸附能力进行评估，将上述处理样放置3天后，离心获得表面活性剂处理后的下层含油污泥样品，在40℃下慢慢烘干或在通风橱中自然晾干，从干土样的颜色观察分析各表面活性剂解吸附的效果。不同表面活性剂处理后土样的颜色和对照组相比，有程度不同的差异，其中比较有趣的是，美国某公司表面活性剂(美国某公司Ⅰ号)处理的样品，颜色很浅，几乎呈现白色，和对照组的颜色相比有很大区别。其他几种表面活性剂处理均对含油污泥样品中原油有一定的解吸附效果。经过实验确定，重油清洗剂可用于落地油泥的解吸附。从所筛选的表面活性剂中，经过表面活性剂处理落地油泥后，离心发现在离心管壁上有不同的石油残余，说明不同的表面活性剂对落地油泥中的石油有不同的洗涤或解吸附作用，而其中重油清洗剂有比较好的效果。同时发现，离心管中的油泥表面有大量的石油残留，但是这些残留的石油不能通过离心方式分离。为了避免在筛选过程中的判断失误，用一定量的石油醚溶液洗涤离心管中落地油泥的表面，观察洗涤液中的石油的残留。美国某公司Ⅱ号和美国某公司Ⅲ号解吸附的效果相对很差，重油清洗剂参与的处理的洗脱效果较好，而其中重油清洗剂单独作用时效果最佳，这个结果和上述离心洗涤后的观感效果一致。

为了提高表面活性剂解吸附的效能，将不同表面活性剂进行组合，按每管含油污泥中加入5mL表面活性剂的比例添加，分析不同表面活性剂和重油清洗剂之间解吸附的效果差异。考虑不同表面活性剂解吸附后游离于土壤颗粒之间的污染烃类，在解吸附处理后的油泥中加入适量水以将其中的石油悬浮，离心后观察管壁上残油量的大小，并小心刮下用等体积石油醚溶解，观察解吸附后解析液中残油的颜色深浅。研究结果发现，不同表面活性剂解吸附后经离心后留在管壁上的残油量有差异，其中：重油清洗剂解吸附后管壁上的残油量最多，说明该表面活性剂解吸附后土壤颗粒之间的残油量大；KD－L315＋美国某公司Ⅲ号组合的残油量次之；美国某公司Ⅱ号和Ⅲ号单独解吸附效率很低，管壁上的残油量最少；而重油清洗剂＋美国某公司Ⅲ号组合的解吸附效果也较好，但比重油清洗剂的解吸附效果要差。另外，将管壁上的残油用定量石油醚洗涤后同样发现，重油清洗剂解吸附的效果最佳，其他效果都要比此差很多。最后，计算不同表面活性剂解吸附效果的能力差异，以去油率评估不同表面活性剂解吸附的效果，结果如表8－2所示。结果显示，重油清洗剂解吸附或者去油率高达63.5%，其他表面活性剂或组合均低于该表面活性剂。综合以上不同表面活性剂以及不同表面活性剂组合对含油污泥解吸附的效果评估，重油清洗剂对含油污泥中的石油类烃的解吸附效果最好。因此，后续实验就以该表面活性剂为主进行浓度优化以及其他相关研究。

表8－2　不同表面活性剂解吸附效能的评估

表面活性剂	美国某公司Ⅲ号	美国某公司Ⅱ号	KD－L315＋美国某公司Ⅱ号	KD－L315＋美国某公司Ⅲ号	重油清洗剂
去油率/%	35.15	43.61	56.30	50.00	64.19

进一步通过测定排油圈直径(cm)、乳化层高度(cm)的值对美国某公司Ⅱ号、美国某公司Ⅲ号和重油清洗剂的表面活性性能进行研究分析(见表8－3)。结果显示，重油清洗剂的排油圈直径达到9cm，而美国某公司Ⅱ号、美国某公司Ⅲ号分别才达到3.3cm和3.5cm，说明重油清洗剂的表面张力强，而其余两种相对较差，而三种表面活性剂的乳化层高度相对差不多，说明这三种表面活性剂的乳化能力相差不大。

表8－3　部分表面活性剂的排油圈大小及乳化性能的测定

	排油圈直径/cm	乳化层高度/cm	点样量/μL
美国某公司Ⅱ号	3.3	1.6	10
美国某公司Ⅲ号	3.5	1.1	10
KD－L315	9	1.5	10

综合计算多次实验所用表面活性剂的解吸附效果，结果如表8－2所示。从表8－2中

可以看出，重油清洗剂的解吸附效果最佳，去油率达到64.19%，而美国某公司Ⅱ号的解吸附效果最差，复合表面活性剂(KD－L315＋美国某公司Ⅱ号)和(KD－L315＋美国某公司Ⅲ号)两种的解吸附效果相对较好，美国某公司Ⅱ号的解吸附效果相对差一些。

8.4.2.2　表面活性剂浓度优化

石油作为一类难降解的有机污染物，低水溶性和强吸附性是影响其生物降解有效性的重要因素之一。污染土壤或含油污泥中石油有机物的疏水性使微生物细胞难以接近该类物质，从而造成细胞酶和污染有机物在空间上的相互阻隔。这可能是因为生物降解酶往往镶嵌于细胞质膜或存在于细胞内，烃类底物必须通过细胞外层亲水细胞壁层才能进入细胞内后，才可能被细胞烃类降解酶代谢降解。即使该类降解酶被细胞分泌到胞外，污染物的强疏水性也使其和该类酶的接触很不容易。

多个研究证明，表面活性剂的使用有利于改善土壤颗粒和微生物细胞的接触，进而增加微生物细胞对石油类污染物的可利用性和降解作用。另外，土壤颗粒可能吸附表面活性剂而显著改变土壤的物理、化学和生物性质，如增加和提高土壤颗粒的可湿性和蓄水性能，改变土壤颗粒的电位，而且当其吸附于土壤后，可能会减少或占用有机污染物在土壤颗粒上的吸附点位，其他颗粒上的有机污染物的亲水端可能吸附于土壤颗粒上亲水端的表面活性剂上而溶解于水中。加入土壤中的表面活性剂会明显降低土壤颗粒与被吸附的石油大分子间的界面张力，增大颗粒之间油水界面的面积，促使石油有机污染物溶解于土壤颗粒之间的水相中，并可能通过乳化作用乳化土壤颗粒吸附的有机污染物大液滴，将其分散成小微粒使其在水相中的溶解度增大，增加其与菌体细胞之间的接触面积，从而促进疏水性有机物的摄取和吸收。当加入的表面活性剂浓度超过其临界胶束浓度时，其胶团数量的增加可能将有机物分子溶在胶团分子中，从而与微生物细胞接触并被吸收和降解。

综合文献分析：石油污染有机物中的饱和脂肪烃、环烷烃等不易极化的非极性有机化合物可能被溶解于表面活性剂胶束内核中，进而在水溶液中有效扩散和微生物细胞接触并被同化分解(参考了国外有关公司使用表面活性剂促进生物或氧化降解的研究报告和文献)。有优选鼠李糖脂表面活性剂对微生物降解石油的报道，但多以液体培养降解实验为基础，这些对建立以含油污泥为体系的表面活性剂添加修复策略没有直接指导意义。一般就添加表面活性剂修复污染而言，首先要确定类型，然后再确定最佳的加入浓度。

基于以上文献分析，在此以重油清洗剂为对象，通过一系列实验选择可用于田间试验的重油清洗剂的添加浓度。如表8－4所示，在含油污泥含水率为20%时，随着表面活性剂重油清洗剂浓度的增加，土壤中石油烃含量明显减少，最高去油率高达45.0%。而且还发现，当土壤总水量中的表面活性剂浓度从0增加到15%时，其去油率随表面活性剂浓度的增大而增大，但超过此值后，去油率却随之而有所降低。可能的原因是：此浓度高于该表面活性剂的临界胶束浓度值，因而其浓度的进一步增加却未能导致游离残油的减少，即添加表面活性剂对含油污泥中游离石油类的增溶作用在高浓度时效果没有那么明显。从理论上分析，该表面活性剂的添加浓度高于临界值时，其所产生的增溶作用不是很明显，因此，从此方面来分析，该表面活性剂适宜于低浓度添加，高浓度施加对污染有机物的增溶效果欠佳。

表 8－4　表面活性剂浓度在不同水分含量下对油泥解吸附的影响

水分/%	表面活性剂浓度/%	含油量/%	去油率
15	0	5.17	0.31
	5	4.48	0.40
	10	4.39	0.55
	15	4.65	0.38
20%	0	4.86	0.35
	5	4.35	0.42
	10	4.16	0.45
	15	4.47	0.40

另外，从生物强化后续的处理分析来看，含油污泥水分含量的高低对整个修复效率有很大影响，因此，表面活性剂最佳添加浓度的确定还要考虑后续生物处理对水分的要求。只有添加满足表面活性剂解吸附生物强化需要的表面活性剂，才在现场处理中有指导意义。基于此分析，我们又在含油污泥含水量不同的情况下进行了表面活性剂添加实验，并尝试增加表面活性剂浓度，探究其是否具有提高去油率的效果，结果如表 8－4 所示。结果显示，随着该表面活性剂浓度增大（>10%），含油污泥的去油率并没有显著增加。实验还发现，在含油污泥含水量在 15% 时，表面活性剂添加量为 10% 时，该表面活性剂对含油污泥中油类物质的解吸附效果最佳。综合以上实验结果，确定该表面活性剂的添加浓度为 10%，同时要按照生物强化需求调节其水分含量为 10% ~15% 为好。

8.4.2.3　影响因素分析

在此从去油率即增加含油污泥中游离烃类的分析出发，研究了用于现场处理的表面活性剂添加浓度和相关问题。从实验结果分析，添加高于临界胶束浓度的表面活性剂时，其对石油烃有效的增溶解吸作用没有增大，反而有所减少，这说明该表面活性剂在应急修复中不宜高浓度使用。实际修复中，在短时间内将含油污泥中的石油烃类物质解吸附并游离于含油污泥的水相中，是微生物有效降解石油污染物以及预处理的前提和关键条件。对于漏油或其他紧急情况下的处理含油污泥或相应污染体系，要选择那些增溶效果好的表面活性剂，但同时要考虑高浓度的表面活性剂对后续生物处理和预处理的不利影响，这需要大量综合性的实验，以保证在田间试验水平的修复效果。

对于最佳表面活性剂类型的选择，最好是能在低浓度下通过卷曲机制增加含油污泥土壤胶体颗粒与石油烃类疏水基之间的接触角，促进污染物分子与土壤颗粒的分离，以达到快速解吸含油污泥中的油类污染有机物，并在高浓度下（高于表面活性剂临界胶束浓度）也能通过增溶作用把污染有机物快速吸附于表面活性剂胶束的疏水核中，从而使污染物分子在水中溶解度增加。从实验结果来分析，作为表面活性剂的重油清洗剂在高浓度下的增溶作用不是很显著，还应该再筛选或定制一些复合表面活性剂作为和生物修复方法整合的表面活性剂类型。更要注意的是，由于表面活性剂作为外来添加物在添加初期会对微生物菌剂甚至对其作用的发挥有一定毒性或不利影响，微生物对其适应需要一定时间。因此，建议在现场处理时，在添加表面活性剂处理后，及时检测含油污泥的酸碱度变化以及游离石油类物质的量，并在添加生物强化菌剂处理前放置 1 ~2 天后以及在调节水分含量后再进行后续处理。

另外，石油烃类有机物的生物降解不仅取决于表面活性剂的性质、类型和用量，还与降解细菌的细胞性质和有效活菌数目密切相关，理想的表面活性剂表面特性并不总是对应着较高的生物降解速率和效率。通过此次实验分析，表面活性剂在微生物摄取烃类污染物的过程中，不能仅仅从对其分散烃类的能力进行分析，还应该从细胞、表面活性剂、污染物所处介质(吸附介质)等三个方面来综合分析。表面活性剂乳化或发挥卷曲机制的效能和增溶效果的作用范围往往以其临界胶束浓度为分界点。在较低浓度下，表面活性剂可显著降低界面张力，使石油烃类有机物以单体形式有效快速扩散于水相中；而当表面活性剂浓度大于临界胶束浓度时，污染物自由单体的浓度不再增加，而是形成胶束，亲水相溶液的表面张力几乎不再下降，而溶液中的胶束数和尺寸却随之增加，形成有机物 - 表面活性剂复合体。该有机物表面活性剂复合体与细胞结合，发生污染有机物的主动传递、胞饮或扩散作用，但当表面活性剂浓度增大到一定程度时，细胞表面结合的表面活性剂继续增加而导致细胞疏水性能降低，细胞与石油烃类的亲和性就可能变差，使得烃类无法被有效利用。

从表面活性剂本身性质来说，其对微生物的毒性往往与其浓度直接相关，低浓度的表面活性剂的毒性作用小，因而使用表而活性剂时尽可能在低浓度下使用。另外，表面活性剂具有对污染物增溶和解吸的作用，但其本身也会被土壤吸附，这可能成为其在污染场地修复过程中不得不加大使用量的重要原因之一。因此，在表面活性剂选用时，应权衡表面活性剂的类型和使用量，从而保证表面活性剂的施用效果。

8.4.2.4 表面活性剂对生物菌剂的影响

表面活性剂本身是典型的化合物分子，添加该类物质用于含油污泥的修复处理，必然对土著微生物以及所添加的微生物菌剂的生存和活性产生影响。有些表面活性剂由于其自身特性往往还具有抗菌活性，可通过溶解异源细胞膜的主要成分(如脂类)影响细胞的存活，有些化学表面活性剂除了通过两性分子的机理影响微生物生存外，也可通过改变体系 pH 值间接影响微生物的存活进而影响降解微生物的降解功能的发挥。对于从解吸附效果角度来分析确定的表面活性剂，仍然有必要进一步对其和生物强化菌剂之间的配伍性进行研究，确保所加表面活性剂不影响至少不杀死所加生物菌剂的微生物，这是保证后续生物处理的关键因素之一。

根据前期筛选，我们将用于解吸附的表面活性剂种类确定为重油清洗剂。为了与后续生物处理法处理的衔接，重油清洗剂与可能用于生物处理的各种生物菌剂的配伍实验必须进行。实验选用实验室已经准备的几种备选真菌和细菌(按照编号标注，选四种典型菌株进行实验)，考虑到具体实验中表面活性剂不可能全部和生物菌剂接触，实验中表面活性剂的添加浓度按5%的比例加入到培养体系中。培养体系分别采用牛肉膏蛋白胨和土豆培养基分别培养细菌和真菌，分别按照比例以液体涂布法接入各种菌剂微生物菌种，同时设置每种菌剂微生物菌所对应的不加表面活性剂的平板作为阴性对照，分别置于细菌和真菌培养箱中培养观察，并与各自对照做比较。结果显示，所选的重油清洗剂表面活性剂对目标降解真菌和细菌的生长不产生明显抑制作用。说明所选表面活性剂不抑制目标降解菌株的生长，可以和目标菌株共同使用。

8.5 实验室固体菌剂生产和菌群构建

8.5.1 实验室内固体菌剂的发酵生产

为了前期的室内实验，根据实验室原技术积累，按以下工艺制备微生物固体菌剂产品。

1)菌种和培养基

枝顶胞霉菌(*Acremonium* sp. P0997)、黄孢原毛平革菌(*Phanerochaete* sp. 99898)、枯草芽孢杆菌(*B. subtilis*)、短小芽孢杆菌(*Bacillus pumilus*)。真菌菌种以土豆培养基封闭保存，细菌以甘油保存管保存备用。

2)真菌试管培养基

PDA培养基(用于真菌菌种保藏和菌株扩大)：称取去皮新鲜土豆200g，切成小块，加水至1L，煮沸30min。用纱布过滤后加20g葡萄糖、20g琼脂粉，在电炉上加热至琼脂溶化，加水补足1L。分装至已灭菌过的试管中，置灭菌锅中115℃灭菌30min。倾斜静置，待凝固后进行杂菌检查后备用。

3)液体增菌培养基

去皮马铃薯200g，煮沸30min，纱布过滤，加入20g蔗糖，融化后补水至1000mL，自然pH值，加入1g原油，微量元素溶液5mL，100mL分装250mL三角瓶，121℃间歇灭菌。此培养基用于黄孢原毛平革菌扩菌和枝顶胞霉菌培养。

4)真菌固体扩大培养基

草炭：麸皮：玉米粉=3：6：1，$(NH_4)_2SO_4$ 1%，KH_2PO_4 0.2%，料水比=1：4.5。每500mL三角瓶含50g培养基，121℃灭菌60min，在每瓶中加入2g原油作为抑制剂和选择剂。

5)细菌摇瓶培养基

豆饼粉30g，淀粉8g，酵母粉5g，K_2HPO_4 0.3g，$FeSO_4 \cdot 7H_2O$ 0.002g，$ZnSO_4 \cdot 7H_2O$ 0.02g，$CaCO_3$ 1.0g，水1000mL，pH=7.0~7.5。

6)液体发酵罐培养基

大米粉30g，蔗糖15g，$MgSO_4 \cdot 7H_2O$ 0.03g，$FeSO_4 \cdot 7H_2O$ 0.002g，$ZnSO_4 \cdot 7H_2O$ 0.02g，$CaCO_3$ 1.0g，水1000mL，pH=7.0~7.5。

7)固体发酵基配方

玉米粉13.5%，麦麸21.0%，豆饼粉30%，葡萄糖或蔗糖2.5%，K_2HPO_4 0.7%，$MgSO_4$ 0.5%，$CaCO_3$ 2.0%，草炭30%。根据原料不同，调整其浸出液pH=6.5~7.0。

分别制备用于生物修复的细菌和真菌的液体种子液，按10%~40%转接于固体发酵培养基，发酵，每天观察取样，并进行活菌计数，发酵达到活菌数的对数期时，停止发酵。

真菌培养目的是获得大量孢子，芽孢菌培养目的是获得大量的芽孢和酶。固体培养过程中要注意控制水分和温度，确保大量形成芽孢体和酶，但要注意防止真菌污染。真菌和细菌要注意分开培养。按照农业部农用微生物菌剂检测标准进行检测，其含菌数均远超国家相关标准，可以用于进一步室内实验。

8.5.2 单菌剂土壤修复实验

国内外报道有关生物降解石油或烃类化合物的微生物菌种有很多，用于现场生产的也不少，其中不乏有降解率很高的菌种。但是，据调研，能够真正用于生产现场并成功实施产业化生产用于现场修复的微生物菌种并不多。在美国环境保护署2015年1月公布的国家应急计划产品目录生物修复产品中，微生物培养物(microbiological culture)也仅仅有27种。文献中有关此类菌的报道有很多，但仅局限于细菌类，有关真菌菌株的报道很少，而且上市的产品也基本上是细菌，使用菌群、真菌和细菌-真菌菌群的上市产品几乎没有。有关这些报道细菌和真菌的降解率结果不一，关键还是要看土壤或含油污泥的初始含油率。我们报道过采用高含油量(5%)进行的研究，其他报道所涉及的初始含油率一般都在2%以下。这种低的初始含油率在国外现场修复实践中也许有意义，但在国内的修复场地或现场，针对如此之低的初始含油率的含油污泥或土壤修复几乎没有实际意义。同时，针对这类菌的所谓高降解率也就没有实际的高效或低效的任何评估意义，因为初始含油率不同，对所谓降解菌的降解率评估比较就没有实际意义。另外，降解时间和菌株接种量的不同对降解菌降解率的高低也会产生关键性的影响，时间越长，接种量越大，菌的降解率一般也会越高。美国环境保护署应急中心提供了降解菌产品28天内的降解率数据，但是国内目前尚无用于现场修复的微生物菌种降解性能的相关规定。

用于现场修复的微生物菌种应该能与修复现场的生物环境相适应或能形成菌群优

势，这样降解菌或菌群才能在现场发挥相应的降解性能以达成相应的降解指标。法德国家环境技术中心的 Bouchez 等曾就生物强化策略修复失败(bioaugmentation failure)的生态学特征进行了研究，为规模化的生物强化策略修复污染提供了重要信息。该研究提示：通过生物强化方式接进污染土壤的微生物细胞可能会很快地在体系中会被当作牧草一样被吃掉，因此，单单在实验室水平简单评估一种降解菌株的降解性能，其实没有多大实际意义。

实验室对菌株是否具有潜在高效生物强化修复生产性能的研究评估，应该综合考虑对高污染物、生态影响和相对生长优势等方面的性能，才能说明问题。还要指出，一般在液体摇瓶水平评估的生物降解性能是不可靠的，尤其是那些针对初始低浓度污染物的所谓高效菌株更是没有任何实际的意义，即使对高浓度初始污染物的降解评估也只能作为参考。以现场污染样品(如含油污泥)为降解对象所做的降解率评估应该更有实际参考意义。因为基于现场修复场地的高降解率菌株可能体现了其具备高的生态优势、高降解率以及高的生长优势。另外，根据有关报道或来自国内油田公司使用国外修复菌剂的相关信息，非源于本地污染现场的所谓高效生物菌剂在本地使用时，都没有表现出其所谓的高效降解性能。国内有对外源或非土著微生物菌或菌群菌剂不适应“国情”的经历，究其原因，我们认为，当使用这些非土著菌或菌群用于国内相应污染现场时，由于这些微生物细胞未能在现场污染环境体系中形成生态优势，很快会被当“牧草”一样被吃掉，其生态优势就很快在现场生境中消失了。因此，很多专家不主张直接引进国外甚至外埠的所谓高效菌株产品，而应基于当地污染生境筛选有效微生物菌种形成自有产品使用。

我们从 2011 年开始从长庆油田集团所属多个井场废弃钻井液中筛选获得 200 多株细菌(主要是芽孢菌)和近 100 多株真菌菌株，在实验室采用摇瓶液体筛选并分离纯化保存。为了确保现场修复效果，我们选用修复现场含油污泥作为处理对象，在长庆油田油气研究院环保室实验平台进行了庆阳地区含油污泥单菌降解效果评估实验。

8.5.3 室内含油污泥修复处理实验

在长庆油气研究院微生物研究室的实验平台上进行了室内单菌修复处理效果的评估。取源于甘肃庆阳地区油田生产现场的含油污泥样品，按照每个样品重量 1kg 的量准备(含油量 5%)，人工搅拌均匀后放置于定制的塑料方框中。该方框下部悬空，在实验过程中在其夹层中加入水，尽量保持实验过程中的湿度基本恒定，并每周搅拌取样观察。按照 5% 固体菌剂的接种量(50g)接入菌剂，将其初始水分含量控制在 15% ~20%，维持室温 15 ~25℃。修复时间为期 30 天，定期取样观察，并对油泥指标进行了分析。

实验室所筛选的菌株在含油污泥中能定居、存活并发挥一定的降解性能。在修复了半月后，进行含油污泥表观观察：接入真菌菌剂的处理组，油泥表面布满了真菌的白色菌丝，说明接入的真菌已经成功定植，并繁衍生存；而接入细菌组的油泥表面也有真菌菌丝分布，说明该细菌接入并没有抑制油泥内真菌的生存。从表 8 -5 所示菌的降解率来分析：

两种真菌在一个月内对含油污泥中烃类化合物的降解率高达42%以上，几株细菌的降解率相对较低，芽孢菌等三种的降解率差异明显，选择芽孢菌4%1菌即*B. subtilis*为下一步实验用细菌菌株。由于编号3%3的菌株为假单胞菌，有报道其可能是条件致病菌，因此，本项目在后续实验中没有选用该菌作为生产菌株。

各种菌剂在石油污染土壤中的生长状况良好，真菌菌剂接入的污泥的湿度没有显著降低。另外由表8-5可以看出，各菌剂的修复效率都达到了30%以上，最高的达到了43.98%。随修复时间的延长，修复效率可能还会大幅度提高。

表8-5　单菌剂土壤修复实验结果评价

实验室保存号	YC-ZJ-1	4%1	5%1	5%2	3%3	F-ZJ	5%2
降解率/%	42.29	41.86	42.23	36.64	41.73	43.98	33.65

总之，在未做任何前期处理下，使用实验室多个菌株的单菌剂固体产品进行土壤修复实验，在一个月内获得了很好的修复结果，甚至比目前相关菌剂在液体条件下的降解率都高。这些结果说明所实验产品初步成功，其降解率有望在前期处理和组建菌群后得到进步提高。

8.5.4　室内菌群构建实验

8.5.4.1　理论基础

严格意义上的菌群是具有相同生理功能的同生群，但共同完成某一生化过程的多种微生物或菌群的组合也被称为菌群。也有研究者把区系、群落等同于菌群。应用上对菌群或群落的认识有两个方面：一种是认为任何一种生物处理过程的完成都需要有一个相应的微生物群落，这个群落受到被处理污染物和环境条件的调节与控制，并存在优势种和关键种，菌群中各组分组成有一定的结构与组成比例；另外一种是基于对优势种、关键种的认识，并把这些菌种按照一定原则组成菌群用于生物强化。据部分研究报道，菌群可以整合集成各单种微生物的降解特性和能力，从而形成一个完整的降解系统，不仅可以集成多种菌多种酶的降解活性，有效扩大降解底物范围，还能协同菌种之间的降解反应，减少可能存在的相互干扰，并利用不同物种间的互惠共生关系，消除降解过程中可能存在的代谢瓶颈，提高酶促活性，加快酶解反应。因此，选用菌群生物强化的优势在于，组成菌群的优势种在生理功能和遗传信息上具有互补性，可在总体上做到更高效，配置更合理、更稳定，功能更完善。我们在前期实验研究中，采用真菌介入细菌的石油土壤修复实验，有效提高了最终的石油降解率。同时，我们还研究了真菌协助细菌运动进而提高整体修复效率的理论基础。这些结果对菌群的构建和实际运用都有重要意义。

8.5.4.2　优势菌群的构建及其在生物强化中的应用

菌群生物强化研究和应用主要在2000年以后才发展起来。一般是从污染处理系统或污染地取样并以污染物或其组成成分为唯一碳源和能源，富集分离出多种优势或关键降解菌。环境中许多微生物都具有代谢石油烃的能力，但单个菌株在纯培养时只能代谢一定范围内不同种类的烃类。因此，从理论上推理，降解石油烃的复杂混合物就可能需要将具有各种酶活力的菌株进行混合培养作为生物强化菌产品。国内有以烃类物质中的不同组分为基质，从污染环境样品中富集分离出多种优势菌株，再把这些菌种培养成菌群用于处理含烃废水的报道，也有用于处理含烃固体废弃物的研究。许多研究者认为，菌群的构建就是把优势降解菌组合在一起，或再加入有特殊功能的菌（如表面活性剂产生菌），有些除了以菌群进行生物强化外，还投加了其他的营养元素以提高菌群的生物修复效率。但是，正如前文所述，国外有研究认为，投入新环境的微生物就像牧草一样会很快被环境中的“扑食者”吃掉，其数目很快在新的环境体系中下降，一般很难起到其降解的功能。国外认为生物强化策略修复污染现场失败的原因可能是，所接入微生物不能在污染生境中很好地存活。Bouchez 等人认为，对于所接入的生物强化菌剂产品中的微生物菌，如果不采取保护措施，那么其在污染环境中是否存活以及是否发挥其降解功能是非常怀疑的。因此，仅仅从室内实验评估一种生物强化菌剂是否有效，或仅从实验室无菌或灭过菌的无菌土壤或水系体系的良好表现就断定其一定在田间或现场就能很好地发挥其功能是值得怀疑的。国外已经有实践表明，往往仅仅通过室内液体降解实验或模拟土壤环境的实验，在田间试验或规模化实施时是有问题的。基于我们实验室的积累和长庆油田环保室多年修复实践的基础，我们将从甘肃庆阳地区石油生产现场取样的含油污泥作为实验室修复对象，以为下一步的现场试验提供基础。

实验以来自甘肃庆阳地区油田现场的含油污泥为处理对象（含油率5%），测定其 pH 值为6.5，含水量6%，预处理后其土壤酸碱度偏碱，选用$(NH_4)_2SO_4$、KH_2PO_4组合调节，保持 N∶P＝10∶1，调节土壤 pH 值至6.5～7.0。使用本实验室制备的各菌种固体菌剂进行接种，接种量2%。菌群组合实验组共9组。经过近60天修复后，以重量法检测降解率以评估各菌组合的降解效果。实验结果如表8－6所示，所示编号均为实验室保存的菌株号。

表8－6　复合菌剂土壤修复实验结果评价

菌群	F＋4%1	F＋5%1＋YC－1	5%1＋YC－1	4%1＋YC－1	5%1＋F	F＋YC－ZJ－1	5%2＋YC－1
降解率/%	53.05	49.41	50.58	43.92	57.32	69.04	48.87

在表8－6中，降解率超过50%的菌群包括5%1＋F、F＋YC－1和F＋4%1等组合，而且真菌F和细菌4%1菌群的降解率也都超过了50%。结果反映出含有真菌F的组合以及4%1的降解率普遍都高。结合实验室已有的实验结果，确定用于生产现场的菌株为F、YC－1和5%1，即枝顶孢霉菌（*Acremonium* sp. P0997，实验室保存 YC－1）、黄孢原毛平革菌（*Phanerochaete* sp. 99898，实验室保存 F）和枯草芽孢杆菌（*B. subtilis*，实验室保存5%1）为污染现场修复用的生产菌种。

8.6　微生物菌剂和生物强化技术集成工程化中试生产实验

8.6.1　理论基础分析

作为生物强化策略修复含油污泥的生产用菌株，不仅要在实验室水平有很高的降解率，重要的是有修复处理现场污染的评估结果。美国国家环境保护署提出过对防止溢油的生物产品进行评估的操作程序和评价标准，并在2008年提出过一些对菌株降解率的判定标准。欧洲和美国都规定了有关用于生物修复产品的相关标准和产品批准程序，对用于现场修复的生物产品有了一些指导。国内目前能用来规定或规范用于菌剂生产的标准只有农业部很早以前公布的农用微生物菌剂标准，但还没有对具体用于生物修复的生物强化菌剂做过任何规定。综合国外生物修复产品的规定以及我们长期研究的结果和体会，我们特提出以下用于生物强化菌剂的生产现场注意事项：①菌剂生产的现场应该符合微生物肥料或发酵饲料生产的设备和卫生要求；②菌株能形成休眠体，产品形式以芽孢或真菌孢子为主；③以细菌芽孢形式的产品，每克含菌量在5×10^8以上，以孢子为产品形式的菌剂，每克产品含孢子数目在$0.8\times10^8\sim2\times10^8$；④产品杂菌率在5%以下；⑤用于含油污泥修复的生物强化产品要有室内现场污染样本修复基础数据，至少提供30天内对土壤中石油类有机物修复效率的数据；⑥用于含油污泥或土壤修复的生物强化产品的生产菌株要源于类似污染样品，不建议使用国外或外地微生物培养物为主的菌剂产品；⑦生物菌剂产品应该提供其最佳的生长条件；⑧用于含油污泥的菌剂产品的吸附剂或固定材料应该是以有机质含量丰富的农产品辅料，如麸皮、玉米皮、豆渣等，以及草炭和麦饭石等。

8.6.2　现场生产

分别按照一般工业发酵生产方式进行生产。生产菌株包括枝顶孢霉菌(*Acremonium* sp. P0997，本实验室保存YC-1)、黄孢原毛平革菌(*Phanerochaete* sp. 99898，实验室保存F)和枯草芽孢杆菌(*B. subtilis*，实验室保存5%)等。

1)真菌发酵培养基接种

在真菌发酵车间，等料温降到32~35℃，将已经扩大好的固体孢子发酵料按照1%~1.5%的比例接到培养基中。操作过程中用铁耙或小铁铲进行搅拌均匀，后用无菌的双层纱布盖上固体发酵培养基，开始固体发酵。

2)真菌固体发酵过程

通过发酵间地下管路通入暖气控制室内和料温为28℃，发酵前1~3天内保持发酵间内湿度在70%~80%，后不必加湿，保持正常环境下的湿度(10%~40%)。由于发酵过程产热，要注意控制温度以及湿度，注意在发酵1~3天后，可在料上喷洒20%的葡萄糖溶液或无菌水一次或多次。发酵7~10天后，观察孢子成熟，发酵料结块，可视为发酵结束。搅拌晾干或直接用气流干燥机干燥获得产品。

对固体发酵过程要进行监控，观察每一个时期的孢子生长状况，每天记录发酵料的湿度、温度、料上的菌落或孢子。

3）细菌接种瓶种子准备

为了准备4L的接种瓶种子，先用2个3L的大三角瓶配制3.5L培养基灭菌备用。按照2%~5%的比例将上述小三角瓶的种子接入大三角瓶中培养过夜。在超净工作台里小心操作，将培养好的种子液小心转移至接种瓶中备用。操作过程中要严格操作，避免种子污染杂菌，并按照接种瓶使用规范操作，确保菌种种子质量。

4）细菌发酵罐培养操作

分别按照空气过滤器灭菌、空消灭菌、配制培养基、实消灭菌、接种操作等工艺流程严格操作，确保培养基灭菌达到要求。发酵过程操作按照pH=6.5~7.2、转速=120r/min、$V_{空}=8$、$P=0.05$MPa、$T=28\sim30$℃控制。培养24h后，随时取样观察该菌芽孢形成情况。等芽孢形成率达到80%~90%以上时放罐即可。在该工艺控制条件下，芽孢形成时间大概在28h。

5）细菌固体发酵

将发酵好的400L发酵液和灭过菌的麸皮培养基混匀，在固体发酵间发酵2~3天后收料，气流低温干燥，按照每袋10kg分装。

8.6.3 现场生产总结

在现场生产过程中，经历了许多困难和波折。在真菌发酵过程中，由于种子污染，使得枝顶胞霉菌（*Acremonium* sp. P0997）生产失败；在黄孢原毛平革菌（*Phanerochaete* sp. 99898）固体发酵过程中，培养2天后，发酵料没有按理想状态下升温，导致污染，损失很大。经过生产，获得用于现场生物修复的三种菌剂，分别为枯草芽孢杆菌（*B. subtilis*）固体菌剂的有效菌含量为7.9×10^{9}CFU/g干物质，*Acremonium* sp.（CCTCC M 2016117）的有效菌含量为9.0×10^{9}CFU/g干物质，*Phanerochaete* sp.（CCTCC M 2016116）的有效菌含量为8.0×10^{9}CFU/g干物质。分别装袋封口，常温储存备用。

根据我们的生产经验和实验室积累，在用于生物强化菌剂的生产过程中需要注意以下问题。

（1）种子质量：种子质量好坏关系到整个发酵过程的成败。这包括试管种子、扩大培养种子。种子质量即体现在种子液无污染、无杂菌生长，更重要的是要有数量。没有一定数量的种子是不合格的，数量不达标，根本不能满足后续继续繁殖的需要。另外，真菌的生产更要注意细节，尤其在种子阶段。对其是否污染的问题要多靠观察、经验积累。发现有异常现象，要及时取样镜检，确保每步都不要污染。

(2)固体配料灭菌问题：生物强化菌剂要确保产品质量，我们在其生产过程中的固体发酵过程是不能没有的。市场上的所谓生物修复产品多为细菌发酵液被麸皮类物质吸附得到的，这种生产方式形成的产品由于缺乏固体发酵过程而导致产品质量不稳定、产品保质期短等问题。要成功地进行固体发酵，一个关键就是要对物料进行充分而合适地灭菌。充分灭菌就是要将固体料中的杂菌尽量灭死，而合适的灭菌要注意尽量保护固体料中的营养不被过分破坏。由于设备投资以及现场的限制，我们此次生产使用常规灭菌柜进行灭菌，确定灭菌条件为123～128℃，灭菌30min；或者采用常规锅炉灭菌，100℃下灭菌3h，两次间歇灭菌。

(3)生产过程的原料质量控制问题：发酵生产所用的原料要确保质量，尤其是大宗物料，如水、吸附介质(如麸皮、玉米皮和草炭)。这些物料从大的方面来讲要来路正常，不选用污染地区、厂矿生产废料、废液以及已经污染过真菌或细菌的农副产品。水质不能污染，不能使用有重金属离子以及有机物污染的水。由于草炭中腐殖酸含量很高，最好不使用形态相近的风化煤或其他矿产料。

(4)固体发酵过程控制：固体发酵是微生物继续增殖并产生降解酶的重要过程，也是修复菌剂质量后期得以稳定以及降解能力维持的重要保证。真菌菌剂的获得必须经过正式而又有效的固体发酵过程，并按照要求达到一定的孢子数目，同时以固体发酵方式固定化其过程所形成的降解酶或产物。因此，真菌生物强化菌剂必须是通过固体发酵所获得的，才能保证现场处理的有效性和可靠性。由于细菌如芽孢菌菌剂的生产时，液体发酵一般产酶活性低，而通过固体发酵可以获得比液体发酵方式生产数量更多、品种更丰富的降解酶，而且还能获得更多以芽孢形式存在的微生物数量。因此，固体发酵是必需的，是生物强化菌剂质量保证的关键之一。对于细菌发酵，要特别注意防止真菌污染，湿度控制在40%～60%，比真菌发酵的湿度要大一些，而温度也要控制得稍微高一些；但由于细菌发酵前期起温快，并且由于此时未产生休眠体芽孢，温度过高就会很容易烧死细菌细胞，因此在前期要多搅拌，多洒水降温。另外，由于细菌发酵后期不能形成可见的发酵现象，一般发酵3～4天后，料温回稳，发酵料结块时停止发酵。真菌发酵更要注意防止杂菌污染，尤其是生产菌还未形成优势的发酵初期。

8.7　解吸附

表面活性剂：重油清洗剂(KD－L315)，产于山东济南市。

性质：KD－L315重油清洗剂是由多种表面活性剂及有机助剂复配而成的，具有优良的渗透性、乳化性和清除原油的能力，在水中有极好的溶解性，使用简单方便，使用后可以直接排放，属于水溶性表面活性剂，可直接降解。

使用方式：该表面活性剂的添加浓度为10%，按照生物强化需求调节其水分含量为

15% ~20%。修复期间，间隔一个月再按照原比例补加一次。实施时，用水拌好，在预处理时或之前加入。只做生物处理时，可以在补充水分时直接加入。

8.8 化学氧化修复过程

8.8.1 化学预处理种类

处理剂Ⅰ：以过碳酸钠和过氧化钙为主要成分(质量比3∶1)，加入稳定剂真空制成过盐复合物，并辅以杀菌剂(0.001%)后使用。其特点是迅速快捷，生物兼容性好，对生物处理过程不产生延迟作用。

处理剂Ⅱ：以过硫酸钠和过氧化钙为主要成分(质量比3∶1)，加入稳定剂制成过盐复合物后，以等比例和硅酸钠混合成粉末，并辅以杀菌剂(0.001%)混合使用。反应缓慢，生物兼容性较好，使用后对生物处理会产生一定延迟。

性质：容易和水反应，形成强碱溶液，其溶液会产生腐蚀作用；处理剂Ⅰ活性氧含量大于11.5%，活性氧相当于24.5%的双氧水，经包裹处理后和水反应温和。处理剂Ⅱ活性氧浓度大于8%，粉末状，和水容易结合反应，反应慢但降解性能高。反应后的污染地酸碱度适中，但有抑制生物作用离子产生。其对生物的抑制作用和所使用微生物菌种类相关。有研究表明：对重金属离子耐受的微生物可很好地和此类处理剂兼容。

催化剂(激活剂)：都以亚铁离子为催化剂，具有降解作用，要尽量避免处理剂和水的反应，但亚铁离子在空气中不稳定，一般亚铁离子和EDTA形成螯合物使用效果好、稳定。

环境影响：反应后形成钠和钙离子化合物，对土壤无不良影响。催化剂采用对土壤影响最小的亚铁离子，对环境几乎无不利影响。

添加方式：处理剂Ⅰ以浓度3% ~4.5%的水溶液添加，为了避免和水的迅速反应，最好是按照占水比例3% ~4.5%的量先行加入处理油泥中，再把催化剂以水溶液的形式补入为好。处理剂Ⅱ以6%的比例预先加入所处理油泥中搅匀，再把催化剂以水溶液的形式补入即可。

添加频次：可以在同一批处理油泥中使用1 ~2次，最多2次，不主张多次使用，因为我们实验证明，多次使用的效果并没有随使用频次增加而提高降解率。处理剂Ⅰ处理后放置3 ~6天可以立即实施生物强化处理，而经过处理剂Ⅱ处理后，最后翻搅2 ~3次并间隔6 ~18天后开始实施生物强化处理。

处理效果：从本实验室和本次现场实验结果可以初步确定，经处理剂Ⅰ处理2次后，可去掉大概40%的含油量，而处理剂Ⅱ处理2次可获得50%左右的降解率，但没有其处理不同含油污泥的不同降解效果的信息。

8.8.2 实验基础

处理剂Ⅱ现场处理含油污泥(第二组)降解石油污染的 GC-MS 分析。

如图 8－1 所示，取自现场处理的样品分析，经过两次处理剂Ⅱ的处理后，石油烃类化合物的所有能检测到的部分都有减少。而且也可以看出，经处理剂处理后并不是将石油烃类大分子变成小分子，而是直接消解成小分子如二氧化碳和水了。

经对石油烃类轻重链的组分分析，结果显示，经处理剂Ⅱ处理第一周后石油中轻链与重链降解率基本可以达到 38% 以上；连续处理两周后，降解率可以达到 60% 以上(见表 8－7)。如图 8－2 所示，石油烃类不同大小的降解前后分析可知，经第一周处理后 C_{12} ~ C_{19}的降解率较 C_{20} ~ C_{31}降解率高。处理二周后，C_{20} ~ C_{31}含量降低了一半，而 C_{12} ~ C_{19}却发生了积累，可能是 C_{20} ~ C_{31}氧化分解产物积累的结果。

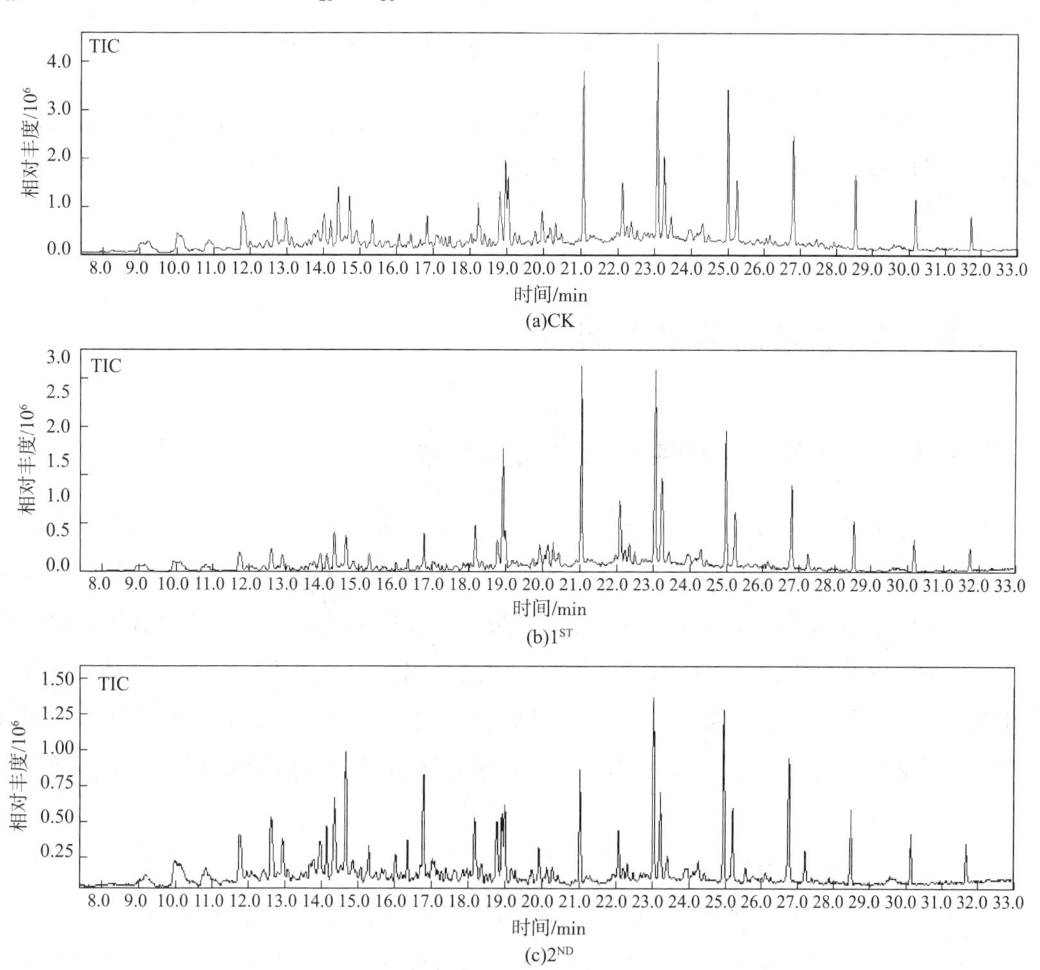

图 8－1 处理剂Ⅱ处理效果的比较分析(纵坐标单位一致)

表 8-7　处理剂Ⅱ处理后石油烃类轻重链的降解分析

分组	周	轻链	重链	原油
2-1-1	1	38.54%	42.78%	38%
2-1-2	2	60.54%	65.83%	61%

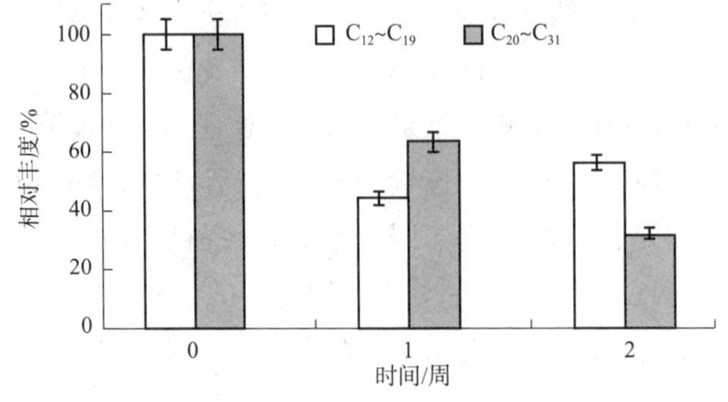

图 8-2　处理剂Ⅱ处理后不同大小烃类化合物的降解比例分析

经过处理剂Ⅰ处理后，将其处理前后进行 GC-MS 分析。结果显示，处理剂Ⅰ对轻链的降解效果比较好，可以达到50%左右，但重链的含量与对照相比变化不大，氧化分解得较少。

8.9　生物强化菌剂处理

8.9.1　生物处理剂种类和选择标准建议

国际市场上的生物强化菌剂产品逐渐增多，但据美国环保护署的国家应急产品目录可知，目前菌剂种类主要是细菌类产品，或为单一菌株制备，或为一些细菌菌群混合发酵而成。国际文献报道的生物强化方面的研究也多集中于细菌类的，以真菌或以真菌菌群作为生物强化措施的研究报道在逐渐增多。我们报道过以细菌-真菌菌群作为土壤高含油污染处理的研究。因此，就生物强化策略而言，国内市场上其实能选择的产品种类很少，其相关的选择标准也未有定论，在此使用的真菌菌剂应该是国内甚至国际上为数不多的几种之一。

以我们现场实际处理和使用的实践而言，选择相关产品应该注意以下方面。①菌株和菌群适应性。所选用的生物强化菌剂要尽量适应污染油泥的生境，并且在此生境中表现出很高的降解性能。所谓高效的降解菌株，如果仅仅是在液体状态下或以无机盐培养基为基础而确定的，或者是从国外或外埠来源的菌群，没有在当地生境中的污染场地中获得过验证，其能否在实地污染场所获得高的降解率是非常值得怀疑的。②菌株或菌群降解性能。一般而言，单菌株在液体状态下可以在含油 5% 的无机盐培养基中，降解能力在 15 天内可达到65%～75%，在土壤水平达到40%以上才可以考虑作为生产现场的使用菌株。同时，我们也看到并已经证明，单菌株的实际含油污泥降解率大多在40%～65%，在定期内很难达到很高的修复率，组建菌群是非常必需的。构建以真菌－细菌为主要角色的并适应当地污染源修复的菌群是最有效也最有潜力的生物强化菌群。③菌株或菌群比降解速率，这是指菌株降解率增加的趋势分析。从我们前期实验结果分析，菌剂产品在含油污泥中的降解率增加趋势对其是否在土壤中具有持久的降解能力很重要，也是判断其是否能用以现场修复的关键因素之一。好的产品应该在每周能完成1%～2%的石油烃类化合物的降解，这样才可能作为实际修复产品的选择。④菌株或菌群快速启动生物降解过程的能力。菌剂进入含油污泥或污染现场，能否快速启动生物降解过程是其能否利用石油烃类作为能源和底物的标志之一。而此可由其接入含油污泥后是否能在短期内获得1%左右的降解率加以判断。⑤快速定居和繁衍能力。菌剂进入含油污泥或其他类似现场，能否成功适应当地生境定居并繁衍，是其不被土著生物细胞吃掉而逐渐形成优势的关键之一。在化学预处理阶段加入可光启动并淬灭的纳米材料灭菌剂，有利于杀灭土著生物细胞并为强化菌剂细胞创造很好的生存环境。⑥菌剂选择要确定土著性或地域性。国内外都有过使用外埠或国外修复产品在当地污染现场效果不佳的报道和信息，国外甚至将此总结成文供企业选用。虽然国内相关信息不足，但从理论上分析，菌剂选择要确保土著性或地域性。⑦室内实验。作为产品选择，一定不要仅仅相信供应商所提供的有关液体降解实验或灭菌模拟土壤的降解实验的数据，而应该用其产品在室内做目标治理土壤原样的降解实验，并由相关领域专家评估选用。⑧产品形式和保质期。麸皮或农业副产品吸附的产品形式为多，也可选择草炭、麦饭石等固体粉末吸附材料。保质期按照产品菌剂形式分类，细胞类的建议3～6个月，休眠体以芽孢或真菌孢子形式的建议为1～1.5年。⑨产品和化学预处理的衔接性。经过室内实验予以判断后使用，不可盲目相信所有的市场菌剂产品都能适应一定化学预处理后含油污泥的生境。从化学氧化处理到生物处理之间的衔接问题，要从工艺上有所保证，这里面是有一些技术秘密的。

8.9.2　使用量和使用策略

①接种量：其大小对迅速启动以及是否成功维持含油污泥中的有效活菌数非常关键。其大小对成功启动修复、修复时间、修复效率都有决定影响。总接种量建议在2%～5%，对于10%～15%含油量的含油污泥或土壤，接种量可设定在3%～5%，细菌和真菌等比例或真菌可以适当多些；对于6%～10%以下含油量的含油污泥，接种量设定在2%左右。含油量高于15%的含油污泥或土壤不建议直接用生物法处理，建议经预处理后，根据降解率和残油量采取3%～5%的接种比例。不建议对所有油泥和污染土壤，不管其含油量如何，一律采用统一的接种量。不建议采用1%以下的接种量。②序列或多次强化策略：从经济角度考虑，一般而言，采取定比例多次接种为好，但初次接种比例不宜低于1.5%。采用序列菌群生物强化策略效果不错，建议应急修复时采用该策略。③意外补种：遇有极

端天气或在实际修复现场发生意外，导致生物修复过程意外中断或其原有生境破坏，建议在此条件下，测定酸碱度以确定意外原因。如果不是发生重金属离子或其他高污染性物质污染，建议再次进行补种，重新启动生物修复过程。④考虑和表面活性剂以及化学处理后的衔接问题。生物菌剂和化学氧化剂的使用都要考虑其衔接和耐受性问题，而加大接种量可以在一定程度上抵消这些化学氧化剂氧化过程对其的抑制和不利影响。

8.10 营养添加工艺

8.10.1 理论分析

室内研究已经多次证实，通过提高 C：N：P 的比例可以提高污染场所微生物修复处理石油烃类化合物的处理效率，这种方法常常通过调节有机或无机磷和钾比例来实现。理论研究表明：150mg 的氮素和 30mg 磷被微生物细胞利用转化 1g 的石油烃类化合物形成细胞材料，因此，C：N：P 的比例被推荐为 100：10：1，用来作为促进石油烃类化合物降解的最佳营养比例。但是由于污染场地(如含油污泥)是一个非常复杂和多相异性的体系，所加营养的有效性受到油泥复杂的地球化学性质的影响。国外有人用不同的 N 和 P 营养比例形成不同的 C：N：P 比例发现，当 C：N：P 为 100：10：5 时，可以使得修复效率比自然修复提高两倍以上。国外一般认为，添加的营养为硫酸铵和磷酸氢二钠，虽然有些报道认为可以计算所加的营养，但其是否有效还得考虑不同的污染场地的土壤性质。用硝铵可以在沙土地或沙质的一类土壤中去除石油烃类化合物，但在黏土等污染场所却效果很差。只添加无机营养虽然可以增加含油污泥气孔中的溶剂质量，降低渗透压，但也抑制了微生物细胞的活性。添加酸性或碱性的无机营养也可能导致微生物活性的降低或降解活性的下降。一般认为，微生物的降解活性并不和所加营养的多少或比例相匹配，过多的营养往往还造成微生物降解活性的下降。综合国内外而言，目前尚无统一的 C：N：P 的营养添加的标准方法。有人就建议只根据饱和烃浓度去计算 N：P 添加的比例。据我们实验(包括室内实验和现场试验)的结果，仅仅通过添加无机营养去简单地满足 C：N：P 的所谓比例是不能满足生物降解的需要的。不同含油污泥的土壤性质不同，所加无机营养添加对含油污泥酸碱度以及金属离子环境的影响都是难以估计的，进而对生物降解过程的影响也是难以准确估计的。而且，在不同的现场，测量和计算营养添加需要专门的设施和人才。即使所谓的精确计算，也不能肯定就能满足生物降解的需要。因此，我们建议使用有机肥或发酵处理过的鸡粪或牛羊粪作为营养的添加的主要方式，而且仅仅以含油量作为主要参考量，以有机肥方式过量补充营养，减少因各种因素引起的计算误差或其他可能引起的问题。

8.10.2　添加工艺

按照0.1%～2%的比例添加，并和生物强化与化学处理联合考虑。对于低石油含量污染的油泥，当含油量低于5%时，加入有机肥、牛粪或鸡粪0.1%～0.5%；当高于5%小于10%时，加入有机肥、牛粪或鸡粪0.5%～1.0%；对于高含油量的污泥，含量在10%～15%时，如果直接使用生物强化处理，加入有机肥、牛粪或鸡粪1%～1.5%，如果做化学预处理，可加入有机肥、牛粪或鸡粪1.5%～2%；当高于15%～25%，建议先做化学预处理，再加入有机肥、牛粪或鸡粪2%。一般而言，对于高含油量的油泥或土壤处理，先进行化学氧化处理，再加入有机肥进行生物处理。

8.10.3　影响因素

主要影响因素包括含油量和生物接种量。污染土壤或含油污泥中含油量的高低和需要加入生物强化菌剂的多少直接相关。建议在实际现场修复中，不要太刻意营养的计算，而直接以有机肥添加。有机肥一般不会产生明显的不利影响，反而会减弱其他因素或方法处理对生物降解的不利影响。

8.11　讨论和展望

在此选取具有典型黄土源系特点的庆阳某油田产区的落地油泥为室内实验对象，进行了降解处理实验。在综合分析了实际情况和总结实验中可能会遇到的技术难题之后，我们建立了一套现场可生化体系，即以含油污泥含油量、有机质含量、土壤类型、含水量、pH、土壤营养水平等因素作为关键分析因素。这些检测体系的建立，为有效处理现场落地油泥奠定了良好基础，为后期工作的有效进行提供了有利的技术保障。但是，受现场条件的限制，这些关键因素的检测可能达不到预计的精准度，所以，构建便捷式的检验体系成为建立现场可生化体系的重要环节。

针对含油污泥可溶性氧浓度低，以及含油污泥可能存在重金属离子而抑制微生物处理污染等方面的问题，我们对环境友好型增氧技术和重金属离子固化过程进行了现场试验优化。在对含油污泥成分研究中发现，含油污泥除了含有石油，还含有高浓度的重金属离子，而重金属离子会影响微生物的生长。为了研究所选菌株是否适应本项目实施的重金属离子污染环境，以本项目组的目标真菌为检测模型，研究了环境中常见的不同浓度的Zn^{2+}、Mn^{2+}、Cu^{2+}、Ni^{2+}、Al^{3+}对真菌生长的影响。实验结果表明：所选取的真菌对环境中的重金属离子具有很好的耐受性，但这样的耐受性也有一定的浓度范围，如果超过了其可承受的范围，重金属离子将会影响真菌的生长。所以，在进行石油的生物降解之前，必须采取一定的措施降低含油污泥中重金属离子的含量，否则实验的结果将不会理想。通过文献查阅和前期大量筛选实验发现，过氧化钙对重金属离子具有固化作用。过氧化钙去除重金属离子研究表明，土壤中重金属离子的浓度与过氧化钙的浓度在一定范围成反比，当过氧化钙浓度达到2%时，重金属离子的去除率达到最大，土壤的pH值达到最大值14。不过，还需考虑各地的土壤条件不同，所以具体的处理条件应该根据具体问题再进行针对性小试分析。在研究增氧剂对目标真菌固体发酵的影响的时发现，过碳氧化复合物可以作为最佳的增氧剂，其最适添加浓度为0.1%～0.2%，大于或小于最适浓度都将影响真菌和细菌的生长。

相关研究表明，把污染有机物从土壤颗粒上解吸附下来，对于生物修复和相关化学药剂的处理是非常有必要的。在对生物解吸附和活化单元建立与优化过程中发现，重油清洗剂对解吸附的效果最佳，去油率能够达到64.19%，而这三种表面活性剂的乳化能力没有太大的差别。表面活性剂的存在对目标降解菌株的生长没有明显影响，可以和目标菌株一起使用。就对氧化复合物的水分和浓度的优化研究，我们还不能得出有规律的结论，所以必须根据现场试验环境的具体要求，在本项目前期实验结果基础上选择合适的氧化复合物。在此已经建立起了一系列用于微生物处理的相关操作单元的参数，修复剂含菌量高于国际标准，单菌剂的修复效率均达到40%以上。随着配套技术的实施，这些菌剂的修复效率将会得到进一步提升。

基于长期研究基础，在实验室选用现场产生的含油污泥进行了污染物生物处理实验，确定了用于生产菌剂的菌株，并以此现场污染的含油污泥为处理对象，构建了用于该类污染处理的微生物菌群。在实验室和生产现场建立了这些菌剂的生产工艺和技术，获得了合格的生物菌剂。同时，对相关配套技术包括氧化剂处理技术、表面活性剂添加技术、生物强化菌剂使用技术以及营养添加技术都做了探讨和技术说明，这些结果和论述为进一步进行现场规模化处理含油污泥或土壤奠定了理论和技术基础以及物质基础。

第9章　化学生物综合法处理含油污泥的现场示范

9.1　化学和生物综合法处理含油污泥现场实施方案设计

9.1.1　示范例设计分析和示范例分布

针对现场可能出现的不同含油量的污泥、污染土壤或落地油泥，要设计不同的生物强化修复策略，才能建立可靠而有效的现场修复策略，以处理不同的污染环境。基于文献和以往国外生物处理土壤类有机物污染修复的实践，分析影响现场修复效果的因素，而导致现场修复效率低下的主要理论包括牧草理论(grizing)和拐点理论。根据这两个理论，要成功实施生物修复，就要克服生物菌剂加入污染场所很快像“牧草”一样被吃掉的命运以及菌剂进入污染场所一段时间后降解率降低的问题，即缓解或解决修复过程中降解率增长存在拐点的问题。另外，无数实验和报道都表明，含油量越高，对生物修复处理越不利，高的含油量会对处理过程产生多种多样的影响。高含油量不仅可以影响生物菌剂细胞的生存以及繁衍，还可以直接影响这些细胞或酶降解活性的性能发挥；高的含油量还直接影响污染介质的理化性质，包括渗水率、持水性、含氧量、污染介质密度以及其他性质，而这些也直接影响甚至直接抑制生物处理过程中的物质交换尤其是氧气传递、污染有机物到水相传递的过程，这些都会直接影响到生物强化菌剂生物降解性能的发挥，甚至使得生物降解过程难以启动，降低生物降解效果。

基于我们对基础理论的研究，并根据国外有关生物降解的主要理论和文献分析，在此以不同含油量的含油污泥(包括落地油泥或土壤)为对象，并根据经济性和方便性的原则，设计多种修复性能和降解力不同的修复策略，在现场处理含油量不同的含油污泥，为建立现场可以真正实施的生物强化修复含油污泥的实际策略奠定基础。设置不同含油量的含油污泥，严格按照国际规范安排了23组(包括对照组)的修复实验，每组2.5～3.0t油泥，合计46～50t污泥。分别对含油量为12.4%、16.2%、19.1%和23.4%进行生物处理，并同时设置了对照，作为自然修复效率的评估。四组示范例分别按照以下实验安排进行记录，并进行了降解率等的分析。

9.1.2　示范例一：序列生物强化技术处理含油污泥

基于前期研究，该示范例旨在田间水平检验序列生物强化策略对含油量在12.4%左右的含油污泥的修复效果，以评估不同生物菌群组合对该类土壤处理的不同效果。目前，市场上的相关产品多为细菌类产品。此类产品降解率普遍不高，一般土壤的降解水平大多在30% ~40%，有些甚至没有效果；此外，该类产品使用的菌群多为细菌类菌株，而其在含油污泥环境中多为弱势菌群，其在含油污泥中的存活率一般比较低，因此，其降解率都比较低。我们的研究表明，真菌接种或二次强化有利于提高生物强化的修复效果。结合上述室内含油污泥的菌群降解结果和我们以前所建立的生物强化策略，本次现场含油污泥处理的实施选用不同真菌和细菌结合形成的菌群，对含油率10%左右的含油污泥的不同处理策略提供示范。同时，从实际修复出发，以探索单独使用生物处理方法处理10%左右含油量的含油污泥的可能性和效率，也是在现场修复水平考察该生物强化菌剂处理含油污泥的可靠性和效率。

9.1.3　示范例二：化学－生物强化综合策略处理含油污泥

旨在考察化学处理和生物强化策略在现场综合使用的可能性和有效性。实验已经多方证实，高的含油量对生物降解有很强的抑制作用。因此，文献所报道的有关石油烃类物质降解的实验多局限于2%以下的污染处理，但是，如此低的污染初始浓度处理对于现实中的含油污泥处理是没有任何意义的。综合我们实验室关于化学氧化处理方式和生物处理方法的衔接性的研究，我们先对高于16.2%的含油污泥进行了化学预处理，再进行有关生物处理，这种综合处理的降解能力，成本以及生产的复杂性都相对低些，这也是为规模化现场实际修复提供技术支撑和示范。同时，从现场修复实施考虑，探究经过化学预处理后，是否可以采取成本相对较低的生物处理策略进一步处理低浓度有机污染。重要的是，研究此策略是否可以作为高效处理漏油等突发事件的处理手段。

9.1.4　示范例三：化学－生物强化综合策略处理含油污泥

该示范例旨在考察综合运用化学处理和生物强化处理策略联合处理含油量19.1%的含油污泥的处理效果和可能性。高的含油量对生物处理和化学处理的效果都可能会有不利影响，而且影响的大小直接和含油量的高低息息相关。预实验发现，含油量越高，处理的难度越大，要达到一定的降解率所需时间越长；而且，实验室研究发现，采用化学处理法和生物强化策略联合处理含油量高的含油污泥效果很好。该示范例整合化学和生物处理的优点处理高含油量的含油污泥，为大规模处理高含油污泥奠定技术基础并提供示范。

9.1.5　示范例四：化学－生物综合法处理高浓度含油污泥

该示范例旨在研究深度预处理降低高含油油泥的石油含量后，使用不同生物强化策略的使用效果差异。通过两次化学处理23.4%的含油污泥后，再通过不同的生物强化处理分析其不同的处理效率和可降解性，并为化学－生物综合法处理高浓度含油污泥提供示范和参考。

9.1.6　示范例样本分布和现场设计

按照实验设计要求，在本地收集含油量不同的含油污泥，在现场进行处理，实验设计如图9－1和图9－2所示。

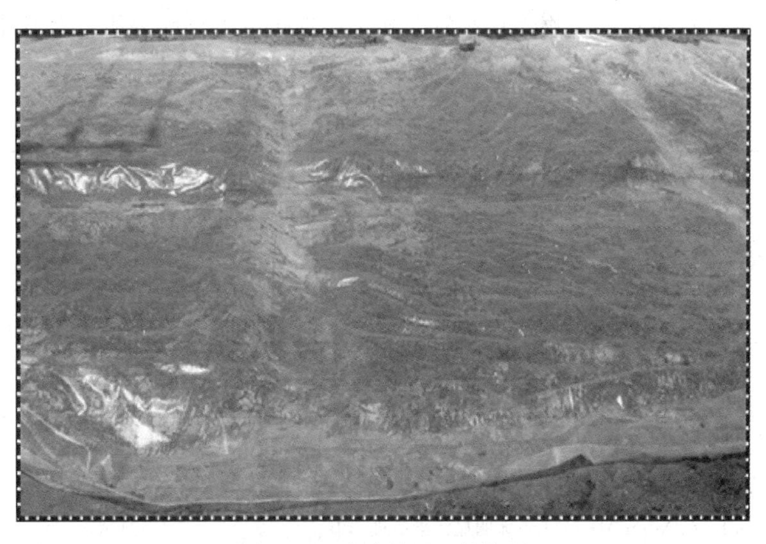

图9－1　实验处理组的外观

(a)

(b)

图9－2　现场处理示范例的设置平面图

9.2 含油污泥可生化性分析调查

按照第 8 章已经建立的生物强化修复含油污泥理化可生化性分析，对甘肃庆阳市元城县某井场现场含油污泥取样进行分析，并按照表 8 – 1 的内容签写生成表 9 – 1。

表 9 –1　生物强化修复含油污泥理化评估体系可生化性分析

<table>
<tr><td colspan="8">污染场地信息</td></tr>
<tr><td colspan="2">油井编号</td><td colspan="2">保密</td><td colspan="2">污染产生时间</td><td colspan="2">不详</td></tr>
<tr><td>地址</td><td>元城县</td><td colspan="2">电话</td><td colspan="2"></td><td>联系人</td><td></td></tr>
<tr><td>自由产物</td><td colspan="5">含量高　低　中度√　（画钩即可）</td><td>描述人</td><td>Markuis</td></tr>
<tr><td>污染来源</td><td>原油</td><td colspan="2">污染物种类</td><td colspan="4">原油√　油田高聚物　两者混合</td></tr>
<tr><td>污泥分布</td><td>分布面积/m²</td><td colspan="2">深度/m</td><td colspan="3">估计估算/m³</td><td>吨数估计</td></tr>
<tr><td colspan="8">土壤类型　黏质土　壤土　砂质土　√　其他</td></tr>
<tr><td>含油污泥 pH</td><td>6.2</td><td colspan="2">测定方法</td><td colspan="4">pH 计　pH 试纸　√</td></tr>
<tr><td colspan="2">土壤孔隙度描述</td><td colspan="6">很疏松　疏松　较疏松　板结　√</td></tr>
<tr><td colspan="2">重金属含量(Mn Fe Zn Ni Cu Al)</td><td colspan="2">无明显污染信息</td><td colspan="4">判断其含量是否高于生物强化菌剂耐受最高浓度
没有</td></tr>
<tr><td>油泥地球化学
特征分析</td><td colspan="7">矿物油/%　12～25　总磷/(mg/kg)　总氮/(g/kg)　总钾/(mg/kg)
总有机质/%　干物质/%　（尽量获得此类信息或委托检测）</td></tr>
<tr><td>土壤营养</td><td colspan="7">有机质/%　1.5　溶解氮/(g/kg)　有效磷/(mg/kg)　速效钾/(mg/kg)</td></tr>
<tr><td>污染程度</td><td>12%～25%</td><td colspan="2">测定方法</td><td colspan="2">重量法　√　红外法　√</td><td>回收/%</td><td>95%</td></tr>
<tr><td>含水量</td><td colspan="7">6%～10%</td></tr>
<tr><td colspan="3" rowspan="2">评述
高含油油泥板结性严重，储水性和透水性都很差；低含量油泥较为疏松</td><td colspan="5">时间</td></tr>
<tr><td colspan="5">签字
时间</td></tr>
</table>

9.3 修复现场气候和操作以及温度和湿度控制

针对不同含油量的含油污泥土壤，经过在现场的成功实施，取得了一些可喜的成绩，也发现了一些问题。尤其是为了维护生物强化菌剂微生物的生存、繁衍和发挥降解效能的条件，对处理现场的维护是至关重要的。在此次现场试验中，我们建立了一种半封闭式的生物强化策略处理含油污泥的处理方式（见图 9 – 1）。我们对此方式所涉及的具体操作工艺进行了总结和分析。

9.3.1 气候变化和现场维持操作

从当年 5 月份开始，我们在甘肃庆阳地区元城镇某公司某井场现场进行了生物强化处理含油污泥的现场处理示范。如表9－2所示，在处理期间，当地日平均最高温度在28～35℃变化，最大昼夜温差在12～16℃，日照时间每天都在8小时以上；空气湿度低，当地土壤干旱缺水。基于当地气候条件和生物处理的要求，在处理含油污泥时，我们建立了半封闭式的修复方式，在处理期间，基本维持了很好的湿度和温度条件（见表9－3）。

表9－2　生物修复期间的天气变化分析

处理时间	平均日最高温度	平均最低温度	平均昼夜温差	降水/天	日照平均时间/h
第一周	23	13	9.7	3	8～10
第二周	29	14	14	1	10～11
第三周	28	17	10.5	3	8～9
第四周	29	15	13	3	8～9
第五周	30	16	14	3	9～10
第六周	33	17	16	0	10～11
第七周	35	18.9	16.5	0	10～11
第八周	28.5	16.4	12.1	3	8～9

表9－3　生物修复期间的现场情况概述和操作

处理时间	现场操作	天气和现场油泥概况描述
第一周	预处理，加入4桶水	日照强烈，温度适宜，地温较低，土壤干裂缺水，油泥分离，成粉末状
第二周	预处理和生物处理，用水2桶	日照很强烈，温度适中，地温低，土壤干裂缺水。处理后油泥板结，低含量油泥失水多
第三周	维护，加入一桶水	连阴雨多，温度适中，地温低，天气湿热，土壤仍然干裂缺水，处理油泥失水较少，高含油油泥黏结、失水少
第四周	维护，加入菌剂	连阴雨多，天气闷热，土壤仍然干裂，雨水多但土壤失水快；高含量油泥失水慢、黏结，上部有所板结成块，低含量油泥失水快，上部松散、干燥
第五周	维护，加入水一桶	雷雨天气多，稍干热，日照时间长，土壤干裂失水多；高含量油泥高度黏结、透气性差，吸水性能低；低含量油泥湿度适中，下部失水少
第六周	维护，加水一桶，水少些	天气炎热少雨，昼夜温差大，土壤干裂失水量大。低油量油泥失水厉害，处理层上下均失水干燥；高油量油泥表面部分失水高度黏结，加水困难
第七周	维护，加水一桶，量少	天气炎热少雨，昼夜温差大，空气湿度低、干燥，土壤干裂，严重缺水。低含量油泥一周后严重缺水，表面干裂松散；高含量油泥变得较为松散，但局部板结现象明显
第八周	维护	天气雨水多，多阴天，昼夜温差降低，空气湿度大。低含量油泥松散，湿度适中；高含量油泥发热，板结现象减少，菌剂不可见

9.3.2　温度和湿度控制

温度和湿度是化学预处理和生物处理的重要条件，尤其是湿度对整个处理过程影响很大。据前期实验可知，要针对不同含油污泥的土质，确定其具体含水量。含水量的科学判断，应该以水饱和度来确定。如果污染油泥太湿，含油量越高，那么含油污泥的预处理的效果就会受到不利影响。如果要直接拌入固体处理剂和催化剂，目前还存在许多技术困难和瓶颈，还需要大量积累相关现场处理经验。

水分检测和维护一般以一周为单位，与降解率分析的时间间隔保持一致为好。如果水分过低，要及时补水。因此，建立可保温保湿的半封闭的处理方式尤其重要。从表9－2天气变化分析可知，当地每天的日照时间很长，紫外线对细胞的伤害时间就会很长，由于阳光照射所损失的水分就会加大，如果不及时补水，就会导致处理的油泥中缺水，直接抑制微生物菌剂中细胞的生长和繁殖，这可能导致降解过程失败或低效。这种相对的封闭处理场所，也使现场不至于产生更多的二次污染气体到空气中，因此，从保持湿度和防止挥发性有毒气体释放的角度来考虑，建立半封闭式的处理方式是必需的。另外，要注意对含油油泥和处理场所的土壤及水系进行相互隔离，并防止雨水冲刷，有利于减少更多的土壤和水质污染。

另外，由于处理场所大都处于高山上的井场，如果不遮蔽，长时间的风吹日晒就会导致油泥失水，从而抑制生物处理过程。虽然根据当地气象分析，在处理期间现场自然气温变化可以满足微生物处理含油污泥过程中15～35℃的需求，但是也应该看到，在昼夜温差高达15℃左右的处理条件下，对保持和维持微生物菌正常的生长和繁衍以及发挥降解性能是非常不利的，因此采取半封闭设施和环境对维持温度也是必需的和必要的。由于处理期间日照时间平均超过8h，有时甚至超过10h，因此，如果在现场处理过程中没有遮挡或遮蔽阳光，仅仅紫外线照射对微生物菌细胞的不利影响，都可能导致生物修复失败或效率低下。

9.3.3 现场控制湿度和温度的经验

①从具体实践来分析，在甘肃等地每年的4～9月期间进行生物修复是可行的，但必须采取相对可控的系统，完全开放的系统是不可取的。否则，即使在含油污泥中接入许多菌，其生物修复的启动和进步降解都有问题，也不符合国家有关挥发性气体排放的法律规定。②湿度或水分应该控制在15%～20%。采用半封闭方式遮挡封闭，尽量减小昼夜温差，减少处理过程中温差大对处理过程的不利影响。这两者是现场修复中非常重要的影响生物强化策略成功与否的关键因素。③实践表明，在处理过程中要使用塑料薄膜对处理油泥或土壤进行密闭，否则持续一周不补水也会有问题。我们曾经试着给一个处理池的边沿处留了气孔以观察水分流失现象，等第二周观察时发现，这个池子里的油泥基本都干了，油泥在露天或开放环境中的失水很厉害。④在处理期间，发现昼夜温度应该可以满足微生物生长的需要，但详细的过程还有待具体研究。⑤湿度控制以一周为间隔进行监控，这在目前来看是可行的，时间还可以延长到10～15天。⑥实践中发现，按每周为间隔补水，在每周前三天内湿度可能过大，对真菌的生长可能不利，从而使得在部分时间内真菌生长变慢。建议可以将补水时间间隔延长到15天，尤其是在雨水比较多的季节。⑦修复现场的管理与维护是控制湿度和温度的关键。⑧观察发现，含油量越高，湿度降低速度越慢，菌剂和油泥的充分混合也越难。这些具体问题是没有理论支撑的，需要做进一步研究。⑨从具体实践来分析，在处理过程中，含油污泥湿度的控制是一个非规律的事件。以周为时间间隔补充水分，在处理过程中，含油污泥的湿度变化可能受各种因素影响，这可能是影响处理效率的重要因素。

9.4 示范例一：序列生物强化技术处理含油污泥

9.4.1 示范例一实施要点

针对高含油量的含油污泥(5% ~12%)，添加表面活性剂，增加对这类污泥中石油类物质的解吸，对使用不同真菌和细菌菌群的序列生物强化技术处理含油污泥的效果进行示范和分析。

9.4.2 技术措施和实施方案

将增氧剂(0.3%，w/w)预先拌入要处理的油泥中，然后将含有表面活性剂的水(10%，w/v)加入，使其含水量达到15% ~20%。将油泥拌匀覆盖后反应3天左右。按照油泥重量比1%加入有机肥(或土壤调理剂)。然后，将各组实验的生物处理剂按照工艺要求加入。该示范例的含油污泥污染土壤概况如表9-4所示，理化参数如表9-5所示。生物菌剂加入方案如下所示。

表9-4 示范例1含油污泥情况概述

地理分布	甘肃甘阳	土壤类型	沙质土	形成时间	不详
含油量	12.4%	pH值	6.7	有机质(不含原油)	估计1%
含水量	6%	表观	比较松散	含沙量	44%

表9-5 落地油泥关键理化参数(及时测定签入)

处理前落地油泥理化参数					
土壤类型	沙质土	pH值	6.7	含油量	12.4%
前处理工艺点操作及关键参数(工艺参照技术措施)					
落地油泥量	每组2t	表面活性剂加入量		10%(占水比)	
加入水量	—	前处理剂加入量		0.1%	
处理后pH值	7.0	有机肥加入量		每格15kg	
处理后含油量	没变	处理后含水量		20%	

(1)*Acremonium* sp.-*B. subtilis* 序列强化组(1-1)：前处理加入鸡粪后(下同)，接入 *Acremonium* sp. 和 *B. subtilis* 菌各1.25%，一月后将接入 *Acremonium* sp. 和 *B. subtilis* 菌各1.25%搅拌均匀。

(2)*Acremonium* sp.-*B. subtilis* 一次强化组(1-2)：将 *Acremonium* sp. 真菌和 *B. subtilis* 细菌按等比例(2.5% ：2.5%)一次性接入。

(3)*Phanerochaete* sp.-*B. subtilis* 序列强化组(1-3)：接入 *Phanerochaete* sp. 和 *B. subtilis* 菌各1.25%，一月后将接入 *Acremonium* sp. 和 *B. subtilis* 菌各1.25%搅拌。

(4)*Phanerochaete* sp.-*B. subtilis* 一次强化组(1-4)：将 *Phanerochaete* sp. 真菌和

B. subtilis 细菌按等比例(2.5% ：2.5%)一次性接入。

(5)*Acremonium* sp. -*Phanerochaete* sp. 序列强化组(1-5)：接入 *Acremonium* sp. 菌2.5%，一月后将 *Phanerochaete* sp. 按2.5%比例接入搅拌均匀。

(6)*Acremonium* sp. -*Phanerochaete* sp. -*B. subtilis* 混合序列强化组(1-6)：将 *Acremonium* sp. 真菌和 *B. subtilis* 细菌按等比例(1.25% ：1.25%)接入，一月后将 *Phanerochaete* sp. 菌按2.5%再接入搅匀。

9.4.3 处理维护

在预处理和加入有机肥后，加入菌剂，用防渗布将油泥进行覆盖，并于其上覆盖麦草。每间隔一周测试水分并取样，并按照其含水量是否达到20%进行补水。每周翻搅一次。遇有连雨天气，及时排水排涝，防止雨水进入。遇有暴晒天气，时间长达3天以上者，要及时于麦草上洒水保湿。到处理一月时，及时按照要求接入菌剂。各步操作及时并对每组操作步骤记录、取样。遇有意外及时和技术人员联系为盼。

9.4.4 序列生物强化处理含油污泥的接菌方案和实施

按照该示范例6组实验的处理总需要量，一次性或分次将所需预处理剂加入含油污泥，搅拌均匀后，将水、表面活性剂加入。处理后，将干鸡粪按比例加入，并按照每组2.5t分组后即视为完成此操作。注意处理后测定含水量，补足到20%水分含量。第一次接菌具体操作见表9-6。用防渗布覆盖，再在防渗布上盖上麦草若干。在维护过程中，注意监测水分含量。每周注意监测水分含量，当其含量低于20%以下时，注意补充水分。遇到连续暴晒天气时，注意要在麦草上洒水保湿为盼。

表9-6 第一次接菌工艺点操作关键参数

组别	操作参数	组别	操作参数
Acremonium sp. -*B. subtilis* 序列强化组	接入 *Acremonium* sp. 和 *B. subtilis* 菌各1.25%	*Phanerochaete* sp. -*B. subtilis* 一次强化组	将F菌和 *B. subtilis* 菌按等比例(2.5% ：2.5%)接入
Acremonium sp. -*B. subtilis* 一次强化组	将 *Acremonium* sp. 菌和 *B. subtilis* 菌按等比例(2.5% ：5%)接入	*Acremonium* sp. -*Phanerochaete* sp. 序列强化组	接入 *Acremonium* sp. 菌2.5%
Phanerochaete sp. -*B. subtilis* 序列强化组	接入 *Phanerochaete* 和 *B. subtilis* 菌各1.25%	*Acremonium* sp. -*Phanerochaete* sp. -*B. subtilis* 序列强化组	将 *Acremonium* sp. 菌和 *B. subtilis* 菌按等比例(1.25% ：1.25%)接入

半封闭处理一月后按照表9-7参数接入菌剂。注意：二次接菌前可选择加入增氧剂0.1%。在维护过程中，注意监测含油污泥中的水分含量。在后期要在每周内注意监测水分含量，当其含量低于20%以下，注意及时补充水分。连续暴晒天气时，注意在麦草上洒水保湿为盼。

表9－7 第二次接菌工艺点操作关键参数

组别	操作参数	组别	操作参数
Acremonium sp. -*B. subtilis* 序列强化组	接入 *Acremonium* sp. 和 *B. subtilis* 菌各1.25%	*Phanerochaete* sp. -*B. subtilis* 一次强化组	0
Acremonium sp. -*B. subtilis* 一次强化组	0	*Acremonium* sp. -*Phanerochaete* sp. 序列强化组	接入 *Phanerochaete* sp. 2.5%
Phanerochaete sp. -*B. subtilis* 序列强化组	接入 *Acremonium* sp. 和 *B. subtilis* 菌各1.25%	*Acremonium* sp. -*Phanerochaete* sp. -*B. subtilis* 序列强化组	将 *Phanerochaete* sp. 按2.5%接入

9.4.5 示范例一的取样、记录和编号

取样时，尽量在每个处理组的靠近中心位置的地方，下挖10cm左右取样。每样大约重800g。技术人员一定要对组别进行确认，交代操作人员样品号不能混淆。记录和取样编号按照表9－8执行。

表9－8 示范例一的取样的编号和记录

组别	第一周	第二周	第三周	第四周	第五周	第六周	第七周	第八周
Acremonium sp. -*B. subtilis* 序列强化组(1－1)	1－1－1	1－1－2	1－1－3	1－1－4	1－1－5	1－1－6	1－1－7	1－1－8
Acremonium sp. -*B. subtilis* 一次强化组(1－2)	1－2－1	1－2－2	1－2－3	1－2－4	1－2－5	1－2－6	1－2－7	1－2－8
Phanerochaete sp. -*B. subtilis* 序列强化组(1－3)	1－3－1	1－3－2	1－3－3	1－3－4	1－3－5	1－3－6	1－3－7	1－3－8
Phanerochaete sp. -*B. subtilis* 一次强化组(1－4)	1－4－1	1－4－2	1－4－3	1－4－4	1－4－5	1－4－6	1－4－7	1－4－8
Acremonium sp. -*Phanerochaete* sp. 序列强化组(1－5)	1－5－1	1－5－2	1－5－3	1－5－4	1－5－5	1－5－6	1－5－7	1－5－8
Acremonium sp. -*Phanerochaete* sp. -*B. subtilis* 强化组(1－6)	1－6－1	1－6－2	1－6－3	1－6－4	1－6－5	1－6－6	1－6－7	1－6－8

编号原则：第一位为示范例一，第二位是强化组组别，第三位是第几周。

9.4.6 不同生物强化策略处理含油污泥土壤的效果和分析

经过为期两个月的修复处理，各组降解率随时间变化的规律如图9－3所示。从最终降解结果来分析(见图9－4)，所实验菌群的降解率都比组成菌群的单株菌的降解率普遍要高。这些结果说明，菌群的组建有利于促进微生物对含油污泥中的有机污染物的降解；在不同降解时间点，不同的菌群组合有不同的降解率，其各组的最终降解率如图9－4所示。从图9－4可以看出，所实验菌群对石油的降解率都高于80%，其中1－1、1－3、1－5、1－6组的降解率均高于90%，其中1－1、1－3、1－6的降解率更是高于95%，说明这些菌群对含油污泥中石油成分的降解效率更高。

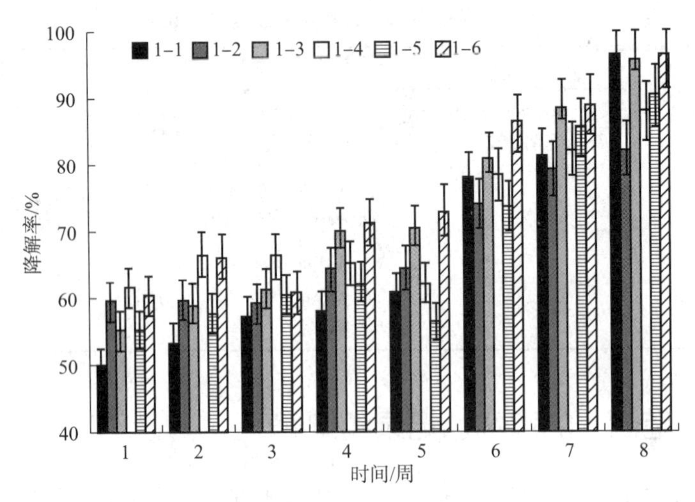

图 9-3　示范例一各处理组降解率随时间的变化和同处理时间内各组降解率的比较

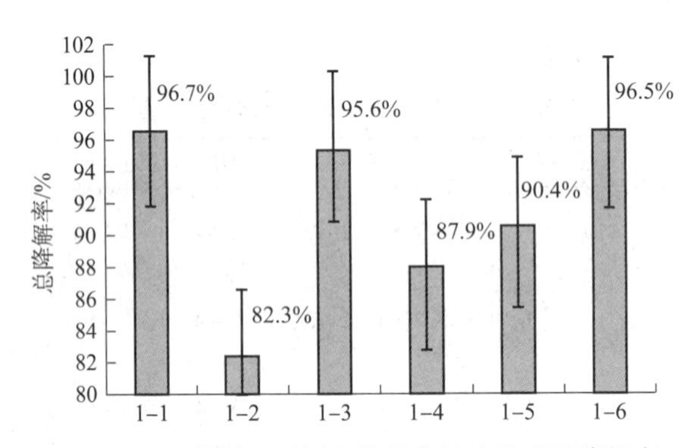

图 9-4　示范例一不同生物强化策略处理的降解率

如图 9-5 所示，在处理过程中，各组残油含量随时间的变化规律也反映了各组不同的降解效果，反映出和降解率一样的变化规律，其中 1-1、1-3、1-5、1-6 组的残油量均低于 1.1%（降解率达到 90%），其中 1-1、1-3、1-6 的残留量更低，其降解率都高于 95%。而且如图 9-5 所示，各小组石油烃的残留量即残油量随处理时间的延长而逐渐降低，尤其是在处理一周后检测，其残油量降低得尤其明显。综合各组降解率和残油量的变化规律，说明 1-1、1-3、1-6 的菌群组合对含油污泥中有机废物的降解能力比较好，使用其可以成功地对含油量在 12.4% 左右的含油污泥进行处理，最高降解率可以达到 95% 以上。也就是说，采用 *Acremonium* sp. -*B. subtilis* 序列强化组、*Phanerochaete* sp. -*B. subtilis* 序列强化组和 *Acremonium* sp. -*Phanerochaete* sp. -*B. subtilis* 强化组等菌群组合处理

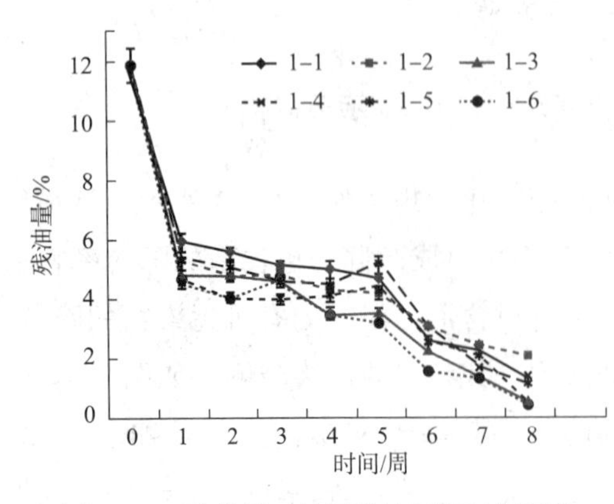

图 9-5　示范例一各组残油量随时间变化

含油污泥的效果比其所组成的一次性强化处理组效果都要好。和组成菌群的单一菌株 *Acremonium* sp.（42.29%）、*B. subtilis*（42.23%）及 *Phanerochaete* sp.（43.98%）所分别达到的降解率相比，所构建菌群以序列强化策略实施处理含油污泥的降解效果更加显著。和文献以及所能获得的国外相关产品的信息相比，该示范例第一次在田间水平采用菌群组合序列生物强化方式成功对含油量高于 10% 的含油污泥获得了高达 95% 以上的降解率，这在国内外的报道很少。

为了进一步对各处理组所获得的降解率进行分析，对该示范例各组的细菌和真菌总数以及反映菌群降解能力的脱氢酶活性进行了研究分析，以期对所构建菌群的降解能力进行更深层次的分析和表征。从图 9－6 和图 9－7 等可以看出，所建立的菌群强化策略在整个修复期间，可以在含油污泥中维持远高于 10^7 CFU/g 这一启动生物降解最低菌活度的细菌和真菌数量。从第一周开始就发现，含油污泥中有效活菌数目就达到了较高的值，保证了该生物强化策略修复含油污泥的处理过程的启动。具体而言，在接种一周后发现，真菌数在短短 6 天内从 1.7×10^6 增加到了 7.5×10^6 CFU/g，细菌总数从 1.3×10^6 CFU/g 增加到了 $1.9\times10^8\sim12.9\times10^8$ CFU/g，这一活菌数目的提高保证了生物降解过程的快速启动。另外，随着处理时间的延长，细菌和真菌的数量都能维持在较高的水平。这些结果说明，所接入的菌群进入含油污泥的生境后，成功构建了一种有利于生物降解菌发挥降解活性的微生态环境，为这些菌发挥降解活性提供了良好的生态环境。另外，也可以看出，5% 的接菌量不仅可以满足在含油污泥中生物降解过程的启动，并在后续处理过程中维持了高的活菌数，从而确保最终达到了高的降解率。正是这一生物强化策略的成功实施，使得含油量高达 12.4% 的含油污泥的最终降解率在两个月内普遍都高于 80%。具体分析，实验组 1－1、1－3、1－6 组含油污泥平均含细菌和真菌的数目都分别高于其他各组，这一结果和其高的降解效率相关，可见高的活菌数一定程度上是其高降解率的保证。

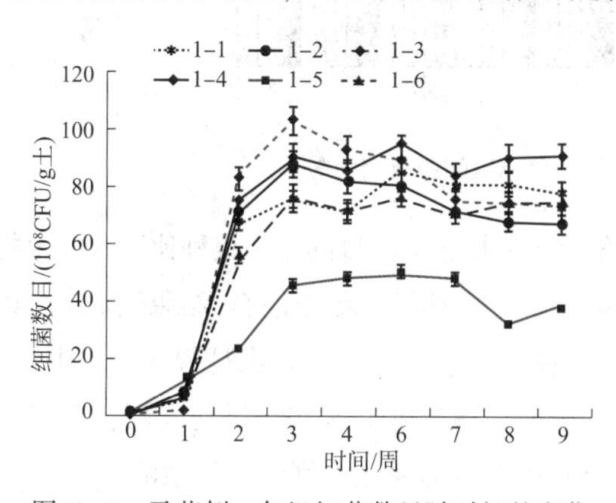

图 9－6　示范例一各组细菌数目随时间的变化

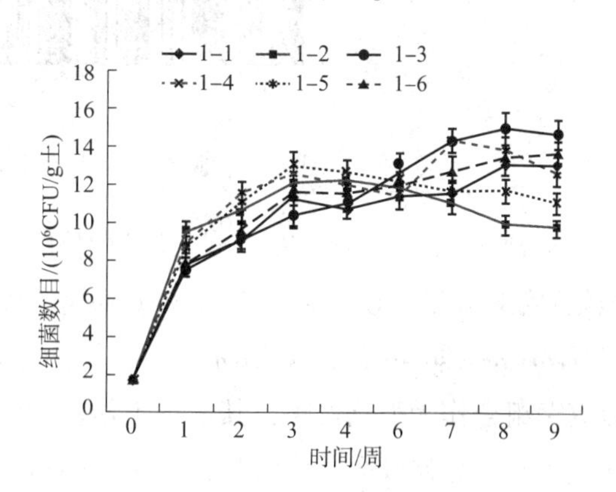

图 9－7　示范例一各组真菌数目随时间的变化

脱氢酶活性是反映土壤等环境中微生物总活性以及生境中是否存在对菌群有抑制或促进作用的重要指标，近些年来被作为重要的评估菌群降解能力关键指标之一。如图 9－8 所示，各组的脱氢酶活性随处理时间的延长逐渐增大，而且在同一时间点观察，各组的脱氢酶活性大小和其菌群组合有关，但其变化规律和降解率之间的关系以及菌群数目和降解率之间的相关性的规律有差异。脱氢酶可以反映一定生境中是否存在对微生物生存和生长相关的影响因子，从1－2组的脱氢酶变化分析，其从第一周开始从78μg TPF/g土增加到438μg TPF/g土，后开始下降，当处理结束时，仅仅达到354μg TPF/g土，这和其最低的降解率相一致(82.7%)。同时，从其所含有细菌和真菌数目来分析，此组在第一周接菌后的后续处理时间里，平均细菌和真菌总数都不是最低的，这说明在此组处理过程中，可能产生积累了一些抑制微生物发挥降解能力的生物或非生物因素。而在与之相对应的1－1组，脱氢酶活性从接菌后一直呈上升趋势，说明此组的菌群组合使得微生物总活性得到了充分提高，从而获得了很好的降解效率。脱氢酶活性变化规律的结果说明，采用*Acremonium* sp. 和*B. subtilis*菌进行生物强化，序列接菌比一次性接菌要好，这不仅表现在*Acremonium* sp. -*B. subtilis*序列接种处理含油污泥不仅维持了高的活菌总数，而且还获得了高的脱氢酶活性，保证了最终高降解率的获得。当然，如果将*Acremonium* sp. 和*B. subtilis*的单一接种的处理效果相比，以此来构建菌群并提高降解率是合理的也是必要的。

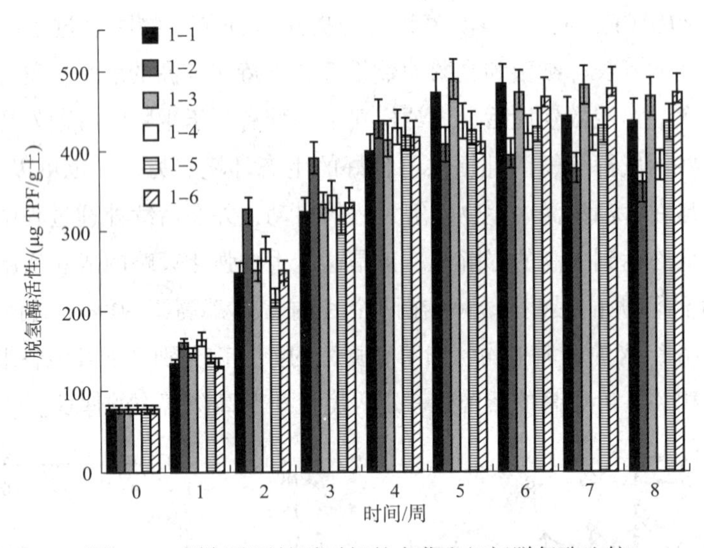

图9－8 脱氢酶活性随时间的变化和组间脱氢酶比较

从*Phanerochaete* sp. -*B. subtilis*组建菌群的降解结果分析，该菌群的序列接种比一次性生物强化的处理效果要好，说明*Phanerochaete* sp. -*B. subtilis*的序列强化策略更好。结果还显示，以*Phanerochaete* sp. -*B. subtilis*-*Acremonium* sp. 为序列接种方式，其降解效果也是很高的。但是，以真菌组合作为强化策略，其表现不佳，这值得后期注意。以上这些结果均表明，菌群的序列生物强化修复含油污泥是比其单一菌株以及一次性生物强化更好的修复策略。

如表9－9所示，经土壤营养快速测定仪测定，经过处理后，实验各组营养与对照组相比都有很大提高。这些结果显示，将这些生物强化策略用于处理含油污泥，不仅去除了原含油污泥中的有机污染，还大大增加了其有机和无机营养。从第一周后平均细菌和真菌总数以及脱氢酶活性分析(见表9－10)显示，各组菌群的不同降解能力和其所含微生物总数及脱氢酶活性有一定的相关性。

表 9－9　处理后含有污泥的营养状态

组别	铵态氮/(kg/亩)	速效钾/(kg/亩)	速效磷/(mg/kg)	有机质/%
CK－1	4.1	21.3	30.1	1.9
1－1－9	23.7	721	406	22.8
1－2－9	22.4	623	458	23.0
1－3－9	11.1	288	396	7.5
1－4－9	23.4	634	349	22.5
1－5－9	14.9	450	516	15.1
1－6－9	11.6	183	388	9.8

注：土壤营养状态由快速检测仪检测。

表 9－10　6 天后的平均细菌和真菌值及最终脱氢酶活性和降解率

组别	真菌总数/(10^6 CFU/g 土)	细菌总数/(10^9 CFU/g 土)	脱氢酶活性/(μg TPF/g 土)	降解率/%
1－1	11.12	7.68	367.63	96.71
1－2	11.23	7.53	396.70	82.31
1－3	11.82	8.71	415.29	95.64
1－4	12.03	8.43	426.7	87.93
1－5	12.57	4.06	430.17	90.44
1－6	11.75	7.19	425.06	96.49

除此之外，我们又针对各处理组中不同的石油烃组分的降解做了 GC-MS 分析，并对石油烃组分的降解率做了具体的比对分析。从图 9－9 中可以看出，采用 *Acremonium* sp.-*B. subtilis* 和 *Acremonium* sp.-*B. subtilis*-*Phanerochaete* sp. 序列强化比 *Acremonium* sp.-*B. subtilis* 一次性生物强化对石油烃的降解要明显好得多，这和其降解率之间的差异规律是相似的。不同的序列强化结果表明，1－1 组与 1－6 组中 C_{12} ~ C_{14} 含量均在持续降低；在这两种序列强化的处理中，C_{15} ~ C_{21} 在 45 天的时候有积累现象，但是在处理 1－6 组中的积累量较小，这可能是新的微生物的加入对这些积累物质的进一步降解的结果；在 1－1 组处理后期，C_{22} ~ C_{31} 的含量变化不大；与 1－1 组处理相比，在 1－6 组中，C_{22} ~ C_{31} 降解效果明显，在该处理过程中 C_{15} ~ C_{21} 在 30 天时的积累可能是这些大分子物质降解过程中的代谢产物。

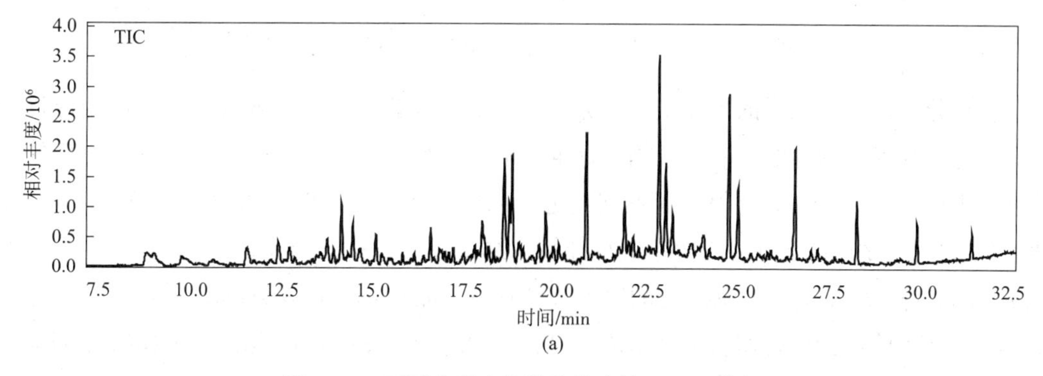

图 9－9　不同菌群生物强化策略的 GC-MS 分析

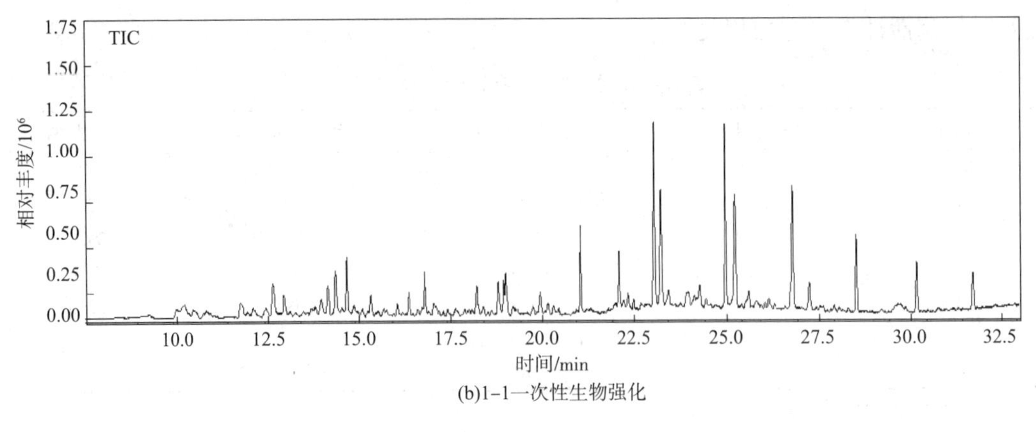

(b)1-1一次性生物强化

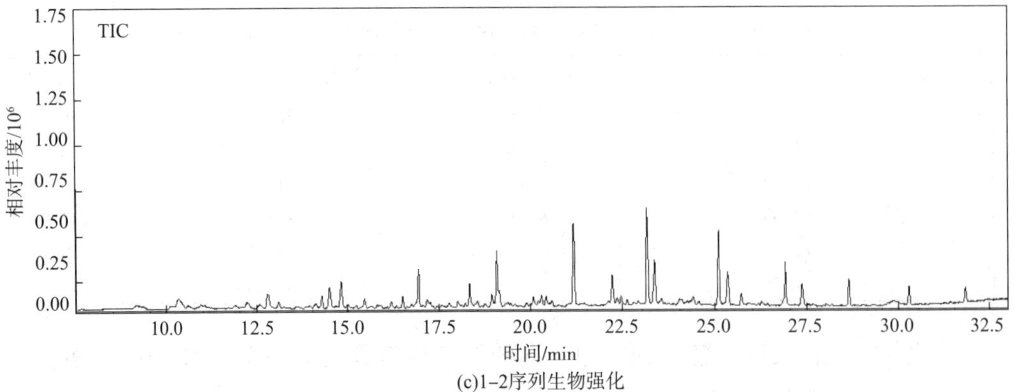

(c)1-2序列生物强化

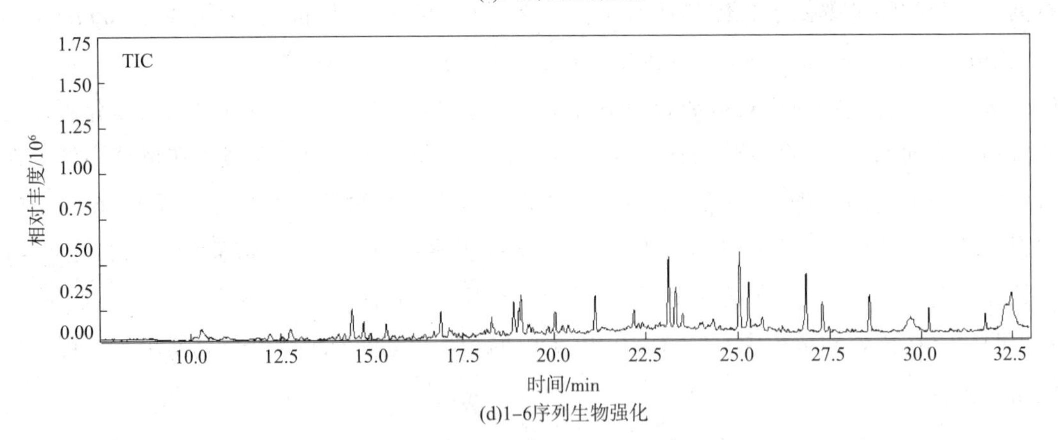

(d)1-6序列生物强化

图 9-9　不同菌群生物强化策略的 GC-MS 分析(续)

多环芳香烃是原油中的主要组成成分之一，对多环芳香烃的降解效率也可作为修复手段是否有效的评价指标之一。基于国际标准提取方法(EPA Method 3611B)对修复前后的原油组分进行了柱分离，分离得到了不同组分：脂肪烃组分(SAT)、芳香烃组分(AR)及极性组分(PL)，并对各组分的降解率进行计算，结果如图 9-10 所示。结果显示 1-1 组即 *Acremonium* sp. -*B. subtilis* 的菌组合的序列强化比 *Acremonium* sp. -*B. subtilis*(1-2)一次性强化对于那些难降解的极性组分的降解率要高；1-1 组即 *Acremonium* sp. -*B. subtilis* 序列强化与 1-6 即 *Acremonium* sp. -*B. subtilis-Phanerochaete* sp. 菌群强化相比，对这三种化学成分的

降解都有明显提高。

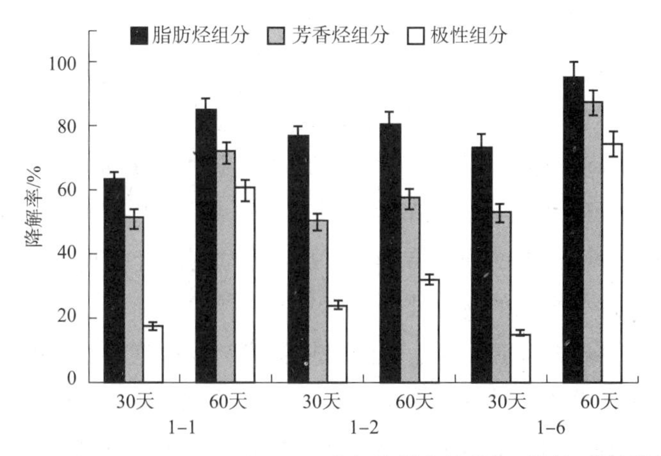

图 9-10 *Acremonium* sp. -*B. subtilis* 参与的强化处理组不同组分的降解率

由图 9-10 可以看出，不同处理组对脂肪烃及多环芳香烃均有很好的降解率，均可达到 60% 以上，对极性组分降解效率略差，但也达到了 50% 左右。

如图 9-11 所示，在含油污泥中的多环芳香烃降解过程中，当处理 30 天时，萘、芴、菲的降解率达到 90% 以上，而对蒽的降解率最低，1-1、1-2 及 1-6 组对荧蒽的降解率分别为 77.28%、78.92%、77.93%。在后 30 天内，1-6 组对 5 种多环芳香烃的降解率均达到 90% 以上，1-1、1-2 组对蒽及荧蒽的降解也有提高，但均没有 1-6 组强化处理组的降解作用显著。芳香族成分包括常见的多环芳香烃萘、芴、菲、蒽、荧蒽（NAP、PLO、PHE、ANT 和 FLA）。

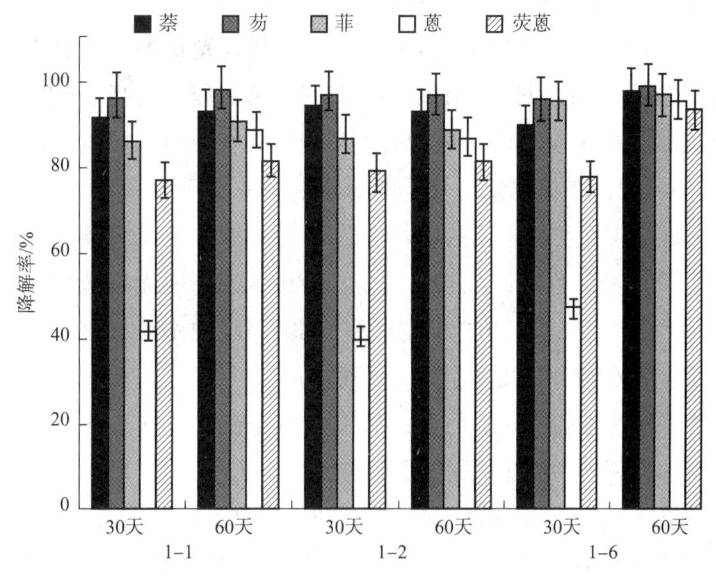

图 9-11 *Acremonium* sp. -*B. subtilis* 参与的强化处理对多环芳香烃萘的降解

9.4.7 序列生物强化接种比例和建议

该示范例建立了单独使用生物强化策略处理含油量12.4%的含油污泥的高效生物处理操作单元工艺，并对其作用机制进行了初步研究。在现场实施中，获得了高达96.7%的降解率，在多组处理中降解率达到了90%，说明所采用技术方案先进，现场操作稳定可靠。该示范例创新地建立了序列生物强化策略，并首次采用真菌－细菌菌群序列生物强化策略，获得了高效处理含油污泥的处理结果。在井场含油污泥处理现场成功实施了高效生物修复处理，为建立漏油等事故的应急处理策略奠定了技术基础。

综合我们实验室多种含油污泥和土壤的修复实践及该示范例的实施过程，在现场处理时，建议真菌－细菌菌群总接种量在2%～5%，对于含油量6%～12%的含油污泥，接种量设定在3%～5%，细菌和真菌等比例或真菌可以适当多些；对于6%以下含油量的含油污泥处理，接种量设定在2%左右，且采取序列生物强化策略，并维持正常良好的修复条件。

9.4.8 影响微生物菌群处理含油污泥的因素和分析

(1)含油污泥的理化性质：是否单独采用生物强化策略修复，首先关键要看含油污泥的理化性质。偏酸偏碱、重金属离子高度污染等污泥或土壤是不宜直接采取单独生物强化策略处理的；含油污泥的土壤特性，也是影响因素之一，过分板结或过分贫瘠的土壤也不宜直接采用该策略进行修复。

(2)含油量：含油量越低，直接采用生物强化策略处理的效果越发显著。一般报道的或国内外所提供的产品能处理的多为含油量低于2%～5%以下的含油污泥，要使用该类技术处理高含量的含油污泥要注意预先做室内实验。从该示范例的实施分析来看，采用单一细菌或真菌对于处理高含油污泥是有困难的，其降解率可能不会高于50%，而采用真菌－细菌菌群序列生物强化的修复策略是可行的。实践证明：单独采用生物强化策略处理含油量10%以下的含油污泥，在保证温度及湿度的前提下是可行的。

(3)菌株和菌群适应性：所选用的生物强化菌剂要尽量适应污染油泥的生境，并且在此生境中表现出很高的降解性能。如果仅仅是从液体状态下或无机盐培养基获得的，或者是从国外或外埠来源的菌群，没有在当地生境中的污染场地中获得过验证，那么其是否在实地污染场所能获得高的降解率是非常值得怀疑的。

(4)菌株或菌群降解性能：一般而言，如果单菌株在液体状态下可以对无机盐培养基中5%含油量的石油降解能力在15天内可达到60%～75%，在土壤水平达到40%以上降解率的菌株可以考虑作为生产现场使用菌株。同时，我们也看到并已经证明，单菌株对实际含油污泥的降解率大多在40%～65%，在一定时间内很难达到很高的降解率。构建以真菌－细菌为主要角色的并适应当地污染源修复的菌群是最有效也最有潜力的生物强化措施之一。

(5)接种量：其大小对迅速启动生物降解以及是否成功维持含油污泥中的有效活菌数非常关键。这对成功启动修复、修复时间长短、修复效率高低都有决定性影响。总接种量建议在2%～5%，对于10%～15%含油量的含油污泥，接种量设定在3%～5%，细菌和真菌等比例或真菌可以适当多些；对于6%以下含油量的含油污泥，接种量设定在2%左右。不建议对所有油泥处理(不管其含油量如何)，一律采用统一的接种率。

(6)温度和湿度：这两个因素的控制对整个处理过程成功与否非常重要。

(7)表面活性剂处理：其非常必要，这可能和处理初期的高速降解直接相关，因为只有石油类物质被溶解到水中才能被生物降解，而表面活性剂的介入对污染物在水中的溶解非常必要。

9.5　示范例二：化学－生物强化综合策略处理含油污泥

9.5.1　实施要点

针对现场较高含油量(12%～16%)的含油污泥，使用氧化剂处理剂Ⅱ预先处理含油污泥，再使用不同生物强化策略进行处理。

9.5.2　技术措施概述

在落地油泥中先加入表面活性剂(含水量的15%，w/w)，再加入氧化剂Ⅱ(6%，w/w)混匀，再加入含有亚铁离子催化剂的水溶液，使其含水量达到15%～20%(第一次预处理每组都做)。处理半月后重复该操作一次或不重复(2－1组和2－2组重复该操作，2－3组和2－4组不重复)，然后加入增氧剂(0.1%)后拌匀，再采取不同的生物强化策略进行进一步处理。生物菌剂加入方案和分组如下所述。

(1)*Acremonium* sp. 强化组(2－1)：第一次氧化处理半月后，再加入6%氧化剂Ⅱ，作用半月后接入*Acremonium* sp. 菌5%。

(2)*Phanerochaete* sp. 菌强化组(2－2)：第一次氧化处理半月后，再加入6%氧化剂Ⅱ，作用半月后接入*Phanerochaete* sp. 菌5%。

(3)*Acremonium* sp.-*B. subtilis* 强化组(2－3)：第一次氧化处理半月后，接入*Acremonium* sp. 菌和*B. subtilis* 各2.5%。

(4)*Acremonium* sp.-*Phanerochaete* 强化组(2－4)：第一次氧化处理半月后，接入*Acremonium* sp. 菌和*Phanerochaete* 各2.5%接入搅拌。

(5)*Acremonium* sp.-*B. subtilis*-*Phanerochaete* sp. 混合序列强化组(2－5)：第一次氧化处理半月后，将*Acremonium* sp. 真菌和*B. subtilis* 按等比例(1.25%：1.25%)接入，生物处理一月后，将*Phanerochaete* sp. 菌按2.5%再行接入搅匀。

在氧化处理后加入菌剂，用防渗布将油泥进行覆盖，并于其上覆盖麦草。每间隔一周测试水分并取样，并按照其含水量是否达到20%的标准进行补水。每间隔半月或补水后翻搅一次。遇有连雨天气，及时排水防涝，防止雨水进入。遇有暴晒天气3天以上者，及时于麦草上洒水保湿。到处理一月时，及时按照要求接入菌剂。各步操作及时并对每组操作步骤记录、取样。遇有意外及时和技术人员联系为盼。

9.5.3 化学-生物强化综合策略处理含油污泥第一次氧化处理操作

按照5组实验总需要量，一次性或分次将所需表面活性剂加入搅拌均匀后，将氧化处理剂、水、催化剂加入。注意处理后测定含水量，补足到20%水分含量。处理后，将干鸡粪按比例加入各分组。

9.5.4 化学-生物强化综合策略处理含油污泥第二次处理操作

按照每组实验需要量，再次进行预处理，并一次性或分次将所需菌剂加入搅拌均匀。用防渗布覆盖，再在防渗布上盖上麦草若干(见表9-11)。维护过程中，注意监测水分含量。后续每周内注意监测水分含量，当其含量低于20%以下时，注意补充水分。连续暴晒天气时，注意在麦草上洒水保湿为盼。

表9-11 第一次接菌工艺点和二次氧化处理操作关键参数

<table>
<tr><td colspan="12">第一次氧化处理后油泥基础参数</td></tr>
<tr><td colspan="2">含水量</td><td colspan="2">15%</td><td colspan="2">pH值</td><td colspan="2">8.5</td><td colspan="2">含油量</td><td colspan="2">16.2%</td></tr>
<tr><td colspan="12">第一次氧化处理(第一次加入半月后)和实际操作记录</td></tr>
<tr><td colspan="3">组别</td><td colspan="3">操作参数</td><td colspan="3">组别</td><td colspan="3">操作参数</td></tr>
<tr><td colspan="3">Acremonium sp. 强化组</td><td colspan="3">半月后加入6%氧化剂Ⅱ</td><td colspan="3">Acremonium sp.-Phanerochaete sp. 序列强化组</td><td colspan="3">接入 Acremonium sp. 和 Phanerochaete sp. 各2.5%</td></tr>
<tr><td colspan="3">Phanerochaete sp. 强化组</td><td colspan="3">半月后加入6%氧化剂Ⅱ</td><td colspan="3">Acremonium sp.-Phanerochaete sp.-B. subtilis 序列强化组</td><td colspan="3">将 Acremonium sp. 和 B. subtilis 按等比例(1.25%：1.25%)</td></tr>
<tr><td colspan="3">Acremonium sp.-B. subtilis 强化组</td><td colspan="3">接入 Acremonium sp. 和 B. subtilis 各2.5%</td><td colspan="6">在加入菌剂时先加入一定量的有机肥</td></tr>
</table>

9.5.5 化学-生物强化综合策略处理含油污泥第二次接菌或处理

根据技术要点，一个月后在混合序列强化组 *Acremonium* sp.-*Phanerochaete* sp.-*B. subtilis*(2-5)中，将 *Phanerochaete* sp. 菌按2.5%的接种量接入，搅拌均匀。用防渗布覆盖，再在防渗布上盖上麦草若干，即视为该步骤工艺完成。在维护过程中，注意监测水分含量。在后期处理过程中要每周内注意监测水分含量，当其含量低于20%以下，注意及时补充水分。遇连续暴晒天气时，注意在麦草上洒水保湿为盼。

9.5.6 示范例二的取样、记录和编号

取样时，尽量在每个处理组的靠近中心位置的地方，下挖10cm左右取样。每样大约重800g。记录和取样编号按照表9－12执行。

表9－12 示范例二的取样的编号和记录

组别	第一周	第二周	第三周	第四周	第五周	第六周	第七周	第八周
Acremonium sp. 强化组	2－1－1	2－1－2	2－1－3	2－1－4	2－1－5	2－1－6	2－1－7	2－1－8
Phanerochaete sp. 菌强化组	2－2－1	2－2－2	2－2－3	2－2－4	2－2－5	2－2－6	2－2－7	2－2－8
Acremonium sp. -*B. subtilis* 强化组	2－3－1	2－3－2	2－3－3	2－3－4	2－3－5	2－3－6	2－3－7	2－3－8
Acremonium sp. -*Phanerochaete* 强化组	2－4－1	2－4－2	2－4－3	2－4－4	2－4－5	2－4－6	2－4－7	2－4－8
Acremonium sp. -*Phanerochaete* sp. -*B. subtilis* 强化组	2－5－1	2－5－2	2－5－3	2－5－4	2－5－5	2－5－6	2－5－7	2－5－8

9.5.7 不同化学－生物强化综合策略处理含油污泥土壤的效果和分析

示范例二结果显示，实验各组在经过化学处理后，其残油量随时间呈现显著变化。经过两次化学处理，第一、二组的残油量达到6.4%，而第三、四组经过一次化学处理后，残油量达到9.9%，说明化学氧化处理降低了含油污泥中的石油烃类化合物的浓度。经处理后获得了比初始浓度低的含油量，这有利于生物修复作用的进行。如图9－12、图9－13所示，从各组残油量以及其随时间变化的规律来分析，结果显示经过两次化学处理后，第一、二组再经生物处理时，其降解率降低缓慢，这也许和生物处理时仅仅接入一种菌剂相关；第三、四、五组在生物处理时，其含油量随时间的变化而下降得稍微快些。但是也发现，经过两次的化学氧化对生物处理可能有一定的抑制作用。

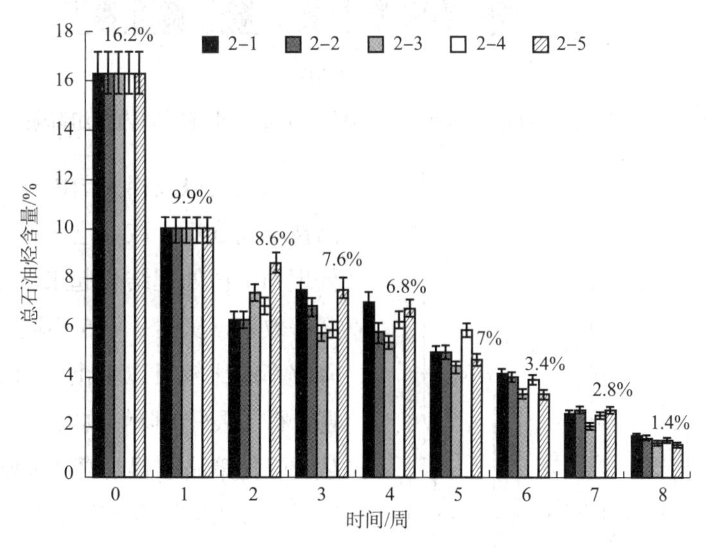

图9－12 示范例二各处理组总石油烃含量随时间的变化和同处理时间内各组石油烃含量的比较

如图 9－14 所示，各组的降解率随时间的延长而增大。第一、二组的降解率在经过两次化学处理后随时间也呈现不同的增长趋势，*Acremonium* sp. 菌的接入比 *Phanerochaete* sp. 的处理更有效。只经过一次化学氧化处理的组，从降解率变化来分析，接入 *Acremonium* sp. 和 *B. subtilis* 的菌群以及以 *Acremonium* sp. -*B. subtilis*-*Phanerochaete* sp. 菌群序列接种的生物强化策略可以和化学处理很好地结合，并最终获得了高的降解效率。因此，综合降解率和残油量随时间的变化规律以及各组之间在不同时间点上降解率的比较可以得知，本示范例所采用的生物强化策略及其具体操作模式是可以和化学处理相衔接的。

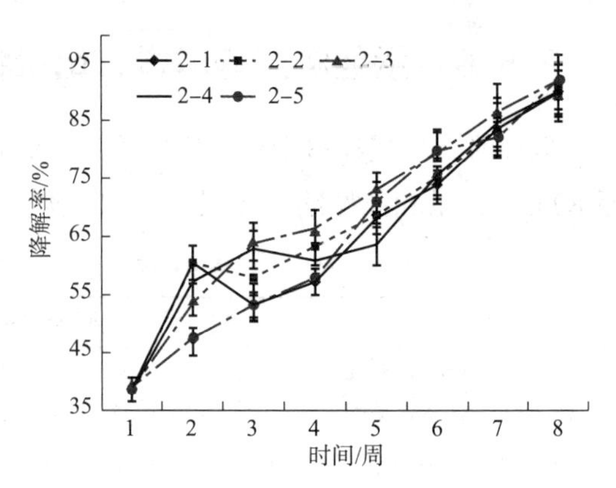

图 9－13　示范例二各处理组降解率随时间的变化

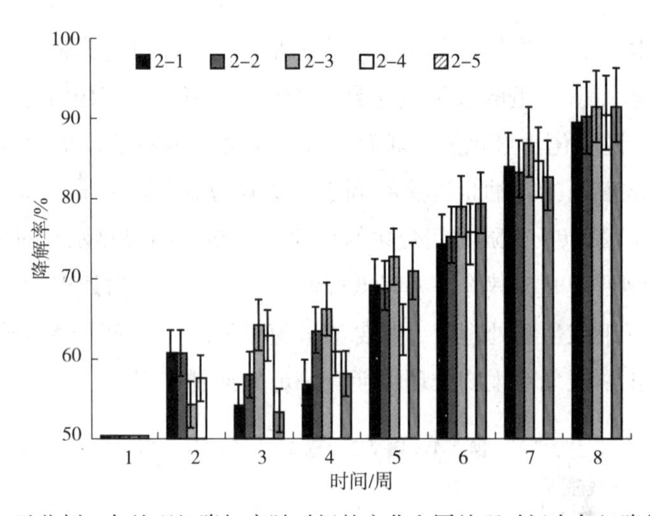

图 9－14　示范例二各处理组降解率随时间的变化和同处理时间内各组降解率的比较

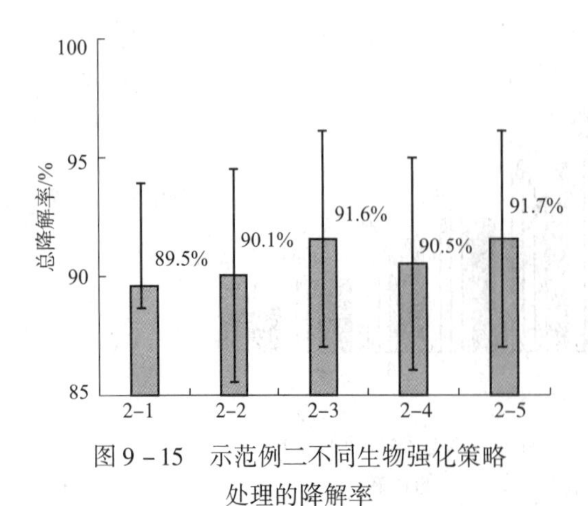

图 9－15　示范例二不同生物强化策略处理的降解率

从报道以及相关国内外产品所提供的产品技术来分析，该示范例成功地将化学氧化处理和生物处理结合起来，并取得了很好的降解效果。从图 9－15 不同处理组之间最终降解率的比较可以看出，示范例二处理组普遍取得了很好的降解效果，其中以菌群接入的生物强化策略取得了高于 90% 以上的降解效率；经过两次化学处理后，也可以接入单一真菌的生物强化方法进行处理。相对而言，菌群序列生物强化更有效。

9.5.8 总结与创新点分析

对于含油量高于15%的含油污泥或土壤的处理，采取化学预处理是非常必要的。示范例结果表明，经过化学氧化处理后既可以获得很高的降解率，又可以和生物强化策略很好地结合。经过两次化学处理，可以使得含油污泥的含油量降低60%左右，并可以和生物处理相衔接。只是相对于一次氧化处理而言，经过第二次处理后，含油污泥的降解率仅仅比一次处理提高了10%左右。因此，从成本和后续生物处理的有效性而言，建议采用一次化学处理后再用序列生物强化策略处理为好。经过化学处理后，如果要继续做生物处理，要考虑化学处理后对生物处理的不利影响。从本示范例来分析，过度化学处理对后续的生物处理有一定的不利影响，但在该示范例中序列生物强化也获得了高的降解率。

本示范例综合运用化学氧化处理和生物强化处理策略修复含油污泥，建立了化学生物强化综合法处理含油量16.2%含油污泥或土壤的高效生物处理操作工艺。在该示范例中，有实验组获得了高达91.7%的降解率，并且三个处理组的降解率都达到了90%以上。该示范例的结果说明所采用技术方案先进，创新地建立了序列生物强化策略，并采用真菌－细菌菌群序列生物强化策略获得了高效处理含油污泥的结果。在井场含油污泥处理现场成功实施了高效综合化学生物修复处理策略和方法，为建立漏油等事故的应急处理策略奠定了技术基础。

9.5.9 化学－生物强化综合方法处理策略实施的判断依据

对于是否采用化学处理法预先处理含油污泥，我们认为首先要考虑处理土壤中的最大含油量，如果仅用生物处理法处理可以达到目标降解率，就尽量不用化学处理预处理，这样既能节省成本，又可以尽量减少处理的步骤。具体而言，对于含油量超过12%的含油污泥，建议预先采用化学法处理一次，再按照生物强化处理步骤进行生物处理。如果不考虑时间成本，综合示范例一的结果，对于含油量为12%以下的含油污泥尽量采用生物强化处理为好。从此示范例可知，对于高含油量的含油污泥或土壤处理，可以预先进行一次或两次化学处理，然后再进行以序列接种方式的生物强化方式进行修复。

9.5.10 示范例二小结

该示范例高效处理了含油量高于12%的含油污泥，每个处理组几乎都达到了90%的降解率，这在有关综合化学生物强化处理策略的报道中都是很高的结果了。该示范例在田间水平建立了处理含油量高于15%以上的含油污泥的现场技术操作单元，其中使用氧化剂处理剂Ⅱ和生物处理的衔接性好，这为以后建立短时间内处理漏油事件等应急处理技术奠定了技术基础，提供了范例。

9.6 示范例三：化学－生物强化综合策略处理含油污泥

9.6.1 项目要点

针对现场高含油量(15% ~20%)的含油污泥，综合使用表面活性剂处理技术、增氧剂、化学氧化处理和生物强化技术提高处理效果，研究使用不同真菌－细菌菌群的生物强化技术处理经过化学氧化处理后含油污泥的效果差异，并为该类含油污泥的处理提供示范和参考。

9.6.2 技术措施概述

将含有表面活性剂(15%，v/w)和化学氧化处理剂Ⅰ(3%，m/m)的水分别加入含油污泥中，并加入含亚铁离子的催化剂，使其总含水量达到15% ~20%。拌匀覆盖后让其化学物质反应4 ~6天。然后，将增氧剂(0.1%)拌入处理过的油泥中，再将各组的生物处理剂按照工艺要求加入。

(1)*Acremonium* sp. -*Phanerochaete* sp. -*B. subtilis* 序列强化组(3－1)：氧化处理后，将 *Acremonium* sp. 和 *B. subtilis* 按等比例(1.25% ：1.25%)接入，一月后将 *Phanerochaete* sp. 菌按2.5%再接入搅匀。

(2)*Acremonium* sp. -*B. subtilis* 序列强化组(3－2)：接入 *Acremonium* sp. 和 *B. subtilis* 菌各1.25%，一月后再接入 *Acremonium* sp. 和 *B. subtilis* 各1.25%搅拌均匀。

(3)*Phanerochaete* sp. -*B. subtilis* 序列强化组(3－3)：接入 *Phanerochaete* sp. 和 *B. subtilis* 菌各1.25%，一月后将接入 *Acremonium* sp. 和 *B. subtilis* 各1.25%搅拌。

(4)*Acremonium* sp. -*Phanerochaete* sp. 序列强化组(3－4)：接入 *Acremonium* sp. 菌2.5%，一月后将 *Phanerochaete* sp. 菌按2.5%比例接入搅拌。

(5)*Phanerochaete* sp. 强化组(3－5)：接入 *Phanerochaete* sp. 菌5%。

9.6.3 处理维护

在化学氧化处理后，加入菌剂，用防渗布将油泥进行覆盖，并于其上覆盖麦草。每间隔一周测试水分并取样，并按照其含水量是否达到20%补水。间隔半月翻搅一次。遇有连雨天气，及时排水排涝，防止雨水进入。遇有暴晒天气，3天以上者，及时于麦草上洒水保湿。当处理一月时，及时按照要求接入菌剂。各步操作及时并对每组操作步骤记录、取样。遇有意外及时和技术人员联系为盼。

9.6.4　化学－生物综合处理策略处理含油污泥的接菌方案和实施

按照每组实验需要量，一次性或分次将所需菌剂加入含油污泥中搅拌均匀(见表9－13)。用防渗布覆盖，再在防渗布上盖上麦草若干。在维护过程中，注意监测水分含量。在后续每周内注意监测水分含量，当其含量低于20%以下，注意补充水分。连续暴晒天气时，注意在麦草上洒水保湿为盼。

表9－13　第一次接菌工艺点操作关键参数

含水量	pH值	含油量	19.1%
第一次接菌技术参数			
组别	操作参数	组别	操作参数
Acremonium sp.-*Phanerochaete* sp.-*B. subtilis* 序列强化组	将 *Acremonium* sp. 菌和 *B. subtilis* 菌等比例(1.25%：1.25%)	*Acremonium* sp.-*Phanerochaete* sp. 序列强化组	接入 *Acremonium* sp. 2.5%
Acremonium sp.-*B. subtilis* 序列强化组	接入 *Acremonium* sp. 和 *B. subtilis* 菌各1.25%	*Phanerochaete* sp. 强化组	接入 *Phanerochaete* sp. 菌5%
Phanerochaete sp.-*B. subtilis* 序列强化组	接入 *Phanerochaete* sp. 和 *B. subtilis* 菌各1.25%	对照组	正常补水、鸡粪搅拌

9.6.5　综合生物强化策略处理含油污泥的第二次接菌

按照每组实验需要量，一次性或分次将所需菌剂加入搅拌均匀。用防渗布覆盖，再在防渗布上盖上麦草若干，即视为该步骤工艺完成。注意在第二次接菌前，先加入增氧剂0.1%。第二次接菌按照表9－14进行。在维护过程中，注意监测含油污泥的水分含量。当其含量低于20%以下，注意补充水分。连续暴晒天气时，注意在麦草上洒水保湿为盼。

表9－14　第二次接菌工艺点操作关键参数

第二次接菌技术参数和实际操作记录			
组别	参数	组别	参数
Acremonium sp.-*Phanerochaete* sp.-*B. subtilis* 序列强化组	一月后将 *Phanerochaete* 按2.5%接入搅匀	*Acremonium* sp.-*Phanerochaete* 序列强化组	接入 *Acremonium* sp. 菌2.5%
Acremonium sp.-*B. subtilis* 序列强化组	一月后将接入 *Acremonium* sp. 和 *B. subtilis* 菌各1.25%	*Phanerochaete* 强化组	0
Phanerochaete sp.-*B. subtilis* 序列强化组	一月后接入 *Acremonium* sp. 和 *B. subtilis* 菌各1.25%搅拌	对照组	正常加入补水、鸡粪

9.6.6 示范例三的取样、记录和编号

取样时，尽量在每个处理组的靠近中心位置的地方，下挖10cm左右取样。每个样品大约重800g。记录和取样编号按照表9-15执行。

表9-15 示范例三的取样的编号和记录

组别	第一周	第二周	第三周	第四周	第五周	第六周	第七周	第八周
Acremonium sp. -*Phanerochaete* sp. -*B. subtilis* 强化组	3-1-1	3-1-2	3-1-3	3-1-4	3-1-5	3-1-6	3-1-7	3-1-8
Acremonium sp. -*B. subtilis* 序列强化组	3-2-1	3-2-2	3-2-3	3-2-4	3-2-5	3-2-6	3-2-7	3-2-8
Phanerochaete sp. -*B. subtilis* 序列强化组	3-1-3	3-3-2	3-3-3	3-3-4	3-3-5	3-3-6	3-3-7	3-3-8
Acremonium sp. -*Phanerochaete* sp. 序列强化组	3-4-1	3-4-2	3-4-3	3-4-4	3-4-5	3-4-6	3-4-7	3-4-8
Phanerochaete sp. 强化组	3-5-1	3-5-2	3-5-3	3-5-4	3-5-5	3-5-6	3-5-7	3-5-8

9.6.7 不同化学-生物强化综合策略处理含油污泥土壤的效果和分析

如图9-16所示，各组残油量随着时间的延长而呈现很大的变化，各小组之间的残油量在处理相同的时间时，也呈现很大差异。从残油量的变化趋势来分析，随着时间延长，含油污泥中的石油烃类化合物减少趋势明显，说明经化学处理后，微生物降解作用仍然明显，石油类物质减少很快。如图9-16所示，从第二周开始，各组间的残油量在不同时间点呈现几乎相同的差异趋势。如图9-17显示，从第二周开始，各小组的降解率都随着时间的延长而增长，尤其3-1、3-2和3-3处理组的降解率随时间的增加而快速增大，3-4组的降解率在第一个月内一直在增加，而在接入*Phanerochaete* sp. 菌后，其增长趋势减缓；3-5组的降解率虽然也随时间的延长呈现增长趋势，但其在每个时间点的降解率都低。综合以上结果说明，其中序列生物强化策略是最佳修复策略，3-1处理组即三个菌的组合作为修复菌剂是最佳的，而*Acremonium* sp. -*B. subtilis* 菌群组的降解率也比较高，*Phanerochaete* sp. -*B. subtilis* 菌群的降解率相对前两组都要低。从各组的残油量和降解率随时间变化的趋势来分析，各实验组的生物强化策略都对含油污泥有很好的修复处理效果，而3-1、3-2等序列生物强化策略的处理含油污泥的效果比单一菌种生物强化要好，说明其用于含油污泥的生物修复时启动快，降解迅速，使用该策略进行含油污泥处理有利于减少修复时间。

如图9-18、图9-19所示，从各组的最终降解率分析，实验组3-1、3-2和3-3对含油污泥的降解率较高，其中实验组3-1的降解率最高达到94.6%。综合相关文献报道和国内外有关生物修复产品的信息而言，本示范例创造性地集生物强化策略和化学氧化之优势，在自然现场条件下处理含油量高达19%的含油污泥，并获得了降解率高达90%以上的处理效果。

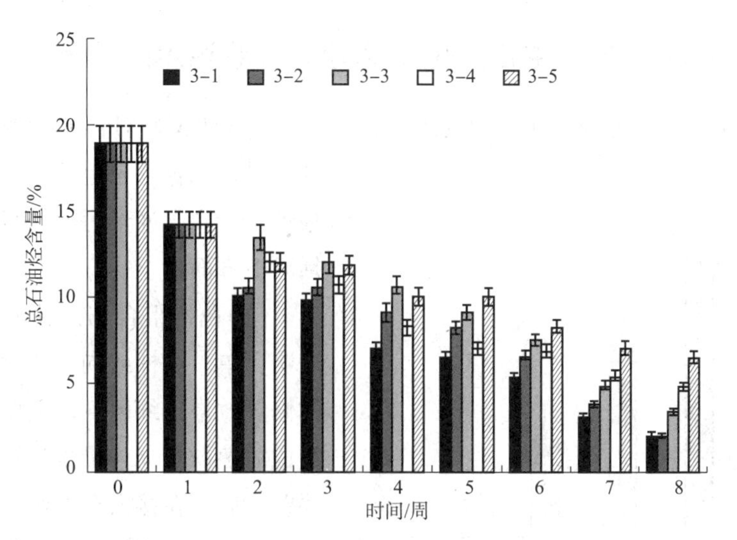

图 9-16 示范例三各处理组总石油烃含量随时间的变化和同处理时间内各组石油烃含量的比较

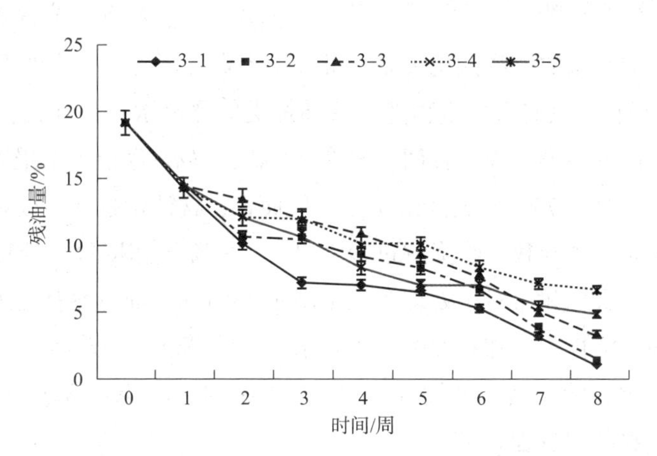

图 9-17 示范例三各组残油量随时间的变化

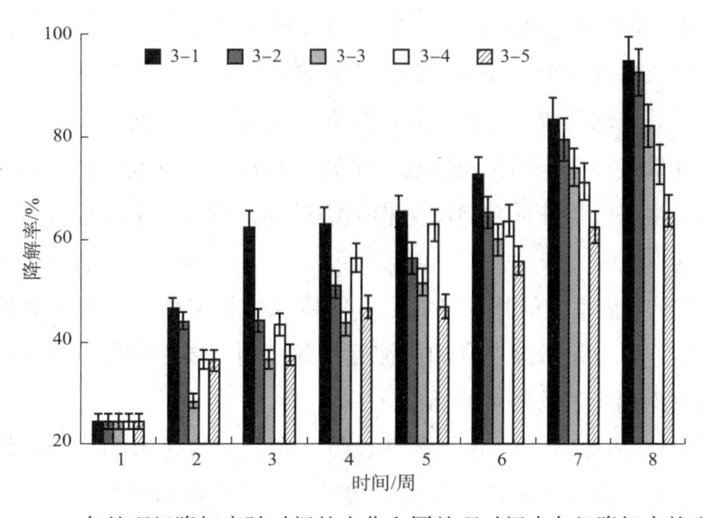

图 9-18 各处理组降解率随时间的变化和同处理时间内各组降解率的比较

9.6.8 影响化学－生物强化策略处理含油污泥的因素

该示范例是为了研究经一次化学处理后，不同生物强化策略对含油污泥不同的修复处理效果。综合本示范例的结果和相关文献报道，对高含油量污泥修复的影响因素包括以下方面：

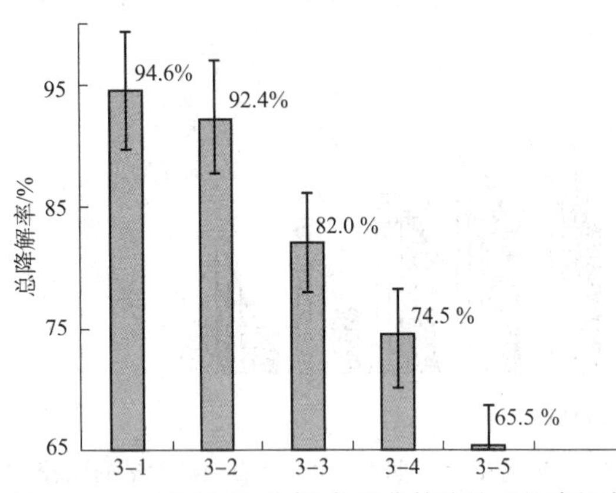

图 9－19　示范例三不同生物强化策略处理的降解率

(1) 菌群组合和接种方式。本示范例表明，单一菌株或同一类菌株组成的菌群的修复效果比细菌－真菌菌群以及三菌株组成的菌群对高含量含油污泥的处理效果要差。后者在接入含油污泥后，生物降解过程启动快，降解率增长趋势显著，对残油降解快，有利于节省降解时间，减少处理成本。单一细菌或真菌的生物强化策略不推荐用于含油污泥的生物处理。

(2) 含油量。现在还没有有关生物降解石油烃类的最高浓度的任何报道。以前的报道都仅仅局限于低浓度的污染处理，我们曾经在《*Biodegradation*》杂志上报道了在含油量 5% 的土壤污染中获得了高达 75.2% 的降解率。一般而言，含油量越高，处理难度越大，处理时间越长。含油量越高，导致生物降解过程难以启动，降解速度慢，处理时间长，时间和经济投入成本越高。我们建议对于处理含油量高于 15% 的含油污泥首先进行一两次的化学处理，同时添加表面活性剂增加石油类物质在水中的溶解度，同时经过化学处理形成好的有利于生物强化菌剂存活、繁衍并发挥降解性能的微生态环境，加速生物强化菌剂的生长，快速启动微生物降解过程。

(3) 修复期间的维护。保持处理过程中的温度和湿度至关重要。

(4) 生物降解启动快慢。从实施过程中的诸多现象以及国外有关生物强化的理论来分析，影响生物强化效果的一个重要因素是，生物强化菌剂在接入含油污泥后是否能成功启动生物降解过程，其启动的快慢也影响最终降解率的高低。因此，采取一些措施激活土著微生物或以高接种量接种都是确保快速启动生物降解过程的有效措施。如果所接菌剂在含油污泥中不能形成生态优势并成功启动生物降解过程，所接微生物很快就会成为土著微生物的猎物而被迅速“吃掉”。

(5) 菌株或菌群降解率的增长趋势大小。所接入生物强化菌剂降解率的增长趋势决定着修复时间的长短，以及是否能在含油污泥建立起有利于微生物菌剂生长的优势环境，这也是选择微生物菌株用于生物降解的标准之一。

(6) 正常的微生物生长条件。这个条件虽然笼统，但也是影响生物降解效率的关键因素之一。如前文所示，极端的环境条件包括酸碱度、重金属离子污染、有污染的水和当地土壤的高盐度都会直接影响生物强化策略的效率，有些甚至导致生物强化策略无法实施。

因此，收集有关当地土壤的理化性质资料都是非常必需和有利的。

9.6.9 判断依据

是否采用化学和生物综合处理法的综合处理策略，关键是要看污染油泥或土壤的含油率，含油率高于15%~20%的含油污泥，建议采用该法进行修复。要确保实际现场修复策略的处理效果和有效实施，最好要进行实际污染现场样品的室内小试实验。

9.6.10 示范例三总结和创新点分析

本示范例处理含油量高达19%的含油污泥，并获得了高达90%以上的降解率。在高含油量污泥处理后，由于生物转化将疏水性有机物从污泥中解吸附出来并形成了非油质的可溶性黑色转化物。多次对该示范例样品的含油量测定的结果都很低，说明其可能是原油的一种转化有机物。

由于该示范例所处理含油量高，处理时间短，残油降解快，因此所建立的策略可能为建立漏油等应急处理策略奠定了技术基础。综合相关文献报道和国内外有关生物修复产品的信息而言，该示范例创造性地集生物强化策略和化学氧化之优势处理含油量高达19%的含油污泥，降解效果显著。

9.7 示范例四：化学–生物综合法处理高浓度含油污泥

9.7.1 实施要点

对于超高浓度(23.4%)含油污泥污染，研究深度氧化降低其中石油含量后，采用不同生物强化策略使用的效果差异。

9.7.2 技术措施概述

在落地油泥中加入含有表面活性剂(15%，v/w)的水，再加入处理剂Ⅰ(3%，m/m)，以及催化剂的水溶液，使其含水量达到15%~20%。处理一周后，再加入表面活性剂和氧化剂重复处理一次。再过一周后采取不同的生物强化策略进行处理。

(1) *Acremonium* sp.-*Phanerochaete* sp.-*B. subtilis* 强化组：将 *Acremonium* sp.、*B. subtilis* 和 *Phanerochaete* sp. 按等比例(各1.67%)接入。

(2) *Acremonium* sp. 强化组：将 *Acremonium* sp. 真菌按5%接入搅匀。

(3) *Acremonium* sp.-*B. subtilis* 强化组：分别按照2.5%接入 *Acremonium* sp. 菌和 *B. subtilis* 菌接入搅拌。

(4) *Phanerochaete* sp. 强化组：接入 *Phanerochaete* sp. 菌5%。

（5）*Acremonium* sp. -*Phanerochaete* sp. 强化组：接入 *Acremonium* sp. 菌和 *Phanerochaete* sp. 菌各 2.5%。

在用氧化剂和表面活性剂处理后，再加入菌剂拌匀后，用防渗布将油泥覆盖，并于其上覆盖麦草。每间隔一周测试水分并取样，并按照其含水量是否达到 20% 的标准补水。每隔半月翻搅一次。遇有连雨天气，要及时排水排涝，防止雨水进入。遇有暴晒天气 3 天以上者，要及时于麦草上洒水保湿。当处理一月后，要及时按照要求接入菌剂。各步操作要及时并对每组操作步骤进行记录并取样。如遇有意外及时和技术人员联系为盼。

9.7.3　化学－生物强化综合法处理高浓度含油污泥第一次氧化处理操作

按照 5 组实验总需要量，一次性或分次将所需表面活性剂加入搅拌均匀后，将前处理剂、水、催化剂加入。注意处理后测定含水量，补水到 20% 的水分含量。处理后，将干鸡粪按比例加入。

9.7.4　化学－生物强化综合法处理高浓度含油污泥第二次氧化处理操作

按照第一次操作重复。

9.7.5　生物强化的接种操作

按照每组实验需要量，一次性或分次将所需菌剂加入搅拌均匀。用防渗布覆盖，再在防渗布上盖上麦草若干，即视为该步骤工艺完成。注意在接菌前，先加入增氧剂 0.1%。第二次接菌按照表 9－16 进行。在维护过程中，注意监测含油污泥的水分含量。当其含量低于 20% 以下，注意补充水分。连续暴晒天气时，注意在麦草上洒水保湿为盼。

表 9－16　生物强化接菌处理操作关键参数

二次氧化处理后油泥基础参数					
含水量	11%	pH 值	10.5	含油量	23.4%
接菌技术参数					
组别	操作参数	组别	操作参数		
Acremonium sp. -*B. subtilis* 组	接入 *Acremonium* sp. 菌和 *B. subtilis* 菌各 2.5%	*Phanerochaete* sp. 组	接入 *Acremonium* sp. 菌 5%		
Acremonium sp. 组	接入 *Acremonium* sp. 菌 5%	*Acremonium* sp. -*Phanerochaete* sp. 组	将 *Acremonium* sp. 菌和 *B. subtilis* 菌各 2.5%		
Acremonium sp. -*Phanerochaete*-sp. -*B. subtilis* 组	将各菌剂按等比例（各 1.67%）接入	测试降解率时要注意	二次氧化处理后一定要检测油泥的酸碱度		

9.7.6　示范例三的取样、记录和编号

取样时，尽量在每个处理组的靠近中心位置的地方，下挖 10cm 左右取样。每样大约重 800g。记录和取样编号按照表 9－17 执行。

表 9－17　示范例四的取样的编号和记录

组别	第一周	第二周	第三周	第四周	第五周	第六周	第七周	第八周
Acremonium sp. -*Phanerochaete* sp. -*B. subtilis* 组	4－1－1	4－1－2	4－1－3	4－1－4	4－1－5	4－1－6	4－1－7	4－1－8
Acremonium sp. 组	4－2－1	4－2－2	4－2－3	4－2－4	4－2－5	4－2－6	4－2－7	4－2－8
Acremonium sp. -*B. subtilis* 组	4－3－1	4－3－2	4－3－3	4－3－4	4－3－5	4－3－6	4－3－7	4－3－8
Phanerochaete sp. 组	4－4－1	4－4－2	4－4－3	4－4－4	4－4－5	4－4－6	4－4－7	4－4－8
Acremonium sp. -*Phanerochaete* sp. 组	4－5－1	4－5－2	4－5－3	4－5－4	4－5－5	4－5－6	4－5－7	4－5－8

编号原则：第一位为组别，第二位是强化组组别，第三位是第几周。

9.7.7　不同化学－生物强化策略处理含油污泥土壤的效果和分析

如图 9－20～图 9－22 所示，所采取的化学－生物强化处理策略可以很好地在含油量高达 23% 的含油污泥中发挥降解能力，在第二周接入生物强化菌剂后，从第三周开始就可以检测到残油量和降解率随时间延长发生显著的变化，说明所加入的微生物菌株可以适应高含油的污染环境。同时观察到，从第七周到第八周，其含油量和降解率的变化太过突兀或过于明显，因此，推测可能是由于用红外法检测高含油量样本含油量时所引起的误差。具体而言，对于高含油量的样本，采用生物法是可以处理的。本示范例预先用化学氧化法处理两次，经过短短两周将其含油率从 23.4% 降低到 16.11%，获得了近 30% 的降解率。这是非常显著和值得的，说明先用化学法处理可以很好地降低高含油污泥中的含油量，减少高含油率对后续生物强化处理的抑制作用和其他可能的不利影响(见图 9－21)。如图 9－20 和图 9－22 所示，从残油量和其变化趋势来分析，从第三周开始，随着处理时间的延长，各组的残油量都逐渐降低，但各组之间的残油量和所获得的降解率都呈现出非常大的差异，说明不同处理策略的降解性能是有显著差异的，也说明微生物菌群之间的不同设置对其在含油污泥中的降解性能有很大的影响。从所获得的降解率和残油量变化来分析，处理组 4－1 和 4－3 有很好的降解效果，而 4－5 的处理效果最差。这些结果说明，采用单一真菌接种的生物强化策略的修复效果没有菌群的处理效果显著。

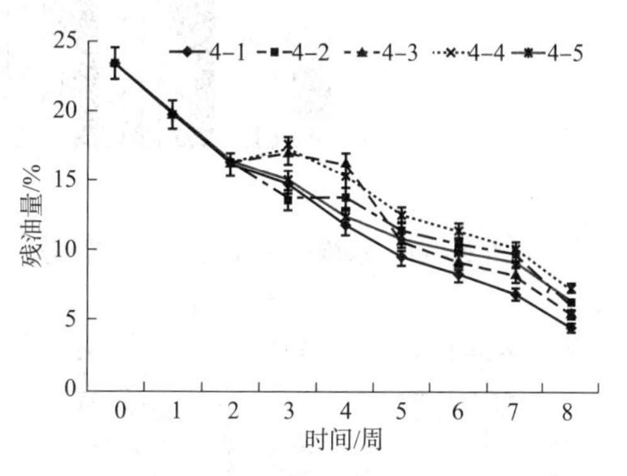

图 9－20　示范例四各组残油量随时间变化

从各组降解率在不同组间以及降解率随时间变化的规律分析(见图 9－21 和图 9－23)，从第二次化学处理后，各组的降解率随时间都呈现很明显的变化，说明各组的生物强化策略对处理如此高含量的含油污泥有效，随着时间延长，各小组的降解率都在逐渐增加。这和图 9－19 所示的残油量变化所揭示的规律一样，说明这些生物强化菌剂所包含的微生物细胞完全可以处理经过化学氧化预处理的高达 23% 的含油污泥环境，并在此间发挥了很好的降解作用。从各组的降解率变化分析，4－1、4－3 和 4－5 组比其他组有更高的降解率，从降解率随时间变化的趋势分析，这些组的降解率随时间增加的趋势更加明显。还可以看出，这些组的降解趋势还在逐渐增加，其降解潜力还可能会持续更长时间，相信随着处理时间的延长，含油污泥的残油量还会继续下降，降解率还会增加。

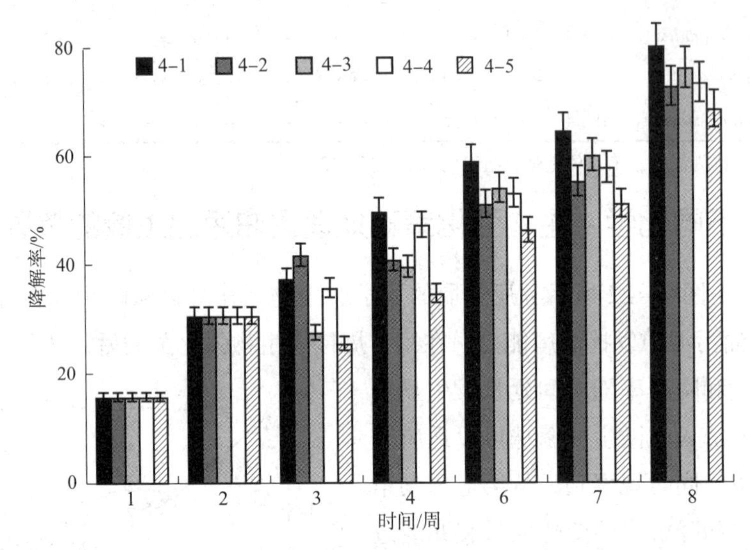

图 9－21　示范例四各处理组降解率随时间的变化和同处理时间内各组降解率的比较

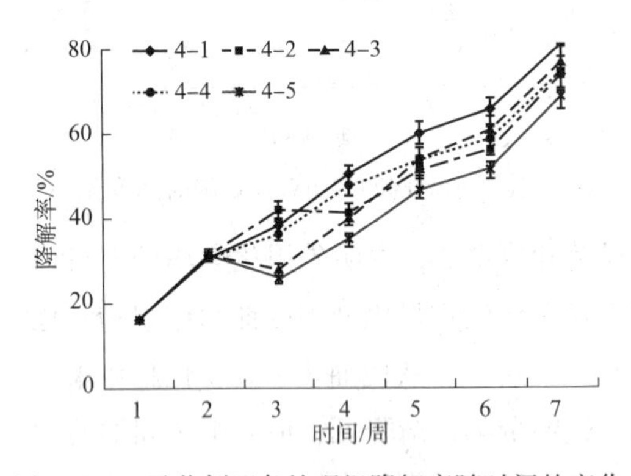

图 9－22　示范例四各处理组降解率随时间的变化

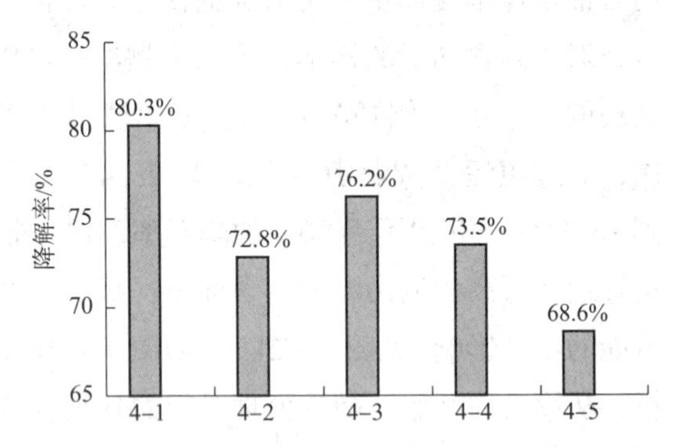

图 9－23　示范例四各处理组降解率随时间的变化

9.7.8　影响因素和分析

对于通过化学－生物强化策略处理高含油量(>20%)的含油污泥，许多因素可能会影响这一策略的实施和高降解率的获得。

(1)高含油量。这是高含油量污泥或土壤处理过程中影响生物强化策略实施的关键因素，而且其可能在许多方面影响生物处理的启动和进一步降解。含油量越高，含油污泥中可用于降解的氧气以及微生物呼吸所产生的废气都不能很好地产生和排泄，因而可能直接影响含油污泥中微生物细胞的生理活动及其降解性能的发挥。含油量高还意味着含油污泥中疏水相即有机相比水相的体积或相对比例大，导致接入的微生物生存环境恶劣，其生存和繁衍及其降解活性都可能无法高效发挥，最终导致生物降解过程难以启动。高含油量还使得含油污泥或土壤的理化性质甚至土质结构发生不利于微生物生存和繁衍的改变。

(2)水相比例减少，尤其是这类油泥中微生物生存的水系环境减少。这可能直接导致该生境中的微生物难以获得生存和繁衍的基本条件；同时使得这些微生物难以从水相获得其赖以生存的基本营养条件，也使得微生物难以更多地降解疏水相中的有机物。

(3)土质结构改变。由于该类含油污泥中大量石油的存在，土壤的理化性质发生改变，水分难以存储，土壤容易失水，容易因缺少水分而板结。这对处理含油污泥有不利影响。

(4)处理时间。从降解率和残油量的变化来分析，处理时间对含油污泥的处理效果有很大影响。只要能维持微生物强化菌剂高的降解活性，时间越长，越有利于最终获得好的降解率。对于含油量高于20%的含油污泥或土壤，2个月的处理时间是不够的，延长处理时间是非常必需的。

9.8　现场实施化学－生物法多种策略处理含油污泥的总结和分析

本次现场示范例经过四组共23小组实验处理了高达数吨的含油污泥，在井场现场获得了处理含油量从10%～23%的含油污泥的处理策略和方法，在自然条件下建立了以生物强化为主的半封闭的化学－生物综合处理策略，并获得了高达80%～95%的降解率。这些策略和操作工艺为以后规模化高效处理高含油污泥奠定了实践基础和技术积累。所取得的一些成果依次总结如下：

(1)首先以市场上可购得的多种表面活性剂为研究对象，用实际含油污泥为对象，经过大量室内实验确定了产自济南的重油清洗剂表面活性剂可以从含油污泥中高效洗脱其含有的油类物质，在含油污泥上证明其去油率高达64.2%，并且确定其可以和所用生物强化菌剂兼容性使用。

(2)在自然条件下，根据生物强化处理的要求，建立了适于现场操作的半封闭式的生物强化策略处理含油污泥的处理方式。

(3)在室内实验的基础上，根据国际上最新提出的生物处理过程中存在的牧草理论和拐点局限，设计了不同处理能力的生物强化和化学处理综合策略，在甘肃庆阳元城地区的井场上，分别处理了含油量12.4%、16.2%、19.1%和23.4%的含油污泥。在经过2个月的有效处理，分别针对含油量12.4%、16.2%、19.1%的实验组都获得了高达90%以上的降解率，获得了处理这些含油量水平的含油污泥的处理策略和方法技术。这为现场处理高含油污泥以及应对漏油等突发事件提供了技术支撑。

(4)针对23.4%的高含油污泥，现场示范例证实，本项目所建立的生物综合策略获得了80%左右的降解率，首次证实对于高达20%以上的含油污泥也是可以生物处理的。

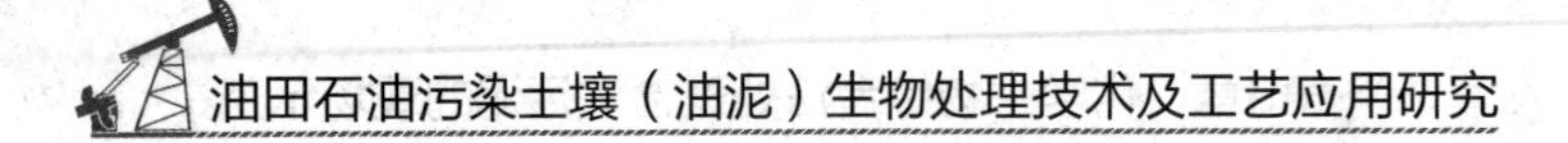

(5)根据现场示范例结果，还在理论上对影响各种策略修复效率的因素进行了分析研究，建立了其在现场水平进行判断的依据和标准。

(6)建立了高效生物综合法处理高含油污泥的方法和技术体系。

(7)以温和化学处理方法和生物强化法建立了生物综合处理高含油污泥的技术和工艺，并在现场进行了验证。这为处理高含油污泥以及应对漏油等生产突发事件的高含量污染处理提供了技术基础。

(8)建立了纯粹使用生物强化策略处理含油量12.4%的高效生物强化策略，获得了高达96.7%的降解率，并在示范例中的三组达到了降解率为90%的指标。创新地建立了序列生物强化策略，并首次采用真菌－细菌菌群序列生物强化策略，获得了高效处理含油污泥的处理结果。第一次在井场含油污泥处理现场成功实施了高效生物修复处理，为建立漏油等事故的应急处理策略奠定了技术基础。

(9)在田间水平建立了处理含油量高于19%的含油污泥的生物综合法处理现场的技术操作单元，为以后短时间内处理漏油的应急处理技术建立了技术基础。

(10)在田间水平证明高达20%以上的原油污染油泥或土壤是可进行生物处理的，并对综合使用化学和生物处理方法处理此类污泥的效果进行了示范和评估。处理含油量高达20%的含油污泥获得高达80%的降解率。

参 考 文 献

[1]余萃，廖先清，刘子国，等．石油污染土壤的微生物修复研究进展[J]．湖北农业科学，2009(5)：1260－1263.

[2]魏样．土壤石油污染的危害及现状分析[J]．中国资源综合利用，2020，38(04)：120－122.

[3]El Fantroussi S，S N Agathos. Is bioaugmentation a feasible strategy for pollutant removal and site remediation?[J]．Curr Opin Microbiol，2005，8(3)：268－75.

[4]Thompson I P，C J van der Gast，L Ciric，et al. Bioaugmentation for bioremediation：the challenge of strain selection[J]．Environ Microbiol，2005，7(7)：909－15.

[5]毛丽华，吕华，李子君．石油污染土壤生物强化修复的机制与实施途径[J]．有色金属工程，2006(01)：92－96.

[6]屠明明．石油污染土壤的生物刺激和生物强化修复[J]．中国生物工程杂志，2009，29(8)：129－134.

[7]Atagana H I. Bioremediation of creosote-contaminated soil：a pilot-scale landfarming evaluation[J]．World Journal of Microbiology & Biotechnology，2003，19(6)：571－581.

[8]Ayotamuno M J，R B Kogbara，S O T Ogaji，et al. Bioremediation of a crude-oil polluted agricultural-soil at Port Harcourt，Nigeria[J]．Applied Energy，2006，83(11)：1249－1257.

[9]Abdulsalam S，A B Omale. Comparison of biostimulation and bioaugmentation techniques for the remediation of used motor oil contaminated soil[J]．Brazilian Archives of Biology and Technology，2009(52)：747－754.

[10]Xu R，J P Obbard. Effect of nutrient amendments on indigenous hydrocarbon biodegradation in oil-contaminated beach sediments[J]．Journal of Environmental Quality，2003，32(4)：1234.

[11]Hamdi H，S Benzarti，L Manusad Ianas，et al. Bioaugmentation and biostimulation effects on PAH dissipation and soil ecotoxicity under controlled conditions[J]．Soil Biology & Biochemistry，2007，39(8)：1926－1935.

[12]白云，李川，焦昭杰．石油污染土壤生物修复室内模拟试验[J]．环境影响评价，2011，33(1)：26－28.

[13]Wu Y，Y Luo，D Zou，et al. Bioremediation of polycyclic aromatic hydrocarbons contaminated soil with Monilinia sp.：degradation and microbial community analysis[J]．Biodegradation，2008，19(2)：247－257.

[14]Allan I J，K T Semple，R Hare，et al. Cyclodextrin enhanced biodegradation of polycyclic aromatic hydrocarbons and phenols in contaminated soil slurries[J]．Environmental Ence & Technology，2007，41(15)：5498.

[15]Megharaj M，I Singleton，N C Mcclure，et al. Influence of Petroleum Hydrocarbon Contamination on Microalgae and Microbial Activities in a Long-Term Contaminated Soil[J]．Archives of Environmental Contamination & Toxicology，2000，38(4)：439－45.

[16] Ruberto L, S C Vazquez, W P M Cormack. Effectiveness of the natural bacterial flora, biostimulation and bioaugmentation on the bioremediation of a hydrocarbon contaminated Antarctic soil[J]. International Biodeterioration & Biodegradation, 2003, 52(2): 115 – 125.

[17] Lebeau T, A Braud, K Jezequel. Performance of bioaugmentation-assisted phytoextraction applied to metal contaminated soils: A review[J]. Environmental Pollution, 2008, 153(3): 497 – 522.

[18] Canet R, J G Birnstingl, D G Malcolm, et al. Biodegradation of polycyclic aromatic hydrocarbons (PAHs) by native microflora and combinations of white-rot fungi in a coal-tar contaminated soil[J]. Bioresource Technology, 2001, 76(2): 113 – 117.

[19] Husaini A, H A Roslan, K S Y Hii, et al. Biodegradation of aliphatic hydrocarbon by indigenous fungi isolated from used motor oil contaminated sites[J]. World Journal of Microbiology & Biotechnology, 2008, 24(12): 2789 – 2797.

[20] Ueno A, Y Ito, I Yumoto, et al. Isolation and characterization of bacteria from soil contaminated with diesel oil and the possible use of these in autochthonous bioaugmentation[J]. World Journal of Microbiology & Biotechnology, 2007, 23(12): 1739 – 1745.

[21] Mancera-López M E, F Esparza-García, B Chávez-Gómez, et al. Bioremediation of an aged hydrocarbon-contaminated soil by a combined system of biostimulation-bioaugmentation with filamentous fungi[J]. International Biodeterioration & Biodegradation, 2008, 61(2): 151 – 160.

[22] Eeva H, M Merike, V Signe, et al. Biodegradation efficiency of functionally important populations selected for bioaugmentation in phenol-and oil-polluted area[J]. Fems Microbiology Ecology, 2010(3): 363 – 373.

[23] Ronen Z, L Vasiluk, A Abeliovich, et al. Activity and survival of tribromophenol-degrading bacteria in a contaminated desert soil[J]. Soil Biology & Biochemistry, 2000, 32(11 – 12): 1643 – 1650.

[24] Mrozik A, Z Piotrowska-Seget. Bioaugmentation as a strategy for cleaning up of soils contaminated with aromatic compounds[J]. Microbiological Research, 2010, 165(5): 363 – 375.

[25] Sabaté J, M Vi As, A M Solanas. Laboratory-scale bioremediation experiments on hydrocarbon-contaminated soils[J]. International Biodeterioration & Biodegradation, 2004, 54(1): 19 – 25.

[26] Song H G, X P Wang, R Bartha. Bioremediation potential of terrestrial fuel spills[J]. Applied & Environmental Microbiology, 1990, 56(3): 652.

[27] Huesemann, H Michael. Incomplete Hydrocarbon Biodegradation in Contaminated Soils: Limitations in Bioavailability or Inherent Recalcitrance? [J]. Bioremediation Journal, 1997, 1(1): 27 – 39.

[28] Silva E, A M Fialho, I Sá-Correia, et al. Combined bioaugmentation and biostimulation to cleanup soil contaminated with high concentrations of atrazine[J]. Environmental Ence & Technology, 2004, 38(2): 632 – 637.

[29] Filonov A E, L I Akhmetov, I F Puntus, et al. The Construction and Monitoring of Genetically Tagged, Plasmid-Containing, Naphthalene-Degrading Strains in Soil[J]. Microbiology, 2005, 74(4): 453 – 458.

[30] Mohn W W, Radziminski C Z. On site bioremediation of hydrocarbon-contaminated Arctic tundra soils in inoculated biofiles[J]. Applied Microbiology and Biotechnology, 2001, 57(1 – 2): 242 – 247.

[31] Vomberg A, U Klinner. Distribution of alkB genes within n-alkane-degrading bacteria[J]. J Appl Microbiol, 2000, 89(2): 339 – 48.

[32]Bouchez T, D Patureau, P Dabert, et al. Ecological study of a bioaugmentation failure[J]. Environ Microbiol, 2000, 2(2): 179 -90.

[33]Couto M N, E Monteiro, M T S D Vasconcelos. Mesocosm trials of bioremediation of contaminated soil of a petroleum refinery: comparison of natural attenuation, biostimulation and bioaugmentation[J]. Environmental Ence & Pollution Research, 2010, 17(7): 1339 -1346.

[34]Chen K F, C M Kao, C W Chen, et al. Control of petroleum-hydrocarbon contaminated groundwater by intrinsic and enhanced bioremediation[J]. J Environ Sci (China), 2010, 22(6): 864 -71.

[35]Ławniczak Ł, M Woźniak-Karczewska, A P Loibner, et al. Microbial Degradation of Hydrocarbons-Basic Principles for Bioremediation: A Review[J]. Molecules, 2020(25): 856.

[36]李丽，张利平，张元亮．石油烃类化合物降解菌的研究概况[J]．微生物学通报，2001，28(005)：89 -92.

[37]CHAILLAN. Identification and biodegradation potential of tropical aerobic hydrocarbon-degrading microorganisms[J]. Research in Microbiology, 2004, 155(7): 587 -595.

[38]Kstner M, B Mahro. Microbial Degradation of Polycyclic Aromatic Hydrocarbons in Soils Affected by the Organic Matrix of Compost[J]. Applied Microbiology & Biotechnology, 1996, 44(5): 668 -675.

[39]Kohlmeier S, T H M Smits, R M Ford, et al. Taking the fungal highway: mobilization of pollutant-degrading bacteria by fungi[J]. Environmental ence & Technology, 2005, 39(12): 4640 -6.

[40]张子间，刘勇弟，孟庆梅，等．微生物降解石油烃污染物的研究进展[J]．化工环保，2009，29(03)：193 -198.

[41]Harms H, D Schlosser, L Y Wick. Untapped potential: exploiting fungi in bioremediation of hazardous chemicals[J]. Nature Reviews Microbiology, 2011, 9(3): 177 -92.

[42]Atlas R M. Microbial degradation of petroleum hydrocarbons: an environmental spective[J]. Microbiol Rev, 1981, 45(1): 180 -209.

[43]Balba M T, N Al-Awadhi, R Al-Daher. Bioremediation of oil-contaminated soil: microbiological methods for feasibility assessment and field evaluation[J]. Journal of Microbiological Methods, 1998, 32(2): 155 -164.

[44]Vasilyeva G K, E R Strijakova. Bioremediation of soils and sediments contaminated by polychlorinated biphenyls[J]. Mikrobiologiia, 2007, 76(6): 725.

[45]Arima K, A Kakinuma, G Tamura. Surfactin, a crystalline peptidelipid surfactant produced by Bacillus subtilis: isolation, characterization and its inhibition of fibrin clot formation[J]. Biochem Biophys Res Commun, 1968, 31(3): 488 -494.

[46]Thavamani P, M Megharaj, R Naidu. Bioremediation of high molecular weight polyaromatic hydrocarbons co-contaminated with metals in liquid and soil slurries by metal tolerant PAHs degrading bacterial consortium[J]. Biodegradation, 2012, 23(6): 823 -835.

[47]吉云秀，邵秘华．多环芳烃的污染及其生物修复[J]．交通环保，2003，24(5)：33 -36.

[48]李政，赵朝成，张云波，等．耐热石油降解混合菌群的降解性能研究[J]．化学与生物工程，2011，28(12)：37 -42.

[49]张秀霞，郑茂盛，王荣靖，等．石油污染土壤中高效石油烃降解菌 Y -16 的筛选及其降解性能[J].

环境工程学报，2010，4(08)：1916 – 1920.

[50] Souza E C, T C Vessoni-Penna, R P D S Oliveira. Biosurfactant-enhanced hydrocarbon bioremediation: An overview[J]. International Biodeterioration & Biodegradation, 2014, 89(2): 88 – 94.

[51] Wanapaisan P, N Laothamteep, F Vejarano, et al. Synergistic degradation of pyrene by five culturable bacteria in a mangrove sediment-derived bacterial consortium[J]. Journal of Hazardous Materials, 2017, 342(15): 561 – 570.

[52] Santina S, C Simone, C Maurizio, et al. Biodegradation of crude oil by individual bacterial strains and a mixed bacterial consortium[J]. Brazilian Journal of Microbiology, 2015, 46(2): 377 – 387.

[53] Wick L, R Remer, B Wurz, et al. Effect of fungal hyphae on the access of bacteria to phenanthrene in soil[J]. Environmental Ence & Technology, 2007, 41(2): 500 – 505.

[54] Prabhu Y, P S Phale. Biodegradation of phenanthrene by Pseudomonas sp. strain PP2: novel metabolic pathway, role of biosurfactant and cell surface hydrophobicity in hydrocarbon assimilation[J]. Applied Microbiology & Biotechnology, 2003, 61(4): 342 – 351.

[55] 马小魁，吴玲玲，吕婷婷，等. 真菌参与石油类疏水化合物从非水相向水相的传质[J]. 浙江大学学报(农业与生命科学版)，2014，40(01)：65 – 74.

附件 1　黄孢原毛平革菌及其应用专利

发明名称：黄孢原毛平革菌及其应用。发明人：马小魁，毛东霞，李亭亭，李郁，丁宁，刘陶。专利号：ZL201610307696.1。证书号第 3433506 号。专利权人：陕西师范大学。

说明书摘要

本发明涉及一种黄孢原毛平革菌，名称为 *Phanerochaete* sp. F0996，菌株保藏号为 CCTCC NO：M 2016116，保藏日期为 2016 年 3 月 14 日，保藏单位为中国典型培养物保藏中心，可用于实现现场修复石油污染土壤或油泥以及酚类物质积累的经济作物连作土壤的生物改良，显著地提高了重度石油污染土壤或油泥的降解效率，大大缩短修复周期，改良经济作物连作土壤的连作障碍，降低病虫害，提高作物产量。

权利要求书

(1)一种黄孢原毛平革菌，其特征在于，命名为 *Phanerochaete* sp. F0996，菌株保藏号为 CCTCC NO：M 2016116。

(2)根据权利要求(1)所述的黄孢原毛平革菌，其特征在于黄孢原毛平革菌的 18SrDNA 序列是：

TGTAGCTGGC CTCTCGGGGC ATGTGCACGC CTGGCTCATC CACTCTTCAA CCTCTGTG-CA 60

CTTGTTGTAG GTCGGTAGAA GAGCGAGCAT CCTCTGATGC TTTGCTTGGA AGCCTTC-CTA 120

TGTTTTACTA CAAACGCTTC AGTTTAAGAAT GTCTACCTGC GTACAACGCA TCTATAT-ACA 180

ACTTTCAGCA ACGGATCTCT TGGCTCTCGC ATCGATGAAG AACGCAGCGA AATGCGA-TAA 240

GTAATGTGAA TTGCAGAATT CAGTGAATCA TCGAATCTTT GAACGCACCT TGCGCTC-CCT 300

GGTATTCCGG GGAGCATGCC TGTTTGAGTG TCATGGTATC CTCAACCTTC ATAACTT-TTT 360

GGTATCCAAA GGTTGGAATT GGAAGGTGGG GTGGGTTCCA ATCCAATCCG GTCCTC-CTAA 420

ATGGATTAAC CGGGGTGGAA ACGAACCCTT CCGGGGGGAT ATTAACCGCC CCGTG-

GTCCT　480

GGAATTACCA TAGCCTGCCG CTCCTAACGG TCCTCCATTG GACCACCTAA CTTGGC-CTCC　540

GAACTCCAAT CCAGGAAGAA CTACCGCTTG ACCTAAACCT TACCAAAACC GAAGAAA 597。

(3)权利要求(1)所述的黄孢原毛平革菌在重度石油污染土壤或油泥的生物强化处理及连作土壤的生物改良中的应用。

(4)根据权利要求(3)所述的黄孢原毛平革菌在重度石油污染土壤或油泥的生物强化处理或连作土壤生物改良中的应用，其特征在于具体的使用方法由以下步骤组成：

① 采集重度石油污染土壤或油泥或连作土壤置于处理池中，将其敲碎，混匀。

② 将培养好的芽孢杆菌和枝顶孢霉菌接入重度石油污染土壤或油泥或连作土壤中，芽孢杆菌的接种量为15～25g/kg土壤或油泥，枝顶孢霉菌的接种量为15～25g/kg土壤或油泥或连作土壤，混匀，再加入有机肥料和表面活性剂，加水至土壤或油泥或连作土壤的含水率达15%～30%，混匀，将处理池的表面用塑料薄膜覆盖，通气，维持土壤或油泥的含水率稳定，在15～35℃下，现场处理20～40天。

③ 将黄孢原毛平革菌序列接入经步骤②处理的土壤或油泥或连作土壤中，接种量为35～50g/kg土壤，混匀，用塑料薄膜将处理池的表面覆盖，通气，维持土壤或油泥或连作土壤的含水率稳定，在15～35℃下，现场处理20～30天，完成处理。

(5)根据权利要求(4)所述的黄孢原毛平革菌在重度石油污染土壤或油泥的生物强化处理或连作土壤生物改良中的应用，其特征在于所述重度石油污染土壤或油泥的总石油烃起始含量为50000～120000mg/kg土壤或油泥。

(6)根据权利要求(4)所述的黄孢原毛平革菌在重度石油污染土壤或油泥的生物强化处理或连作土壤生物改良中的应用，其特征在于所述连作土壤中酚酸类物质的起始含量为0.5～50mg/kg土壤。

(7)根据权利要求(4)所述的黄孢原毛平革菌在重度石油污染土壤或油泥的生物强化处理或连作土壤生物改良中的应用，其特征在于所述枝顶孢霉菌 *Acremonium* sp. Y0997，菌株保藏号为CCTCC NO：M 2016117，保藏单位是中国典型培养物保藏中心，保藏日期是2016年3月14日。

(8)根据权利要求(4)所述的黄孢原毛平革菌在重度石油污染土壤或油泥的生物强化处理或连作土壤生物改良中的应用，其特征在于所述芽孢杆菌的活菌含量为4.0×10^{8}～6.0×10^{9}CFU/g，枝顶孢霉菌的活菌含量是7.2×10^{7}～8.5×10^{9}CFU/g，黄孢原毛平革菌的活菌含量是5.6×10^{7}～8.0×10^{9}CFU/g。

(9)根据权利要求(3)所述的黄孢原毛平革菌在重度石油污染土壤或油泥的生物强化处理或连作土壤生物改良中的应用，其特征在于具体的使用方法由以下步骤组成：

① 采集重度石油污染土壤或油泥或连作土壤置于处理池中，将其敲碎，混匀。

② 将培养好的芽孢杆菌和黄孢原毛平革菌接入重度石油污染土壤或油泥或连作土壤中，芽孢杆菌的接种量为15～25g/kg土壤或油泥，黄孢原毛平革菌的接种量为15～25g/kg土壤或油泥或连作土壤，混匀，再加入有机肥料和表面活性剂，加水至土壤或油泥的含水率达15%～30%，混匀，将处理池的表面用塑料薄膜覆盖，通气，维持土壤或油泥或连作土壤的含水率稳定，在15～35℃下处理20～40天。

③ 取与步骤②等量的芽孢杆菌和黄孢原毛平革菌，重复接入步骤②处理后的土壤或油泥或连作土壤中，混匀，再用塑料薄膜将处理池的表面覆盖，通气，补水搅拌维持土壤或油泥的含水率稳定，在15～35℃下处理20～30天，完成处理。

(10)根据权利要求(9)所述的黄孢原毛平革菌在重度石油污染土壤或油泥的生物强化处理或连作土壤生物改良中的应用，其特征在于步骤②是将培养好的芽孢杆菌和枝顶孢霉菌接入重度石油污染土壤或油泥或连作土壤中，芽孢杆菌的接种量为15～20g/kg土壤或油泥或连作土壤，枝顶孢霉菌的接种量为17～23g/kg土壤或油泥或连作土壤，混匀，再加入有机肥料、磷酸二氢钾、尿素和表面活性剂，其中有机肥料的添加量为800～1200mg/kg，表面活性剂的添加量为1200～1600mg/kg，加水至土壤或油泥或连作土壤的含水率达20%，土壤或油泥或连作土壤中C：N：P＝100：10：1，混匀，将处理池的表面用塑料薄膜覆盖，通气，维持土壤或油泥的含水率稳定，在25～35℃下处理30～35天。

(11)根据权利要求(3)所述的黄孢原毛平革菌在重度石油污染土壤或油泥的生物强化处理或连作土壤生物改良中的应用，其特征在于具体的使用方法由以下步骤组成：

① 采集重度石油污染土壤或油泥或连作土壤置于处理池中，将其敲碎，混匀。

② 将培养好黄孢原毛平革菌接入重度石油污染土壤或油泥或连作土壤中，黄孢原毛平革菌的接种量为75g/kg土壤，活菌含量为8.0×10^{9}CFU/g，加入有机肥料与表面活性剂，混匀，维持土壤或油泥或连作土壤的含水率为15%～30%，将处理池的表面用塑料薄膜覆盖，通气，维持土壤或油泥或连作土壤的含水率稳定，在15～35℃下，现场处理60～70天，完成处理。

说明书

技术领域

本发明属于微生物技术领域，具体涉及一种黄孢原毛平革菌及其在重度石油污染土壤或油泥的生物强化处理和经济作物连作土壤改良中的应用。

技术背景

石油污染土壤的生物强化(Bioaugmentation)是通过利用生物技术、工程学、环境学和生态学手段来筛选优势降解菌种，对菌种进行改造，提高底物和微生物接触机会以促进污染物高效降解。生物强化修复能否成功，首先取决于能否筛选和获得具有降解能力的外源微生物，高效降解菌首先要能克服石油烃的毒性，另外能利用石油烃成为其生长和代谢的底物。影响生物强化修复策略成功与否的主要因素有生物强化菌株对环境的耐受能力、对污染物的代谢潜力及污染物的生物可利用性等，环境因子如温度、湿度、pH、透气性和营养物质含量等都是影响生物强化有效性的重要元素。经济作物连作土壤的连作障碍主要源于酚类物质的积累以及土壤区系微生物菌群的恶化，而采取外接微生物的生物强化措施可以降解此类酚酸类物质，改善经济作物根际区系菌群结构，从而缓解经济作物连作土壤的连作障碍，降低病虫害发生率，提高产量。

基于“生态选择”以及微生物生态学的考虑，通过分析污染土壤中微生物群落，筛选污染物的高效降解菌种，为环境修复领域微生物的“理性筛选”提供了有效途径。在微生物的筛选过程中，将微生物的生态相互作用作为重要的筛选原则，将污染体系中时间和空间稳定存在的且具有污染物降解能力的微生物分离出来，将有助于生物强化修复技术的成功实施。

发明内容

本发明的目的是筛选出一种能够降解重度石油污染土壤或油泥中的难降解组分，实现重度石油污染土壤或油泥生物强化修复或连作土壤生物改良并且在接种后存活率较高的黄孢原毛平革菌。

本发明的另一个目的在于提供一种黄孢原毛平革菌的新用途。

为了实现上述目的，本发明所采用的技术方案如下。

黄孢原毛平革菌 Phanerochaete sp. F0996，菌株保藏号为 CCTCC NO：M 2016116，保藏单位是中国典型培养物保藏中心，保藏日期是2016年3月14日，其18SrDNA序列为：

TGTAGCTGGC CTCTCGGGGC ATGTGCACGC CTGGCTCATC CACTCTTCAA CCTCTGTG-CA 60

CTTGTTGTAG GTCGGTAGAA GAGCGAGCAT CCTCTGATGC TTTGCTTGGA AGCCTTC-CTA 120

TGTTTTACTA CAAACGCTTC AGTTTAAGAAT GTCTACCTGC GTACAACGCA TCTATAT-ACA 180

ACTTTCAGCA ACGGATCTCT TGGCTCTCGC ATCGATGAAG AACGCAGCGA AATGCGA-TAA 240

GTAATGTGAA TTGCAGAATT CAGTGAATCA TCGAATCTTT GAACGCACCT TGCGCTC-CCT 300

GGTATTCCGG GGAGCATGCC TGTTTGAGTG TCATGGTATC CTCAACCTTC ATA-ACTTTTT 360

GGTATCCAAA GGTTGGAATT GGAAGGTGGG GTGGGTTCCA ATCCAATCCG GTCCTC-CTAA 420

ATGGATTAAC CGGGGTGGAA ACGAACCCTT CCGGGGGGAT ATTAACCGCC CCGTG-GTCCT 480

GGAATTACCA TAGCCTGCCG CTCCTAACGG TCCTCCATTG GACCACCTAA CTTGGC-

CTCC 540

GAACTCCAAT CCAGGAAGAA CTACCGCTTG ACCTAAACCT TACCAAAACC GAAGAAA 597。

该黄孢原毛平革菌的菌落呈白色，圆形，背面无色，菌落仅有少量凸起；菌丝为无色，蓬松棉絮状，随着培养时间的延长，绒毛状凸起逐渐变平，菌丝消失，形成粉末孢子。

该黄孢原毛平革菌的菌株分离方法有如下几种。

1）含油污泥中微生物的富集

称取10g含油污泥土样于石油富集液体培养基中，在160r/min、28℃条件下培养7天，按10%的接种量，用移液管吸取上清液转接于新鲜的石油富集液体培养基中，在160r/min、28℃条件下培养7天。重复上述操作两次，备用。

石油富集液体培养基：K_2HPO_4 2.0g/L，KH_2PO_4 0.2g/L，NaCl 0.04g/L，$(NH_4)_2SO_4$ 5.0g/L，$NaNO_3$ 5.0g/L，$MgSO_4$ 0.4g/L，$CaCl_2$ 0.2g/L，微量元素浓缩液5mL，石油2g/L，去离子水1L，pH=7.0。

其中微量元素浓缩液：$FeSO_4$ 4g/L，$MnSO_4$ 4g/L，$ZnSO_4$ 4g/L，$CuSO_4$ 4g/L，H_3BO_3 4g/L。

2）含油污泥中真菌的分离纯化

将上述石油富集液体培养基按1：10进行梯度稀释，依次得到10^{-1}、10^{-2}、10^{-3}、10^{-4}、10^{-5}……的稀释的菌悬液，用移液枪吸取100μL各个稀释度的样品加至制备好的PDA固体培养基平板上，进行涂布，将涂布完成的平板置于恒温培养箱中，28℃培养5~7天。

用接种环挑选上述涂布平板中长势较好的真菌菌落于新鲜的PDA固体培养基平板上进行划线分离，重复操作，反复分离培养、驯化，直至得到纯化的菌株。根据纯化菌株的菌落形态、生长速度、显微形态将相同的菌株合并。

3）纯化真菌菌株的复筛

用接种环挑取所分离纯化出的真菌划线于石油无机盐固体培养基上，于28℃的恒温培养箱中培养，每种真菌三个重复。挑选在石油无机盐固体培养基上生长良好的真菌保存。

石油无机盐固体培养基：K_2HPO_4 1g/L，KH_2PO_4 1g/L，$MgSO_4 \cdot H_2O$ 0.5g/L，NH_4NO_3 1.0g/L，$CaCl_2$ 0.02g/L，石油2g/L，琼脂2g/L，pH=7.0~7.2，去离子水1L，115℃高温灭菌15~20min。

4）真菌的形态学鉴定

用插片法培养真菌，并在不同的时间段取样制片，在显微镜下观察并记录真菌菌丝及孢子的形态。

F0996 菌落白色，圆形，背面无色，菌落仅有少量凸起；菌丝为无色，蓬松棉絮状，随着培养时间的延长，绒毛状凸起逐渐变平，菌丝消失，形成粉末孢子。

5）真菌的分子生物学鉴定

进行真菌基因组提取，并进行 ITS 序列扩增，对扩增产物进行琼脂糖凝胶电泳分析后，切取目的片段凝胶进行产物纯化回收，将回收的扩增产物送生工生物工程（上海）股份有限公司测序，并对测序结果进行同源性比较与遗传进化分析，对所获得的真菌进行种属鉴定。

经分子生物学鉴定：黄孢原毛平革菌 *Phanerochaete* sp. F0996，菌株保藏号为 CCTCC NO：M 2016116，保藏单位是中国典型培养物保藏中心，保藏日期是 2016 年 3 月 14 日。

上述黄孢原毛平革菌在重度石油污染土壤或油泥的生物强化处理或连作土壤生物改良中的应用，其具体的使用方法由以下步骤组成：

（1）采集重度石油污染土壤或油泥或连作土壤置于处理池中，将其敲碎，混匀。

（2）将培养好的芽孢杆菌和枝顶孢霉菌接入重度石油污染土壤或油泥或连作土壤中，芽孢杆菌的接种量为 15 ~ 25g/kg 土壤或油泥或连作土壤，枝顶孢霉菌的接种量为 15 ~ 25g/kg 土壤或油泥或连作土壤，混匀，再加入有机肥料和表面活性剂，加水至土壤或油泥或连作土壤的含水率达 15% ~ 30%，混匀，将处理池的表面用塑料薄膜覆盖，通气，维持土壤或油泥或连作土壤的含水率稳定，在 15 ~ 35℃下，现场处理 20 ~ 40 天。

（3）将黄孢原毛平革菌序列接入经步骤（2）处理的土壤或油泥或连作土壤中，接种量为 35 ~ 50g/kg 土壤，混匀，用塑料薄膜将处理池的表面覆盖，通气，维持土壤或油泥或连作土壤的含水率稳定，在 15 ~ 35℃下，现场处理 20 ~ 30 天，完成处理。

上述重度石油污染土壤或油泥的总石油烃起始含量为 50000 ~ 120000mg/kg 土壤或油泥。

上述连作土壤中总酚酸类物质的其实含量为 0.5 ~ 50mg/kg 土壤。

上述枝顶孢霉菌 *Acremonium* sp. Y0997，菌株保藏号为 CCTCC NO：M 2016117，保藏单位是中国典型培养物保藏中心，保藏日期是 2016 年 3 月 14 日。

上述芽孢杆菌的活菌含量为 $4.0 \times 10^{8} \sim 6.0 \times 10^{9}$ CFU/g，枝顶孢霉菌的活菌含量是 $7.2 \times 10^{7} \sim 8.5 \times 10^{9}$ CFU/g，黄孢原毛平革菌的活菌含量是 $5.6 \times 10^{7} \sim 8.0 \times 10^{9}$ CFU/g。

上述黄孢原毛平革菌在重度石油污染土壤或油泥的生物强化处理或连作土壤生物改良中的应用，其具体的使用方法可以由以下步骤组成：

（1）采集重度石油污染土壤或油泥或连作土壤置于处理池中，将其敲碎，混匀。

（2）将培养好的芽孢杆菌和黄孢原毛平革菌接入重度石油污染土壤或油泥或连作土壤中，芽孢杆菌的接种量为 15 ~ 25g/kg 土壤或油泥或连作土壤，黄孢原毛平革菌的接种量为 15 ~ 25g/kg 土壤或油泥或连作土壤，混匀，再加入有机肥料和表面活性剂，加水至土壤或油泥或连作土壤的含水率达 15% ~ 30%，混匀，将处理池的表面用塑料薄膜覆盖，通

气，维持土壤或油泥或连作土壤的含水率稳定，在15～35℃下处理20～40天。

（3）取与步骤（2）等量的芽孢杆菌和黄孢原毛平革菌，重复接入步骤（2）处理后的土壤或油泥或连作土壤中，混匀，再用塑料薄膜将处理池的表面覆盖，通气，补水搅拌维持土壤或油泥或连作土壤的含水率稳定，在15～35℃下处理20～30天，完成处理。

步骤（2）优选是将培养好的芽孢杆菌和枝顶孢霉菌接入重度石油污染土壤或油泥或连作土壤中，芽孢杆菌的接种量为15～20g/kg土壤或油泥或连作土壤，枝顶孢霉菌的接种量为17～23g/kg土壤或油泥，混匀，再加入有机肥料、磷酸二氢钾、尿素和表面活性剂，其中有机肥料的添加量为800～1200mg/kg，表面活性剂的添加量为1200～1600mg/kg，加水至土壤或油泥或连作土壤的含水率达20%，土壤或油泥或连作土壤中C：N：P＝100：10：1，混匀，将处理池的表面用塑料薄膜覆盖，通气，维持土壤或油泥或连作土壤的含水率稳定，在25～35℃下处理30～35天。

上述黄孢原毛平革菌在重度石油污染土壤或油泥的生物强化或连作土壤生物改良处理中的应用，其具体的使用方法还可以由以下步骤组成：

（1）采集重度石油污染土壤或油泥或连作土壤置于处理池中，将其敲碎，混匀。

（2）将培养好黄孢原毛平革菌接入重度石油污染土壤或油泥或连作土壤中，黄孢原毛平革菌的接种量为75g/kg土壤，活菌含量为8.0×10^{9}CFU/g，加入有机肥料与表面活性剂，混匀，维持土壤或油泥或连作土壤的含水率为15%～30%，将处理池的表面用塑料薄膜覆盖，通气，维持土壤或油泥或连作土壤的含水率稳定，在15～35℃下，现场处理60～70天，完成处理。

采用本发明的黄孢原毛平革菌可有效降解重度石油污染土壤或油泥中的TPH（总石油烃）及PAHs（多环芳香烃）或连作土壤中的酚酸类物质成分，提高土壤或油泥的修复能力，特别是与芽孢杆菌、枝顶孢霉菌组成真菌－细菌菌群对重度石油污染土壤或油泥或连作土壤进行序列强化处理，可大大缩短了修复周期，对土壤或油泥中难降解的多环芳香烃萘（Naphthalene，NAP）、芴（Fluorene，FLO）、菲（Phenanthrene，PHE）、蒽（Anthracene，ANT）及荧蒽（Fluoranthene，FLA）的降解效果也比较显著，降解率均达到了90%以上。此外，该黄孢原毛平革菌在现场对室外自然环境的耐受能力较好，存活率较高。

具体实施方式

下面结合实施情形对本发明进一步说明，但是本发明不仅限于下述实施情形。

黄孢原毛平革菌，*Phanerochaete* sp. F0996，菌株保藏号为CCTCC NO：M 2016116，保藏单位是中国典型培养物保藏中心，保藏日期是2016年3月14日，该菌菌落白色，圆形，背面无色，菌落仅有少量凸起；菌丝为无色，蓬松棉絮状，随着培养时间的延长，绒毛状凸起逐渐变平，菌丝消失，形成粉末孢子。

1）实施例1

黄孢原毛平革菌在重度石油污染土壤或油泥或连作土壤中应用时，具体的使用方法为：

（1）采集油井附近的重度石油污染土壤置于处理池中，将其敲碎，混匀。

（2）将培养好的黄孢原毛平革菌（*Phanerochaete* sp. F0996）的固体菌剂接入总石油烃起始含量为80000mg/kg的重度石油污染土壤中，黄孢原毛平革菌的接种量为75g/kg土壤，活菌含量8.0×10^9CFU/g，加入适量有机肥料与表面活性剂，有机肥料与表面活性剂的添加量分别为1000mg/kg土壤，混匀，维持土壤的含水率为25%，将处理池的表面用塑料薄膜覆盖，通气，维持土壤的含水率稳定，在15～35℃下，现场处理60天，完成处理，TPH降解率达43.98%。

2）实施例2

黄孢原毛平革菌在重度石油污染土壤或油泥或连作土壤中应用时，具体的使用方法为：

（1）将油井附近采集的重度石油污染土壤置于处理池中，敲粹、混匀，粒径为30～40mm。

（2）将培养好的芽孢杆菌及枝顶孢霉菌菌剂混合接入重度石油污染土壤中，混匀，再加入有机肥料和表面活性剂，加水调节土壤含水率，将处理池表面覆盖塑料薄膜，并适量通气，每周补水维持土壤含水率稳定，在15～35℃下，现场处理20～40天。

（3）将黄孢原毛平革菌序列接入污染的土壤中，混匀，用塑料薄膜将处理池的表面覆盖，通气，补水维持土壤含水量稳定，在15～35℃下，现场处理20～30天，完成重度石油污染土壤的序列生物强化。

芽孢杆菌*Bacillus* sp.，菌株保藏号CCTCC NO：AB 2014248，属于已知固体菌剂，该菌菌落呈乳白色，菌落圆形，表面光滑、凸起，边缘整齐，背面颜色与正面一致，无色素分布。

枝顶孢霉菌*Acremonium* sp. Y0997，菌株保藏号为CCTCC NO：M 2016117，保藏单位是中国典型培养物保藏中心，保藏日期是2016年3月14日。该菌菌落呈白色，菌落圆形，背面奶油色至赭黄色，菌丝无色，光滑且具隔膜，孢子囊梗直接从菌丝上长出，呈锥形多单生，分生孢子无色，光滑，形成簇状或链状，长纺锤形，两头尖，未见厚垣孢子，其株菌分离方法与黄孢原毛平革菌，其18SrDNA序列为：

GGGAATTCGG GGGATATCCA CTCCCAACC TATGTGAACC TACCTTTATG TTGCTTCGGC 60

GGTCTCGCGC CGGGTTGCTC CCCTGGGGGC TCCCGGGACC ACGCGTCCGC CGGAGAC-CAC 120

AAACTCTTGA TTTTGCGAAA GCAGTATTAT TCTGAGTGGC CGAAAGGCAA AAAACAA-ATG 180

AATCAAAACT TTCAACAACG GATCTCTTGG TTCTGGCATC GATGAAGAAC GCAGCG-

AAAT 240

GCGATAAGTA ATGTGAATTG CAGAATTCAG TGAATCATCG AATCTTTGAA CGCACATT-GC 300

GCCCGCCAGC ATTCTGGCGG GCATGCCTGT TCGAGGTCAT TTCAACCCTC GAGCTC-GTCT 360

TCATTGACGG GATCGGTGTT GGGACCCGGC GAGCGGGGAC TTTTGTCCTC TGCCGGC-CCC 420

GAAATTCAGT GGCGGCCCGT TGCGGCGACC TCTGCGTAGT AACTCAACCT CGCACCG-GTA 480

ACAGCATCGT GGCCACGCCG TAAAACCCCC GACTTTTATA AGGTTGACCT CGAAT-CAGGT 540

AGGACTACCC GCTGAACTTA AGCATATCAA TAAGCCGGAG GAA 583。

3)实施例3

黄孢原毛平革菌在重度石油污染土壤或油泥或连作土壤中应用时，具体的使用方法为：

(1)采集重度石油污染土壤置于处理池中，将其敲碎，混匀。

(2)将培养好的芽孢杆菌和黄孢原毛平革菌接入重度石油污染土壤中，混匀，再加入有机肥料和表面活性剂、磷酸二氢钾、尿素，加水至土壤或油泥的含水率达15%～30%，混匀，将处理池的表面用塑料薄膜覆盖，通气，维持土壤的含水率稳定，在15～35℃下处理20～40天。

(3)取与步骤(2)等量的芽孢杆菌和黄孢原毛平革菌，重复接入步骤(2)处理后的土壤中，混匀，再用塑料薄膜将处理池的表面覆盖，通气，补水搅拌维持土壤的含水率稳定，在15～35℃下处理20～30天，完成重度石油污染土壤的序列生物强化处理。

上述各实施例中的处理对象重度石油污染土壤可以用重度石油污染油泥或连作土壤来替换，其处理效果接近。

上述实施例中所用的表面活性剂是生物可兼容性表面活性重油清洗剂KD－L315，属于市售产品。

对于总石油烃起始含量为50000～120000mg/kg的重度石油污染土壤或油泥，均可以用上述方法进行修复，黄孢原毛平革菌对其均有较好的降解效果。

上述3种实施案例的降解率对比表明，本发明的黄孢原毛平革菌在重度石油污染土壤或油泥中对TPH的降解率明显提高，但是将其与芽孢杆菌、枝顶孢霉菌组合形成真菌－细菌菌群，再结合序列生物强化手段，对重度石油污染土壤或油泥的降解效率显著提高，特别是对难降解的石油烃组分和多环芳香烃组分均有较好的降解效果。

核苷酸或氨基酸序列表

<212>DNA

<213>*Phanerochaete* sp.

TGTAGCTGGC CTCTCGGGGC ATGTGCACGC CTGGCTCATC CACTCTTCAA CCTCTGTG-CA 60

CTTGTTGTAG GTCGGTAGAA GAGCGAGCAT CCTCTGATGC TTTGCTTGGA AGCCTTC-CTA 120

TGTTTTACTA CAAACGCTTC AGTTTAAGAAT GTCTACCTGC GTACAACGCA TCTATATA-CA 180

ACTTTCAGCA ACGGATCTCT TGGCTCTCGC ATCGATGAAG AACGCAGCGA AATGCGA-TAA 240

GTAATGTGAA TTGCAGAATT CAGTGAATCA TCGAATCTTT GAACGCACCT TGCGCTC-CCT 300

GGTATTCCGG GGAGCATGCC TGTTTGAGTG TCATGGTATC CTCAACCTTC ATA-ACTTTTT 360

GGTATCCAAA GGTTGGAATT GGAAGGTGGG GTGGGTTCCA ATCCAATCCG GTCCTC-CTAA 420

ATGGATTAAC CGGGGTGGAA ACGAACCCTT CCGGGGGGAT ATTAACCGCC CCGTG-GTCCT 480

GGAATTACCA TAGCCTGCCG CTCCTAACGG TCCTCCATTG GACCACCTAA CTTGGC-CTCC 540

GAACTCCAAT CCAGGAAGAA CTACCGCTTG ACCTAAACCT TACCAAAACC GAAGAAA 597。

<212>DNA

<213>*Acremonium* sp.

GGGAATTCGG GGGATATCCA CTCCCAACC TATGTGAACC TACCTTTATG TTGCTTCGGC 60

GGTCTCGCGC CGGGTTGCTC CCCTGGGGGC TCCCGGGACC ACGCGTCCGC CGGAGAC-CAC 120

AAACTCTTGA TTTTGCGAAA GCAGTATTAT TCTGAGTGGC CGAAAGGCAA AAAA-CAAATG 180

AATCAAAACT TTCAACAACG GATCTCTTGG TTCTGGCATC GATGAAGAAC GCAGCGA-AAT 240

GCGATAAGTA ATGTGAATTG CAGAATTCAG TGAATCATCG AATCTTTGAA CGCACATT-

GC 300

GCCCGCCAGC ATTCTGGCGG GCATGCCTGT TCGAGGTCAT TTCAACCCTC GAGCTCG-TCT 360

TCATTGACGG GATCGGTGTT GGGACCCGGC GAGCGGGGAC TTTTGTCCTC TGCCGGC-CCC 420

GAAATTCAGT GGCGGCCCGT TGCGGCGACC TCTGCGTAGT AACTCAACCT CGCACCG-GTA 480

ACAGCATCGT GGCCACGCCG TAAAACCCCC GACTTTTATA AGGTTGACCT CGAAT-CAGGT 540

AGGACTACCC GCTGAACTTA AGCATATCAA TAAGCCGGAG GAA 583。

附件2　枝顶孢霉菌及其应用专利

发明名称：枝顶孢霉菌及其应用。发明人：马小魁，毛东霞，吴玲玲，李郁，李亭亭，刘陶。专利号：ZL201610307545.6，证书号第3429662号。专利权人：陕西师范大学。

说明书摘要

本发明涉及一种枝顶孢霉菌，命名为 *Acremonium* sp. Y0997，菌株保藏号为 CCTCC NO：M 2016117，保藏单位是中国典型培养物保藏中心，保藏日期是2016年3月14日，可用于实现现场修复石油污染土壤或落地油泥以及酚酸类物质积累的经济作物连作土壤的生物改良，可显著提高重度石油污染土壤或油泥的降解效率，大大缩短修复周期，改良经济作物连作土壤的连作障碍，降低病虫害，提高作物产量。

权利要求书

(1)一种枝顶孢霉菌，其特征在于，命名为 *Acremonium* sp. Y0997，菌株保藏号为 CCTCC NO：M 2016117。

(2)根据权利要求(1)所述的枝顶孢霉菌，其特征在于枝顶孢霉菌的18SrDNA序列为：

GGGAATTCGG GGGATATCCA CTCCCAACC TATGTGAACC TACCTTTATG TTGCTTCG-GC 60

GGTCTCGCGC CGGGTTGCTC CCCTGGGGGC TCCCGGGACC ACGCGTCCGC CGGAGAC-CAC 120

AAACTCTTGA TTTTGCGAAA GCAGTATTAT TCTGAGTGGC CGAAAGGCAA AAAACAA-ATG 180

AATCAAAACT TTCAACAACG GATCTCTTGG TTCTGGCATC GATGAAGAAC GCAGCGA-AAT 240

GCGATAAGTA ATGTGAATTG CAGAATTCAG TGAATCATCG AATCTTTGAA CGCACATT-GC 300

GCCCGCCAGC ATTCTGGCGG GCATGCCTGT TCGAGGTCAT TTCAACCCTC GAGCT-CGTCT 360

TCATTGACGG GATCGGTGTT GGGACCCGGC GAGCGGGGAC TTTTGTCCTC TGCCGGC-CCC 420

GAAATTCAGT GGCGGCCCGT TGCGGCGACC TCTGCGTAGT AACTCAACCT CGCACCG-GTA 480

ACAGCATCGT GGCCACGCCG TAAAACCCCC GACTTTTATA AGGTTGACCT CGAAT-

CAGGT 540

AGGACTACCC GCTGAACTTA AGCATATCAA TAAGCCGGAG GAA 583。

(3)权利要求(1)所述的枝顶孢霉菌在重度石油污染土壤或落地油泥的生物修复处理及连作土壤的生物改良中的应用。

(4)根据权利要求(3)所述的枝顶孢霉菌在重度石油污染土壤或油泥的生物强化处理或连作土壤生物改良中的应用，其特征在于具体的使用方法由以下步骤组成：

① 采集重度石油污染土壤或油泥或连作土壤置于处理池中，将其敲碎，混匀。

② 将培养好的芽孢杆菌和枝顶孢霉菌接入重度石油污染土壤或油泥或连作土壤中，芽孢杆菌的接种量为15～25g/kg土壤或油泥或连作土壤，枝顶孢霉菌的接种量为15～25g/kg土壤或油泥，混匀，再加入有机肥料和表面活性剂，加水至土壤或油泥的含水率达15%～30%，混匀，将处理池的表面用塑料薄膜覆盖，通气，维持土壤或油泥的含水率稳定，在15～35℃下，现场处理20～40天。

③ 将黄孢原毛平革菌序列接入经步骤②处理的土壤或油泥或连作土壤中，接种量为35～50g/kg土壤，混匀，用塑料薄膜将处理池的表面覆盖，通气，维持土壤或油泥或连作土壤的含水率稳定，在15～35℃下，现场处理20～30天，完成处理。

(5)根据权利要求(4)所述的枝顶孢霉菌在重度石油污染土壤或油泥的生物强化处理或连作土壤生物改良中的应用，其特征在于所述重度石油污染土壤或油泥的总石油烃起始含量为50000～120000mg/kg土壤或油泥。

(6)根据权利要求(4)所述的枝顶孢霉菌在重度石油污染土壤或油泥的生物强化处理或连作土壤生物改良中的应用，其特征在于所述连作土壤中酚酸类物质的起始含量为0.5～50mg/kg土壤。

(7)根据权利要求(4)所述的枝顶孢霉菌在重度石油污染土壤或油泥的生物强化处理或连作土壤生物改良中的应用，其特征在于所述黄孢原毛平革菌的名称为*Phanerochaete* sp. F0996，菌株保藏号为CCTCC NO：M 2016116，保藏日期为2016年3月14日，保藏单位为中国典型培养物保藏中心

(8)根据权利要求(4)所述的枝顶孢霉菌在重度石油污染土壤或油泥的生物强化处理或连作土壤生物改良中的应用，其特征在于所述芽孢杆菌的活菌含量为4.0×10^8～6.0×10^9 CFU/g，枝顶孢霉菌的活菌含量是7.2×10^7～8.5×10^9CFU/g，黄孢原毛平革菌的活菌含量是5.6×10^7～8.0×10^9CFU/g。

(9)根据权利要求(3)所述的枝顶孢霉菌在重度石油污染土壤或油泥的生物强化处理或连作土壤生物改良中的应用，其特征在于具体的使用方法由以下步骤组成：

① 采集重度石油污染土壤或油泥置于处理池中，将其敲碎，混匀。

② 将培养好的芽孢杆菌和枝顶孢霉菌接入重度石油污染土壤或油泥中，芽孢杆菌的接种量为15～25g/kg土壤或油泥，枝顶孢霉菌的接种量为15～25g/kg土壤或油泥，混匀，再加入有机肥料和表面活性剂，加水至土壤或油泥的含水率达15%～30%，混匀，将处理

池的表面用塑料薄膜覆盖，通气，维持土壤或油泥的含水率稳定，在15～35℃下处理20～40天。

③ 取与步骤②等量的芽孢杆菌和枝顶孢霉菌，重复接入步骤②处理后的土壤或油泥中，混匀，再用塑料薄膜将处理池的表面覆盖，通气，补水搅拌维持土壤或油泥的含水率稳定，在15～35℃下处理20～30天，完成处理。

(10)根据权利要求(9)所述的枝顶孢霉菌在重度石油污染土壤或油泥的生物强化处理或连作土壤生物改良中的应用，其特征在于步骤②是将培养好的芽孢杆菌和枝顶孢霉菌接入重度石油污染土壤或油泥中，芽孢杆菌的接种量为15～20g/kg土壤或油泥，枝顶孢霉菌的接种量为17～23g/kg土壤或油泥，混匀，再加入有机肥料、磷酸二氢钾、尿素和表面活性剂，其中有机肥料的添加量为800～1200mg/kg，表面活性剂的添加量为1200～1600mg/kg，加水至土壤或油泥的含水率达20%，土壤或油泥中C：N：P＝100：10：1，混匀，将处理池的表面用塑料薄膜覆盖，通气，维持土壤或油泥的含水率稳定，在25～35℃下处理30～35天。

(11)根据权利要求(3)所述的枝顶孢霉菌在重度石油污染土壤或油泥的生物强化处理或连作土壤生物改良中的应用，其特征在于具体的使用方法由以下步骤组成：

① 采集重度石油污染土壤或油泥置于处理池中，将其敲碎，混匀。

② 将培养好枝顶孢霉菌接入重度石油污染土壤或油泥中，枝顶孢霉菌的接种量为75g/kg土壤，活菌含量为8.0×10^{9}CFU/g，加入有机肥料与表面活性剂，混匀，维持土壤或油泥的含水率为15%～30%，将处理池的表面用塑料薄膜覆盖，通气，维持土壤或油泥的含水率稳定，在15～35℃下，现场处理60～70天，完成处理。

说明书

一种枝顶孢霉菌及其应用

技术领域

本发明属于微生物技术领域，具体涉及一种枝顶孢霉菌及其在重度石油污染土壤或油泥的生物强化处理或经济作物连作土壤改良中的应用。

技术背景

石油污染土壤的生物强化(Bioaugmentation)是通过利用生物技术、工程学、环境学和生态学手段来筛选优势降解菌种，对菌种进行改造，提高底物和微生物接触机会以促进污染物高效降解。生物强化修复能否成功，首先取决于能否筛选和获得具有降解能力的外源微生物，高效降解菌首先要能克服石油烃的毒性，另外能利用石油烃成为其生长和代谢的底物。影响生物强化修复策略成功与否的主要因素有生物强化菌株对环境的耐受能力、对污染物的代谢潜力及污染物的生物可利用性等，环境因子如温度、湿度、pH、透气性和营养物质含量等都是影响生物强化有效性的重要元素。经济作物连作土壤的连作障碍主要源于酚类物质的积累以及土壤区系微生物菌群的恶化，而采取外接微生物的生物强化措施可以降解此类酚酸类物质，改善经济作物根际区系菌群结构，从而缓解经济作物连作土壤的连作障碍，降低病虫害发生率，提高产量。

基于“生态选择”以及微生物生态学的考虑，通过分析污染土壤中微生物群落，筛选污染物的高效降解菌种，为环境修复领域微生物的“理性筛选”提供了有效途径。在微生物的筛选过程中，将微生物的生态相互作用作为重要的筛选原则，将污染体系中时间和空间稳定存在的且具有污染物降解能力的微生物分离出来，将有助于生物强化修复技术的成功实施。

发明内容

本发明的目的是筛选出一种能够降解重度石油污染土壤或油泥中的难降解组分，实现重度石油污染土壤或油泥生物强化修复及连作土壤的生物改良，并且在接种后存活率较高的枝顶孢霉菌。

本发明的另一个目的在于提供一种枝顶孢霉菌的新用途。

为了实现上述目的，本发明所采用的技术方案是：

枝顶孢霉菌 *Acremonium* sp. Y0997，菌株保藏号为 CCTCC NO：M 2016117，保藏单位是中国典型培养物保藏中心，保藏日期是 2016 年 3 月 14 日。其 18SrDNA 序列为：

GGGAATTCGG GGGATATCCA CTCCCAACC TATGTGAACC TACCTTTATG TTGCTTCGGC 60

GGTCTCGCGC CGGGTTGCTC CCCTGGGGGC TCCCGGGACC ACGCGTCCGC CGGAGACCAC 120

AAACTCTTGA TTTTGCGAAA GCAGTATTAT TCTGAGTGGC CGAAAGGCAA AAAACAAATG 180

AATCAAAACT TTCAACAACG GATCTCTTGG TTCTGGCATC GATGAAGAAC GCAGCGAAAT 240

GCGATAAGTA ATGTGAATTG CAGAATTCAG TGAATCATCG AATCTTTGAA CGCACATTGC 300

GCCCGCCAGC ATTCTGGCGG GCATGCCTGT TCGAGGTCAT TTCAACCCTC GAGCTCGTCT 360

TCATTGACGG GATCGGTGTT GGGACCCGGC GAGCGGGGAC TTTTGTCCTC TGCCGGCCCC 420

GAAATTCAGT GGCGGCCCGT TGCGGCGACC TCTGCGTAGT AACTCAACCT CGCACCGGTA 480

ACAGCATCGT GGCCACGCCG TAAAACCCCC GACTTTTATA AGGTTGACCT CGAATCAGGT 540

AGGACTACCC GCTGAACTTA AGCATATCAA TAAGCCGGAG GAA 583。

该枝顶孢霉菌的菌落呈白色，菌落圆形，背面奶油色至赭黄色，菌丝无色，光滑且具隔膜，孢子囊梗直接从菌丝上长出，呈锥形多单生，分生孢子无色，光滑，形成簇状或链状，长纺锤形，两头尖，未见厚垣孢子。

该枝顶孢霉菌的菌株分离方法有如下几种。

1）含油污泥中微生物的富集

称取10g含油污泥土样于石油富集液体培养基中，在160r/min、28℃条件下培养7天，按10%的接种量，用移液管吸取上清液转接于新鲜的石油富集液体培养基中，在160r/min、28℃条件下培养7天。重复上述操作两次，备用。

石油富集液体培养基：K_2HPO_4 2.0g/L，KH_2PO_4 0.2g/L，NaCl 0.04g/L，$(NH_4)_2SO_4$ 5.0g/L，$NaNO_3$ 5.0g/L，$MgSO_4$ 0.4g/L，$CaCl_2$ 0.2g/L，微量元素浓缩液5mL，石油2g/L，去离子水1L，pH=7.0。

其中微量元素浓缩液：$FeSO_4$ 4g/L，$MnSO_4$ 4g/L，$ZnSO_4$ 4g/L，$CuSO_4$ 4g/L，H_3BO_3 4g/L。

2）含油污泥中真菌的分离纯化

将上述石油富集液体培养基按1：10进行梯度稀释，依次得到10^{-1}、10^{-2}、10^{-3}、10^{-4}、10^{-5}……的稀释的菌悬液，用移液枪吸取100μL各个稀释度的样品加至制备好的PDA固体培养基平板上，进行涂布，将涂布完成的平板置于恒温培养箱中，28℃培养5~7天。

用接种环挑选上述涂布平板中长势较好的真菌菌落于新鲜的PDA固体培养基平板上进行划线分离，重复操作，反复分离培养、驯化，直至得到纯化的菌株。根据纯化菌株的菌落形态、生长速度、显微形态将相同的菌株合并。

3）纯化真菌菌株的复筛

用接种环挑取所分离纯化出的真菌划线于石油无机盐固体培养基上，于28℃的恒温培养箱中培养，每种真菌三个重复。挑选在石油无机盐固体培养基上生长良好的真菌保存。

石油无机盐固体培养基：K_2HPO_4 1g/L，KH_2PO_4 1g/L，$MgSO_4 \cdot H_2O$ 0.5g/L，NH_4NO_3 1.0g/L，$CaCl_2$ 0.02g/L，石油2g/L，琼脂2g/L，pH=7.0~7.2，去离子水1L，115℃高温灭菌15~20min。

4）真菌的形态学鉴定

用插片法培养真菌，并在不同的时间段取样制片，在显微镜下观察并记录真菌菌丝及孢子的形态。

Y0997菌落呈白色，菌落圆形，背面奶油色至赭黄色，菌丝无色，光滑且具隔膜，孢子囊梗直接从菌丝上长出，呈锥形多单生，分生孢子无色，光滑，形成簇状或链状，长纺锤形，两头尖，未见厚垣孢子

5）真菌的分子生物学鉴定

进行真菌基因组提取，并进行ITS序列扩增，对扩增产物进行琼脂糖凝胶电泳分析后，

切取目的片段凝胶进行产物纯化回收，将回收的扩增产物送生工生物工程（上海）股份有限公司测序，并对测序结果进行同源性比较与遗传进化分析，对所获得的真菌进行种属鉴定。

经分子生物学鉴定，Y0997 属于枝顶孢霉菌（*Acremonium* sp.），菌株保藏号为 CCTCC NO：M 2016117，保藏于中国典型培养物保藏中心。

上述枝顶孢霉菌在重度石油污染土壤或油泥的生物强化处理或连作土壤的生物改良中的应用，具体的使用方法由以下步骤组成：

（1）采集重度石油污染土壤或油泥或连作土壤置于处理池中，将其敲碎，混匀。

（2）将培养好的芽孢杆菌和枝顶孢霉菌接入重度石油污染土壤或油泥或连作土壤中，芽孢杆菌的接种量为 15 ~25g/kg 土壤或油泥或连作土壤，枝顶孢霉菌的接种量为 15 ~25g/kg 土壤或油泥或连作土壤，混匀，再加入有机肥料和表面活性剂，加水至土壤或油泥或连作土壤的含水率达 15% ~30%，混匀，将处理池的表面用塑料薄膜覆盖，通气，维持土壤或油泥或连作土壤的含水率稳定，在 15 ~35℃下，现场处理 20 ~40 天。

（3）将枝顶孢霉菌序列接入经步骤（2）处理的土壤或油泥或连作土壤中，接种量为 35 ~50g/kg 土壤或油泥或连作土壤，混匀，用塑料薄膜将处理池的表面覆盖，通气，维持土壤或油泥或连作土壤的含水率稳定，在 15 ~35℃下，现场处理 20 ~30 天，完成处理。

上述重度石油污染土壤或油泥的总石油烃起始含量为 50000 ~ 120000mg/kg 土壤或油泥。

上述连作土壤中总酚酸类物质的起始含量为 0.5 ~50mg/kg 土壤。

上述黄孢原毛平革菌的名称为 *Phanerochaete* sp. F0996，菌株保藏号为 CCTCC NO：M 2016116，保藏日期为 2016 年 3 月 14 日，保藏单位为中国典型培养物保藏中心。

上述芽孢杆菌的活菌含量为 4.0×10^{8} ~ 6.0×10^{9} CFU/g，枝顶孢霉菌的活菌含量是 7.2×10^{7} ~ 8.5×10^{9} CFU/g，黄孢原毛平革菌的活菌含量是 5.6×10^{7} ~ 8.0×10^{9} CFU/g。

上述枝顶孢霉菌在重度石油污染土壤或油泥的生物强化处理或连作土壤的生物改良中的应用，其还可以用以下方法实现：

（1）采集重度石油污染土壤或油泥或连作土壤置于处理池中，将其敲碎，混匀。

（2）将培养好的芽孢杆菌和枝顶孢霉菌接入重度石油污染土壤或油泥或连作土壤中，芽孢杆菌的接种量为 15 ~25g/kg 土壤或油泥或连作土壤，枝顶孢霉菌的接种量为 15 ~25g/kg 土壤或油泥或连作土壤，混匀，再加入有机肥料和表面活性剂，加水至土壤或油泥或连作土壤的含水率达 15% ~30%，混匀，将处理池的表面用塑料薄膜覆盖，通气，维持土壤或油泥或连作土壤的含水率稳定，在 15 ~35℃下处理 20 ~40 天。

（3）取与步骤（2）等量的芽孢杆菌和枝顶孢霉菌，重复接入步骤（2）处理后的土壤或油泥或连作土壤中，混匀，再用塑料薄膜将处理池的表面覆盖，通气，补水搅拌维持土壤或油泥的或连作土壤含水率稳定，在 15 ~35℃下处理 20 ~30 天，完成处理。

步骤（2）优选是将培养好的芽孢杆菌和枝顶孢霉菌接入重度石油污染土壤或油泥中，芽孢杆菌的接种量为 15 ~20g/kg 土壤或油泥或连作土壤，枝顶孢霉菌的接种量为 17 ~23g/kg 土壤或油泥或连作土壤，混匀，再加入有机肥料、磷酸二氢钾、尿素和表面活性剂，其中有机肥料的添加量为800~1200mg/kg，表面活性剂的添加量为1200~1600mg/kg，加水至土壤或油泥或连作土壤的含水率达20%，土壤或油泥或连作土壤中C：N：P=100：10：1，混匀，将处理池的表面用塑料薄膜覆盖，通气，维持土壤或油泥或连作土壤的含水率稳定，在25~35℃下处理30~35天。

上述枝顶孢霉菌在重度石油污染土壤或油泥的生物强化处理或连作土壤生物改良中的应用，其还可以由以下方法实现：

(1)采集重度石油污染土壤或油泥置于处理池中，将其敲碎，混匀。

(2)将培养好枝顶孢霉菌接入重度石油污染土壤或油泥中，枝顶孢霉菌的接种量为75g/kg土壤，活菌含量为8.0×10^{8}CFU/g，加入有机肥料与表面活性剂，混匀，维持土壤或油泥或连作土壤的含水率为15%~30%，将处理池的表面用塑料薄膜覆盖，通气，维持土壤或油泥的含水率稳定，在15~35℃下，现场处理60~70天，完成处理。

采用本发明的枝顶孢霉菌可有效降解重度石油污染土壤或油泥中的TPH及PAHs或连作土壤中的酚酸类物质成分，提高土壤或油泥的修复能力，特别是与芽孢杆菌、黄孢原毛平革菌组成真菌-细菌菌群对重度石油污染土壤或油泥或连作土壤进行序列强化处理，可大大缩短了修复周期，对土壤或油泥中难降解的多环芳香烃萘、芴、菲、蒽及荧蒽的降解效果也比较显著，降解率均达到了90%以上。此外，该枝顶孢霉菌在现场对室外自然环境的耐受能力较好，存活率较高。

具体实施方式

下面结合实施情形对本发明进一步说明，但是本发明不仅限于下述实施情形。

枝顶孢霉菌 *Acremonium* sp. Y0997，菌株保藏号为CCTCC NO：M 2016117，保藏单位是中国典型培养物保藏中心，保藏日期是2016年3月14日。

该枝顶孢霉菌的菌落呈白色，菌落圆形，背面奶油色至赭黄色，菌丝无色，光滑且具隔膜，孢子囊梗直接从菌丝上长出，呈锥形多单生，分生孢子无色，光滑，形成簇状或链状，长纺锤形，两头尖，未见厚垣孢子。

1)实施例1

枝顶孢霉菌在重度石油污染土壤或油泥或连作土壤中应用时，具体的使用方法为：

(1)采集油井附近的重度石油污染土壤置于处理池中，将其敲碎，混匀。

(2)将培养好枝顶孢霉菌(*Acremonium* sp. Y0997)的固体菌剂接入总石油烃起始含量为80000mg/kg的重度石油污染土壤中，枝顶孢霉菌的接种量为75g/kg土壤，活菌含量8.0×10^{9}CFU/g，加入适量有机肥料与表面活性剂，有机肥料与表面活性剂的添加量分别为1000mg/kg土壤，混匀，维持土壤的含水率为25%，将处理池的表面用塑料薄膜覆盖，通气，维持土壤的含水率稳定，在15~35℃下，现场处理60天，完成处理，总石油烃降解率达42.29%。

2)实施例 2

枝顶孢霉菌在重度石油污染土壤或油泥或连作土壤中应用时，具体的使用方法为：

(1)将油井附近采集的重度石油污染土壤置于处理池中，敲粹、混匀，粒径为 30～40mm。

(2)将培养好的芽孢杆菌及枝顶孢霉菌菌剂混合接入污染土壤中，混匀，再加入有机肥料和表面活性剂，加水调节土壤含水率，将处理池表面覆盖塑料薄膜，并适量通气，每周补水维持土壤或油泥含水量稳定，在 15～35℃下，现场处理 20～40 天。

(3)将黄孢原毛平革菌序列接入污染的土壤中，混匀，用塑料薄膜将处理池的表面覆盖，通气，补水维持土壤含水量稳定，在 15～35℃下，现场处理 20～30 天，完成重度石油污染土壤或油泥的序列生物强化。

芽孢杆菌 *Bacillus* sp.，菌株保藏号 CCTCC NO：AB 2014248，属于已知固体菌剂，该菌菌落呈乳白色，菌落圆形，表面光滑、凸起，边缘整齐，背面颜色与正面一致，无色素分布。

黄孢原毛平革菌 *Phanerochaete* sp. F0996，菌株保藏号为 CCTCC NO：M 2016116，保藏单位是中国典型培养物保藏中心，保藏日期是 2016 年 3 月 14 日。该菌菌落白色，圆形，背面无色，菌落仅有少量凸起；菌丝为无色，蓬松棉絮状，随着培养时间的延长，绒毛状凸起逐渐变平，菌丝消失，形成粉末孢子，其株菌分离方法与枝顶孢霉菌的分离方法相同。该黄孢原毛平革菌的 DNA 序列为：

TGTAGCTGGC CTCTCGGGGC ATGTGCACGC CTGGCTCATC CACTCTTCAA CCTCTGTG-CA 60

CTTGTTGTAG GTCGGTAGAA GAGCGAGCAT CCTCTGATGC TTTGCTTGGA AGCCTTC-CTA 120

TGTTTTACTA CAAACGCTTC AGTTTAAGAAT GTCTACCTGC GTACAACGCA TCTATAT-ACA 180

ACTTTCAGCA ACGGATCTCT TGGCTCTCGC ATCGATGAAG AACGCAGCGA AATGCGA-TAA 240

GTAATGTGAA TTGCAGAATT CAGTGAATCA TCGAATCTTT GAACGCACCT TGCGCTC-CCT 300

GGTATTCCGG GGAGCATGCC TGTTTGAGTG TCATGGTATC CTCAACCTTC ATA-ACTTTTT 360

GGTATCCAAA GGTTGGAATT GGAAGGTGGG GTGGGTTCCA ATCCAATCCG GTCCTC-CTAA 420

ATGGATTAAC CGGGGTGGAA ACGAACCCTT CCGGGGGGAT ATTAACCGCC CCGTG-GTCCT 480

GGAATTACCA TAGCCTGCCG CTCCTAACGG TCCTCCATTG GACCACCTAA CTTGGC-CTCC 540

GAACTCCAAT CCAGGAAGAA CTACCGCTTG ACCTAAACCT TACCAAAACC GAAGAAA 597。

3）实施例3

枝顶孢霉菌在重度石油污染土壤或油泥或连作土壤中应用时，具体的使用方法为：

（1）采集重度石油污染土壤置于处理池中，将其敲碎，混匀。

（2）将培养好的芽孢杆菌和枝顶孢霉菌接入重度石油污染土壤中，混匀，再加入有机肥料和表面活性剂、磷酸二氢钾、尿素，加水至土壤或油泥的含水率达15%～30%，混匀，将处理池的表面用塑料薄膜覆盖，通气，维持土壤或油泥的含水率稳定，在15～35℃下处理20～40天。

（3）取与步骤（2）等量的芽孢杆菌和枝顶孢霉菌，重复接入步骤（2）处理后的土壤中，混匀，再用塑料薄膜将处理池的表面覆盖，通气，补水搅拌维持土壤的含水率稳定，在15～35℃下处理20～30天，完成重度石油污染土壤的序列生物强化处理。

上述各实施例中的处理对象重度石油污染土壤可以用重度石油污染油泥或连作土壤来替换，其处理效果接近。

上述实施例中所用的表面活性剂是生物可兼容性表面活性重油清洗剂KD－L315，属于市售产品。

对于总石油烃起始含量为50000～120000mg/kg的重度石油污染土壤或油泥，均可以用上述方法进行修复，枝顶孢霉菌对其均有较好的降解效果。

从上述3种实施案例的降解率对比表明，本发明的枝顶孢霉菌在重度石油污染土壤或油泥中对TPH的降解率明显提高，但是将其与芽孢杆菌、黄孢原毛平革菌组合形成真菌－细菌菌群，再结合序列生物强化手段，对重度石油污染土壤或油泥的降解效率显著提高，特别是对难降解的石油烃组分和多环芳香烃组分均有较好的降解效果。

核苷酸或氨基酸序列表

<120>一种枝顶孢霉菌及其应用

<212>DNA

<213>*Acremonium* sp.

GGGAATTCGG GGGATATCCA CTCCCAACC TATGTGAACC TACCTTTATG TTGCTTCGGC 60

GGTCTCGCGC CGGGTTGCTC CCCTGGGGGC TCCCGGGACC ACGCGTCCGC CGGAGAC-CAC 120

AAACTCTTGA TTTTGCGAAA GCAGTATTAT TCTGAGTGGC CGAAAGGCAA AAAA-

CAAATG　180

AATCAAAACT TTCAACAACG GATCTCTTGG TTCTGGCATC GATGAAGAAC GCAGCG-AAAT　240

GCGATAAGTA ATGTGAATTG CAGAATTCAG TGAATCATCG AATCTTTGAA CGCACATT-GC　300

GCCCGCCAGC ATTCTGGCGG GCATGCCTGT TCGAGGTCAT TTCAACCCTC GAGCTC-GTCT　360

TCATTGACGG GATCGGTGTT GGGACCCGGC GAGCGGGGAC TTTTGTCCTC TGCCGGC-CCC　420

GAAATTCAGT GGCGGCCCGT TGCGGCGACC TCTGCGTAGT AACTCAACCT CGCACCG-GTA　480

ACAGCATCGT GGCCACGCCG TAAAACCCCC GACTTTTATA AGGTTGACCT CGAAT-CAGGT　540

AGGACTACCC GCTGAACTTA AGCATATCAA TAAGCCGGAG GAA　583。

<213> *Phanerochaete* sp.

TGTAGCTGGC CTCTCGGGGC ATGTGCACGC CTGGCTCATC CACTCTTCAA CCTCTGTG-CA　60

CTTGTTGTAG GTCGGTAGAA GAGCGAGCAT CCTCTGATGC TTTGCTTGGA AGCCTTC-CTA　120

TGTTTTACTA CAAACGCTTC AGTTTAAGAAT GTCTACCTGC GTACAACGCA TCTATATA-CA　180

ACTTTCAGCA ACGGATCTCT TGGCTCTCGC ATCGATGAAG AACGCAGCGA AAT-GCGATAA　240

GTAATGTGAA TTGCAGAATT CAGTGAATCA TCGAATCTTT GAACGCACCT TGCGCTC-CCT　300

GGTATTCCGG GGAGCATGCC TGTTTGAGTG TCATGGTATC CTCAACCTTC ATAACTT-TTT　360

GGTATCCAAA GGTTGGAATT GGAAGGTGGG GTGGGTTCCA ATCCAATCCG GTCCTC-CTAA　420

ATGGATTAAC CGGGGTGGAA ACGAACCCTT CCGGGGGGAT ATTAACCGCC CCGTG-GTCCT　480

GGAATTACCA TAGCCTGCCG CTCCTAACGG TCCTCCATTG GACCACCTAA CTTGGC-CTCC　540

GAACTCCAAT CCAGGAAGAA CTACCGCTTG ACCTAAACCT TACCAAAACC GAAGAAA　597。

附件3　一种基于过碳酸钠氧化与微生物强化综合处理重度石油污染土壤或油泥的方法专利

发明名称：一种基于过碳酸钠氧化与微生物强化综合处理重度石油污染土壤或油泥的方法。发明人：马小魁，毛东霞，李郁，周波，郭丹丹，马瑶，李亭亭，宋双红，陈康健。专利号：2L.201610540984，证书号第3432976号。专利权人：陕西师范大学。

说明书摘要

本发明公开了一种化学氧化与菌群生物强化综合处理重度石油污染土壤或油泥的方法。本发明所涉及的生物强化菌株有：芽孢杆菌(*Bacillus* sp.)，菌株保藏号为CCTCC NO：AB 2014248；枝顶胞霉菌(*Acremonium* sp.)，菌株保藏号为CCTCC NO：M 2016117；黄孢原毛平革菌(*Phanerochaete* sp.)，菌株保藏号为CCTCC NO：M 2016116。本发明联合利用化学氧化剂过碳酸钠复合物与以真菌－细菌菌群为生物处理剂的生物强化策略综合处理优势，可极显著地提高重度石油污染土壤或油泥的降解效率，可在污染现场原位处理修复石油污染土壤或油泥。对总石油烃初始含量为120000～200000mg/kg的现场污染土壤或油泥，经本发明提出的化学氧化剂过碳酸钠复合物原位或异位处理5～10天后，土壤或油泥中的总石油烃降解效率可达到20%～40%，其中轻链组分的氧化效率可达到40%～50%。再经过40～50天的菌群生物强化处理，土壤中总石油烃含量可降低到20000～40000mg/kg，总石油降解效率可达到80%～90%。本发明适用于石油类化合物的固体污染介质(如土壤或石油)生产现场产生的含油污泥以及页岩气采集现场的生产废弃物，也对类似石油类污染的其他污染介质(如水)也同样适用。

权利要求书

(1)一种基于过碳酸钠氧化与微生物强化综合处理重度石油污染土壤或含油油泥的新方法，其特征在于由以下步骤组成：

① 采集油井附近的重度石油污染土壤或油泥置于处理池中或直接对污染现场的重度石油污染土壤或油泥，将其敲碎，混匀。

② 将氧化剂过碳酸钠复合物按3～8g/kg的比例接入经步骤① 处理的土壤或油泥中，再加入适量表面活性剂(市售温和类)，并加水至土壤或油泥的含水率达15%～30%，混匀，氧化处理5～10天。

③ 将培养好的芽孢杆菌 *Bacillus* sp. 与枝顶胞霉菌 *Acremonium* sp. 或黄孢原毛平革菌(*Phanerochaete* sp.)的固体菌剂接入重度石油污染土壤或油泥中。芽孢杆菌 *Bacillus* sp. 的接种量为15～25g/kg 土壤(固体菌剂活菌含量：$4.0\times10^{9}\sim6.0\times10^{9}$ CFU/g)，枝顶胞霉菌

Acremonium sp. 或黄孢原毛平革菌(*Phanerochaete* sp.)的接种量为15~25g/kg土壤(固体菌剂活菌含量：7.2×10^9~9.0×10^9CFU/g)，再加入适量有机肥料(市售)，混匀，将处理池或污染现场的表面用塑料薄膜覆盖，通气，维持土壤或油泥的含水率稳定，在15~35℃下，现场处理15~25天。

④将培养好的芽孢杆菌*Bacillus* sp.与枝顶胞霉菌*Acremonium* sp.或黄孢原毛平革菌(*Phanerochaete* sp.)的固体菌剂接入重度石油污染土壤或油泥中，芽孢杆菌*Bacillus* sp.的接种量为15~25g/kg土壤(固体菌剂活菌含量：4.0×10^9~6.0×10^9CFU/g)，枝顶胞霉菌*Acremonium* sp.或黄孢原毛平革菌(*Phanerochaete* sp.)的接种量为15~25g/kg土壤(固体菌剂活菌含量：7.2×10^9~9.0×10^9CFU/g)，用塑料薄膜将处理池的表面覆盖，通气，维持土壤或油泥的含水率稳定，在15~35℃下，现场处理20~30天，完成处理。

(2)根据权利要求(1)所述的重度石油污染土壤或油泥的化学氧化与菌群生物强化综合处理方法，其特征在于：所述氧化剂过碳酸钠复合物按3~8g/kg的比例接入经步骤①处理的土壤或油泥中，并加水使污染土壤或含油油泥的含水率达到15%~30%，混匀，氧化处理5~10天。

(3)根据权利要求(1)所述的重度石油污染土壤或油泥的化学氧化与菌群生物强化综合处理方法，其特征在于：先使用化学氧化剂过碳酸钠复合物处理土壤或油泥5~10天后，再使用根据权利要求(1)所述的真菌－细菌菌群生物强化处理40~55天，做到化学处理和生物处理的无缝连接。

(4)根据权利要求(1)所述的重度石油污染土壤或油泥的化学氧化与菌群生物强化综合处理方法，其特征在于：使用化学氧化剂过碳酸钠复合物联合真菌－细菌菌群处理土壤或油泥时，保持土壤或油泥的含水率在20%~25%。

(5)根据权利要求(1)所述的生物强化综合处理方法是使用芽孢杆菌*Bacillus* sp.与枝顶胞霉菌*Acremonium* sp.或黄孢原毛平革菌(*Phanerochaete* sp.)的固体菌剂接入重度石油污染土壤或油泥中。

(6)根据权利要求(1)所述的氧化剂过碳酸钠复合物由过碳酸钠、氧化钙和硫酸亚铁以5:2:2的摩尔比制备而成。

说明书

一种基于过碳酸钠氧化与微生物强化综合处理重度石油污染土壤或含油油泥的新方法

技术领域

本发明属于重度石油污染土壤或油泥的修复方法，具体涉及对油田开采区利用化学氧化联合真菌－细菌菌群修复处理石油污染的土壤或油泥的新方法。

技术背景

当今世界石油工业飞速发展，在石油勘探与开采、储运与炼制过程中，由于操作不当或事故泄漏等原因，常会有石油外溢或排放，造成严重的环境污染，对人类健康和环境存在着潜在的风险。目前，石油污染土壤已成为一个全球性的环境问题。对于石油污染土壤进行处理，使其在较短的时间内达到恢复利用的效果，是石油污染土壤治理过程中亟待解决的问题。近年来，生物修复技术由于其高效、无二次污染等特点在国内外都得到了广泛的应用，在石油污染土壤的治理过程中，一方面要进一步完善生物修复技术，使其成熟化和系统化；另一方面要注意与其他修复方法的结合，以提高对污染物的综合处理效率。

化学处理修复技术具有较好的石油烃修复效率，既可以单独使用，又可以与其他技术联合使用，但一般不能与生物修复技术联合使用。目前常用的化学处理剂有过氧化氢、高锰酸盐、Fenton 试剂、类 Fenton 试剂及活化过硫酸盐等。但是，化学处理技术也有其局限性，如在处理降解过程中，处理剂会对土壤中的其他有机质进行处理并且改变了土壤中的吸附结构，以及生物可利用性，不利于植物和微生物的生长。

为进一步提高修复的效率，解决化学氧化和生物处理之间的衔接技术问题，本发明提出了一种新型的氧化处理和菌群生物强化策略的联合处理技术，以期对重度石油污染土壤或油泥进行高效处理。该发明综合应用化学氧化处理底物选择性低、高效、周期短以及菌群生物强化处理温和、转化产物对环境友好的诸多优点，可在污染土壤或含油污泥污染现场原位或异位处理重度石油污染土壤或油泥。该发明提出的技术体系可完全运用于石油类化合物污染的多种介质，如污染土壤或含油污泥以及页岩气采集现场的生产废弃物或石油废水等。对于降解难度低于石油类化合物的其他污染有机物，该发明技术也是可以进行处理的。该发明技术已经在国内某大型油田生产现场进行过异位处理重度石油污染的含油油泥。

发明内容

本发明的目的在于提供一种重度石油污染土壤或油泥的化学氧化与菌群生物强化综合处理方法，该方法可以极显著地提高重度石油污染土壤或油泥的处理效率，且可以大大缩短处理周期。

本发明所涉及的化学氧化剂是指过碳酸钠复合物。

本发明所涉及的强化微生物包括：

（1）石油烃降解菌 Bac－1，分类名芽孢杆菌 *Bacillus* sp.，菌株保藏号 CCTCC NO：AB 2014248，保藏单位是中国典型培养物保藏中心。

（2）石油烃降解菌 Y，分类名枝顶胞霉菌 *Acremonium* sp. Y0997，菌株保藏号为 CCTCC NO：M 2016117，保藏单位是中国典型培养物保藏中心。

（3）石油烃降解菌 F，分类名黄孢原毛平革菌 *Phanerochaete* sp. F0996，菌株保藏号为 CCTCC NO：M 2016116，保藏单位是中国典型培养物保藏中心。

为了实现上述目的，本发明成功地利用化学氧化剂过碳酸钠复合物与真菌－细菌菌群综合法对重度石油污染的土壤或油泥进行了处理。具体技术方案如下：首先使用化学氧化剂过碳酸钠复合物氧化处理重度石油污染土壤或油泥 5～10 天；实验结果表明，处理 5～10 天后，土壤或油泥中总石油烃降解效率为 20%～40%，对其中轻链组分的降解效率均达到了 45.57% ±2.25%；通过随后芽孢杆菌 *Bacillus* sp. 与枝顶胞霉菌 *Acremonium* sp. 或黄孢原毛平革菌 *Phanerochaete* sp. 的菌群为期 40～50 天的处理后，土壤或油泥中 TPH 降解效率达到了 80%～90%。

本发明的优点一：提供一种用于处理重度污染石油污染土壤或油泥的化学氧化与真菌－细菌菌群综合处理方法，所述的重度石油污染土壤或油泥为土壤或油泥中含有质量浓度高达 12%～20% 的原油。

本发明的优点二：采用化学氧化与真菌－细菌菌群综合处理方法，极显著地提高了土壤或油泥的总石油烃去除效率。

本发明的优点三：采用化学氧化与真菌－细菌菌群综合处理方法，大大缩短了石油污染土壤或油泥的修复周期。

附图说明

图 1 表示处理 7 天空白例土壤或油泥中石油烃组分的气相色谱与质谱联用分析图谱。

图 2 表示化学氧化处理 7 天实施例 1 与实施例 2 土壤或油泥中石油烃组分的气相色谱与质谱联用分析图谱。

图 3 表示化学氧化处理 7 天实施例 1 与实施例 2 土壤或油泥中轻链与重链组分的相对含量变化结果。

图 4 表示处理 60 天空白例和对比例 1、与实施例 1 土壤或油泥中 TPH 去除效率对比结果。

图 5 表示处理 60 天空白例和对比例 2、与实施例 2 土壤或油泥中 TPH 去除效率对比结果。

具体实施方式

现结合实验和实施案例对本发明的技术方案进行进一步说明，但是本发明不仅限于下述的实施方式。

1）实施例 1

现以芽孢杆菌（*Bacillus* sp.，保藏于中国典型培养物保藏中心，菌株保藏号 CCTCC NO：AB2014248）和枝顶胞霉菌（*Acremonium* sp. Y0996，保藏于中国典型培养物保藏中心，菌株保藏号为 CCTCC NO：M 2016117）的固体菌剂为菌群组合，以过碳酸钠复合物为化学氧化剂，联合对重度石油污染土壤或油泥进行处理，由以下步骤组成：

（1）采集油井附近的重度石油污染土壤或油泥置于处理池中，将其敲碎，混匀。

（2）将氧化剂过硫酸钠按 5g/kg 的比例接入经步骤（1）处理的土壤或油泥中，再加入适量表面活性剂，并加水至土壤或油泥的含水率达 25%，混匀，氧化处理 7 天。

（3）将培养好的芽孢杆菌 *Bacillus* sp. 和枝顶胞霉菌 *Acremonium* sp. 接入重度石油污染土壤或油泥中，芽孢杆菌 *Bacillus* sp. 的接种量为 20g/kg 土壤（固体菌剂活菌含量：5.3×10^9CFU/g），枝顶胞霉菌 *Acremonium* sp. 的接种量为 20g/kg 土壤（固体菌剂活菌含量：

8.0×10^9CFU/g)，再加入适量有机肥料，混匀，维持土壤或油泥的含水率稳定，将处理池的表面用塑料薄膜覆盖，通气，维持土壤或油泥的含水率稳定，在15～35℃下，现场处理23天。

(4)将培养好的芽孢杆菌 *Bacillus* sp. 和枝顶胞霉菌 *Acremonium* sp. 接入重度石油污染土壤或油泥中，芽孢杆菌 *Bacillus* sp. 的接种量为20g/kg土壤(固体菌剂活菌含量：5.3×10^9CFU/g)，枝顶胞霉菌 *Acremonium* sp. 的接种量为20g/kg土壤(固体菌剂活菌含量：8.0×10^9CFU/g)，混匀，用塑料薄膜将处理池的表面覆盖，通气，维持土壤或油泥的含水率稳定，在15～35℃下，现场处理30天，完成处理。

2)实施例2

现以芽孢杆菌(*Bacillus* sp.，保藏于中国典型培养物保藏中心，菌株保藏号CCTCC NO：AB2014248)和黄孢原毛平革菌(*Phanerochaete* sp. F0997，保藏于中国典型培养物保藏中心，菌株保藏号为CCTCC NO：M 2016116)的固体菌剂为菌群组合，以过碳酸钠复合物为化学氧化剂，联合对重度石油污染土壤或油泥进行处理，由以下步骤组成：

(1)与实施例1相同。

(2)与实施例1相同。

(3)将培养好的芽孢杆菌 *Bacillus* sp. 和黄孢原毛平革菌 *Phanerochaete* sp. 接入重度石油污染土壤或油泥中，芽孢杆菌 *Bacillus* sp. 的接种量为20g/kg土壤(固体菌剂活菌含量：5.3×10^9CFU/g)，黄孢原毛平革菌 *Phanerochaete* sp. 的接种量为20g/kg土壤(固体菌剂活菌含量：7.5×10^9CFU/g)，再加入适量有机肥料，混匀，维持土壤或油泥的含水率稳定，将处理池的表面用塑料薄膜覆盖，通气，维持土壤或油泥的含水率稳定，在15～35℃下，现场处理23天。

(4)将培养好的芽孢杆菌 *Bacillus* sp. 和黄孢原毛平革菌 *Phanerochaete* sp. 接入重度石油污染土壤或油泥中，芽孢杆菌 *Bacillus* sp. 的接种量为20g/kg土壤(固体菌剂活菌含量：5.3×10^9CFU/g)，黄孢原毛平革菌 *Phanerochaete* sp. 的接种量为20g/kg土壤(固体菌剂活菌含量：8.0×10^9CFU/g)，混匀，用塑料薄膜将处理池的表面覆盖，通气，维持土壤或油泥的含水率稳定，在15～35℃下，现场处理30天，完成处理。

为了验证本发明的技术效果，申请人做了大量的实验进行验证，现将芽孢杆菌和枝顶胞霉菌使用常规的一次强化策略进行处理作为对比例与实施例1的降解处理效果进行对比，同时还以空白实验作为参照，具体如下。

1)对比例1

(1)采集油井附近的重度石油污染土壤或油泥置于处理池中，将其敲碎，混匀。

(2)将培养好的芽孢杆菌 *Bacillus* sp. 和枝顶胞霉菌 *Acremonium* sp. 接入重度石油污染土壤或油泥中，芽孢杆菌 *Bacillus* sp. 的接种量为20g/kg土壤(固体菌剂活菌含量：5.3×10^9CFU/g)，枝顶胞霉菌 *Acremonium* sp. 的接种量为20g/kg土壤(固体菌剂活菌含量：

8.0×10^9CFU/g)，再加入适量有机肥料与表面活性剂，并加水至土壤或油泥的含水率达25%，混匀，将处理池的表面用塑料薄膜覆盖，通气，维持土壤或油泥的含水率稳定，在15～35℃下，现场处理30天。

(3)将培养好的芽孢杆菌 *Bacillus* sp. 和枝顶胞霉菌 *Acremonium* sp. 接入重度石油污染土壤或油泥中，芽孢杆菌 *Bacillus* sp. 的接种量为20g/kg土壤(固体菌剂活菌含量：5.3×10^9CFU/g)，枝顶胞霉菌 *Acremonium* sp. 的接种量为20g/kg土壤(固体菌剂活菌含量：8.0×10^9CFU/g)，混匀，用塑料薄膜将处理池的表面覆盖，通气，维持土壤或油泥的含水率稳定，在15～35℃下，现场处理30天，完成处理。

2)对比例2

(1)与对比例1相同。

(2)将培养好的芽孢杆菌 *Bacillus* sp. 和黄孢原毛平革菌 *Phanerochaete* sp. 接入重度石油污染土壤或油泥中，芽孢杆菌 *Bacillus* sp. 的接种量为20g/kg土壤(固体菌剂活菌含量：5.3×10^9CFU/g)，黄孢原毛平革菌 *Phanerochaete* sp. 的接种量为20g/kg土壤(固体菌剂活菌含量：8.0×10^9CFU/g)，再加入适量有机肥料与表面活性剂，并加水至土壤或油泥的含水率达25%，混匀，将处理池的表面用塑料薄膜覆盖，通气，维持土壤或油泥的含水率稳定，在15～35℃下，现场处理30天。

(3)将培养好的芽孢杆菌 *Bacillus* sp. 和黄孢原毛平革菌 *Phanerochaete* sp. 接入重度石油污染土壤或油泥中，芽孢杆菌 *Bacillus* sp. 的接种量为20g/kg土壤(固体菌剂活菌含量：5.3×10^9CFU/g)，黄孢原毛平革菌 *Phanerochaete* sp. 的接种量为20g/kg土壤(固体菌剂活菌含量：8.0×10^9CFU/g)，混匀，用塑料薄膜将处理池的表面覆盖，通气，维持土壤或油泥的含水率稳定，在15～35℃下，现场处理30天，完成处理。

3)空白例

(1)与对比例1相同。

(2)向总石油烃起始含量为190510mg/kg的污染土壤或油泥中加入有机肥料和表面活性剂，并加水至土壤或油泥的含水率达25%，混匀，在15～35℃下，现场处理60天，完成处理。

对上述空白例及实施例1处理7天后的土壤或油泥中总石油烃组分进行气相色谱与质谱连用检测，结果如图1及图2所示。由图1、图2中的结果显示，与空白例相比，经过碳酸钠复合物氧化处理后，土壤或油泥中的各石油烃组分均有明显降解效果，并对氧化处理后土壤或油泥中轻链与重链组分的去除效率进行了计算，结果如图3所示。如图3所示，经过碳酸钠复合物氧化处理后，土壤或油泥中的轻链组分的去除效率达到了45.57%±2.25%，对重链组分的降解效果较差。

对上述对比例1和空白例所处理后的土壤或油泥中总石油烃的降解情况进行检测，并与实施例1进行比较，结果如表1及图4所示。

表1　对比例1和空白例处理60天后的土壤或油泥中TPH含量与实施例1的对比结果

处理组	TPH降解率
空白例	9.55%
对比例	44.17%
实施例1	87.39%

由表1及图4可知，对比例和空白例处理60天后的土壤或油泥中TPH含量与实施例1的对比结果表明，采用化学氧化前处理的实施例1极显著地提高了土壤或油泥中的TPH去除效率；与对比例相比，实施例1的TPH去除效率提高了约43.22%。实验结果表明，采用化学氧化与真菌－细菌菌群生物强化联合处理重度石油污染土壤或油泥的方法可以极显著地提高土壤或油泥的总石油烃的降解效率。

对上述对比例2和空白例所处理后的土壤或油泥中总石油烃的降解情况进行检测，并与实施例2进行比较，结果如表2及图5所示。

表2　对比例2和空白例处理60天后的土壤或油泥中TPH含量与实施例2的对比结果

处理组	TPH降解率
空白例	9.55%
对比例	47.01%
实施例1	85.05%

由表2及图5可知，对比例2和空白例处理60天后的土壤或油泥中TPH含量与实施例2的对比结果表明，采用化学氧化前处理的实施例2极显著地提高了土壤或油泥中的TPH去除效率；与对比例相比，实施例2的TPH去除效率提高了约38.04%。实验结果表明，采用化学氧化与真菌－细菌菌群生物强化联合处理重度石油污染土壤或油泥的方法可以极显著地提高土壤或油泥的总石油烃的降解效率。

说明书附图

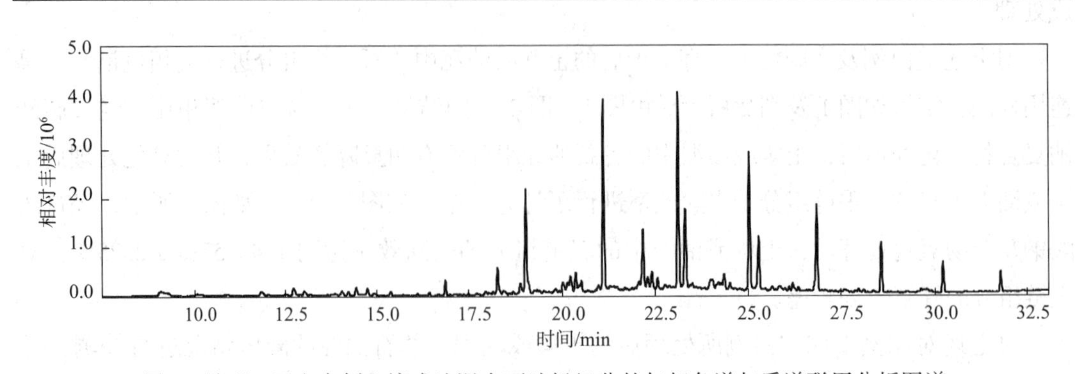

图1　处理7天空白例土壤或油泥中石油烃组分的气相色谱与质谱联用分析图谱

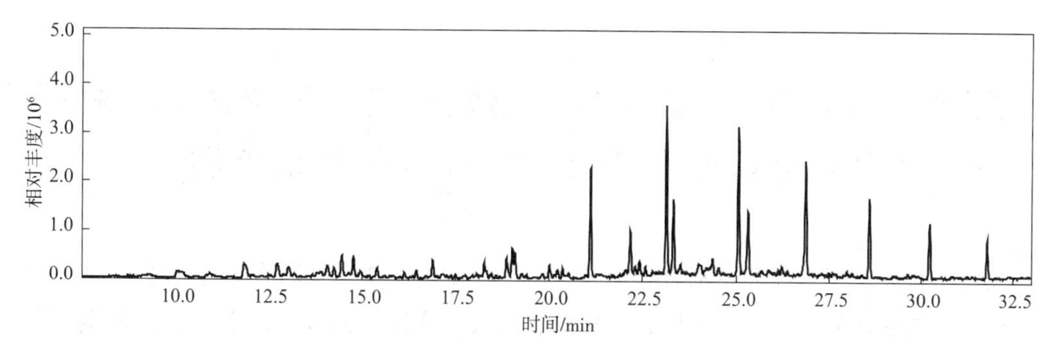

图2　化学氧化处理实施例1与实施例2土壤或油泥中石油烃组分的气相色谱与质谱联用分析图谱

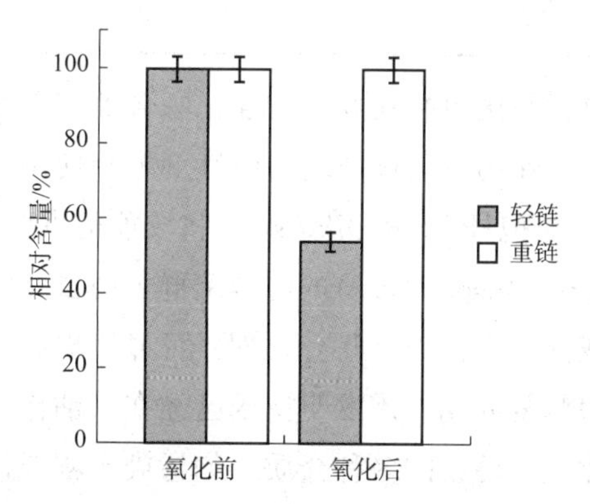

图3　化学氧化处理7天实施例1与实施例2土壤或油泥中轻链与重链组分的相对含量变化结果

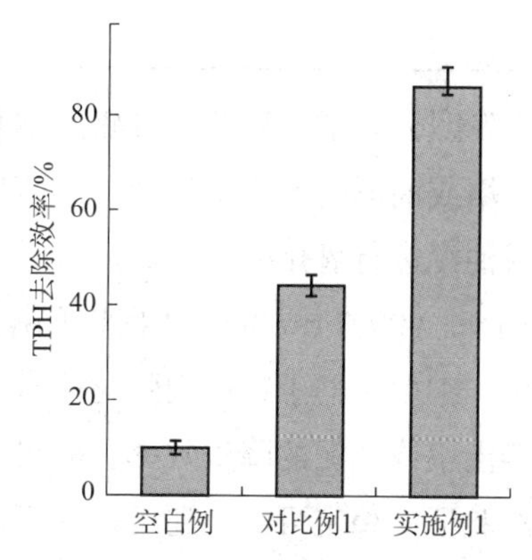

图4　处理60天空白例和对比例1、实施例1土壤或油泥中TPH去除效率对比结果

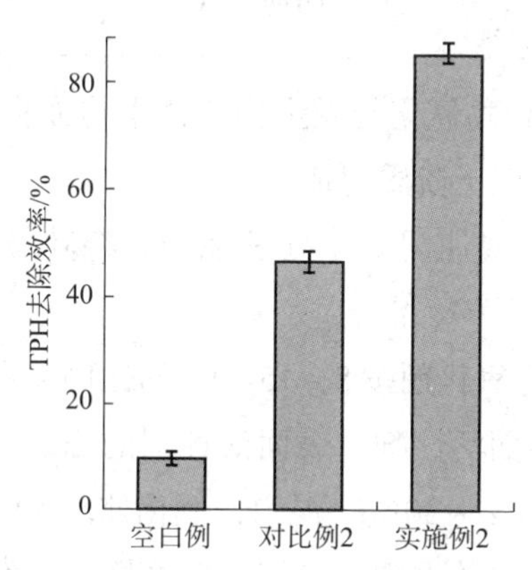

图5　处理60天空白例和对比例2、实施例2土壤或油泥中TPH去除效率对比结果

附件4　基于过硫酸钠复合物氧化与微生物菌群生物强化联合处理重度石油污染土壤或油泥的方法专利

发明名称：基于过硫酸钠复合物氧化与微生物菌群生物强化联合处理重度石油污染土壤或油泥的方法。发明人：马小魁，毛东霞，周波，李郁，郭丹丹，李亭亭，马瑶，宋双红。授权号：CN201610541245.4。权利人：陕西师范大学。

说明书摘要

本发明公开了一种基于过硫酸钠复合物氧化与微生物菌群生物强化联合处理重度石油污染土壤或油泥的方法：先利用过硫酸钠复合物作为氧化剂与表面活性剂配合使用对污染土壤或油泥进行氧化处理，之后连续两次接入芽孢杆菌(*Bacillus* sp.)和枝顶孢霉菌(*Acremonium* sp. Y0997)或黄孢原毛平革菌(*Phanerochaete* sp. F0996)的混合菌群，通过化学氧化与真菌－细菌菌群生物序列强化联合对土壤或油泥进行强化联合处理，可显著提高重度石油污染土壤或油泥的降解效率，并可大大缩短修复周期。该发明技术已经在采油作业区有过现场验证，稳定可靠，还可运用于石油类化合物污染的多种介质，如污染土壤或污染废水以及页岩气采集现场的生产废弃物或石油废水等。

权利要求书

(1)一种基于过硫酸钠复合物氧化与微生物菌群生物强化联合处理重度石油污染土壤或油泥的方法，其特征在于由以下步骤组成：

① 采集重度石油污染土壤或油泥置于处理池中，将其敲碎、混匀，或直接将污染现场的重度石油污染土壤或油泥敲碎、混匀。

② 将过硫酸钠复合物作为氧化剂按8～15g/kg的比例加入经步骤①处理的土壤或油泥中，再加入市售生物或无毒表面活性剂，表面活性剂的添加量为1200～1600mg/kg，并加水至土壤或油泥的含水率达15%～30%，混匀，氧化处理10～20天。

③ 向步骤②处理后的土壤或油泥中分别接入培养好的芽孢杆菌与枝顶胞霉菌的混合菌剂或者芽孢杆菌与黄孢原毛平革菌的混合菌剂，芽孢杆菌和枝顶孢霉菌或黄孢原毛平革菌的接种量均为15～25g/kg，再加入市售有机肥料，有机肥料的添加量为800～1200mg/kg，混匀，将污染土壤或油泥的表面用塑料薄膜覆盖，通气，维持土壤或油泥的含水率稳定，在15～35℃下，现场处理10～20天。

④ 向步骤③处理后的土壤或油泥中再次接入等量培养好的芽孢杆菌与枝顶胞霉菌的混合菌剂或者芽孢杆菌与黄孢原毛平革菌的混合菌剂，重复步骤③的操作，在15～35℃下，现场处理20～30天，完成处理。

（2）根据权利要求（1）所述的基于过硫酸钠复合物氧化与微生物菌群生物强化联合处理重度石油污染土壤或油泥的方法，其特征在于：所述过硫酸钠复合物按8～15g/kg的比例接入经步骤①处理的土壤或油泥中，再加入市售生物或无毒表面活性剂，表面活性剂的添加量为1200～1600mg/kg，并加水至土壤或油泥的含水率达15%～30%，混匀，氧化处理10～20天。

（3）根据权利要求（1）或（2）所述的基于过硫酸钠复合物氧化与微生物菌群生物强化联合处理重度石油污染土壤或油泥的方法，其特征在于：所述过硫酸钠复合物由过硫酸钠、过氧化钙和硫酸亚铁以5：0.5：2.5的摩尔比混合制成。

（4）根据权利要求（1）所述的基于过硫酸钠复合物氧化与微生物菌群生物强化联合处理重度石油污染土壤或油泥的方法，其特征在于：所述枝顶孢霉菌的名称为 *Acremonium* sp. Y0997，菌株保藏号为CCTCC NO：M 2016117，保藏日期为2016年3月14日，保藏单位为中国典型培养物保藏中心。

所述黄孢原毛平革菌的名称为 *Phanerochaete* sp. F0996，菌株保藏号为CCTCC NO：M 2016116，保藏单位是中国典型培养物保藏中心，保藏日期是2016年3月14日。

（5）根据权利要求（1）所述的基于过硫酸钠复合物氧化与微生物菌群生物强化联合处理重度石油污染土壤或油泥的方法，其特征在于：所述芽孢杆菌的活菌含量为4.0×10^9～6.0×10^9CFU/g，枝顶孢霉菌的活菌含量为7.2×10^9～8.5×10^9CFU/g，黄孢原毛平革菌的活菌含量为7.2×10^9～9.0×10^9CFU/g。

（6）根据权利要求（1）所述的基于过硫酸钠复合物氧化与微生物菌群生物强化联合处理重度石油污染土壤或油泥的方法，其特征在于：所述重度石油污染土壤或油泥的总石油烃起始含量为100000～170000mg/kg土壤或油泥。

说明书

基于过硫酸钠复合物氧化与微生物菌群生物强化联合处理重度石油污染土壤或油泥的方法

技术领域

本发明属于重度石油污染土壤或油泥的化学与生物修复技术领域，具体涉及对油田开采区利用化学氧化与真菌－细菌菌群生物强化强化联合处理重度石油污染土壤或油泥的方法。

技术背景

目前，随着国内外石油工业的发展，石油污染土壤范围正在不断扩大。对于石油污染土壤进行处理，使其在较短的时间内达到恢复利用的效果，是石油污染土壤治理过程中亟待解决的问题。对于污染物的处理，选择哪些方法最适宜，除了要考虑处理污染物所在地点、污染物量的多少、处理效果的好坏、所需时间的长短和处理的长短等技术因素外，处理费用的高低也是一个十分重要的因素。

近年来，生物修复技术在国内外都得到了较快的发展，一批具有特殊生理生化功能的植物、微生物应运而生，推动了生物修复技术的进一步应用与发展。在石油污染土壤的治理过程中，一方面要进一步完善生物修复技术，使其成熟化和系统化；另一方面要注意与传统方法的结合，发挥各自的优点。

目前，国内外对石油污染的处理的手段比较单一，主要采用单一的修复技术，比如单一的生物修复或单一的化学方法。单一的生物修复技术虽然对环境友好，然而生物在抗逆性环境中的适应期往往较长，因此在亟待解决的污染区域处理并不佳。因此为能使修复功效更为满意，修复结果更为彻底，迅速反应的化学修复方法必不可少的。化学处理修复技术能否成功应用，首先在于合适的处理剂的选择。目前常用的化学处理剂有过氧化氢、高锰酸盐、Fenton 试剂、类 Fenton 试剂及活化过硫酸盐等。此外，Watts 等（1999）报道了很强的处理条件、过量的 H_2O_2 可通过产生另外的自由基提高吸附的有机污染物的解吸和处理；Dadkhah & Akgerman（2006）指出使用亚临界水作为去除介质和过处理氢作为处理剂，30 分钟实验后液态中没有多环芳香烃可被检测到。国外现行的公司，如 REGEBESIS 和 I－ROX 也在集中于化学处理降解地下水污染的研究。但是，化学处理技术也有其局限性，例如在处理降解过程中，处理剂会对土壤中的其他有机质进行处理并且改变了土壤中的吸附结构，以及生物可利用性，不利于植物和微生物的生长，不能和生物修复技术有效结合使用。

为进一步提高修复的效率，解决化学氧化和生物处理之间的衔接技术问题，本发明提出了一种基于过硫酸钠氧化处理和菌群生物强化策略的联合处理技术，以期对重度石油污染土壤或油泥进行高效处理。

发明内容

本发明的目的在于提供一种基于过硫酸钠复合物氧化与微生物菌群生物强化联合处理重度石油污染土壤或油泥的方法，该方法可以极显著地提高重度石油污染土壤或油泥的处理效率，且可以大大缩短处理周期，综合了过硫酸钠氧化处理底物选择性低、高效、周期短以及菌群生物强化处理温和、转化产物对环境友好的诸多优点，可在污染土壤或含油污泥污染现场原位或异位处理重度石油污染土壤或油泥。

本发明所涉及的生物强化联合处理方法是使用芽孢杆菌（*Bacillus* sp.）与枝顶孢霉菌（*Acremonium* sp.）或黄孢原毛平革菌（*Phanerochaete* sp.）的真菌－细菌菌群固体菌剂接入重度石油污染土壤或油泥中。

本发明所涉及的菌分别为芽孢杆菌、枝顶孢霉菌和黄孢原毛平革菌，其中：芽孢杆菌 *Bacillus* sp.，菌株保藏号 CCTCC NO：AB 2014248，属于已知固体菌剂，该菌菌落呈乳白色，菌落圆形，表面光滑、凸起，边缘整齐，背面颜色与正面一致，无色素分布；枝顶孢霉菌 *Acremonium* sp. Y0997，菌株保藏号为 CCTCC NO：M 2016117，保藏单位是中国典型培养物保藏中心，保藏日期是 2016 年 3 月 14 日，该菌菌落呈白色，菌落圆形，背面奶油色至赭黄色，菌丝无色，光滑且具隔膜，孢子囊梗直接从菌丝上长出，呈锥形多单生，分

生孢子无色，光滑，形成簇状或链状，长纺锤形，两头尖，未见厚垣孢子；黄孢原毛平革菌 *Phanerochaete* sp. F0996，菌株保藏号为 CCTCC NO：M 2016116，保藏单位是中国典型培养物保藏中心，保藏日期是 2016 年 3 月 14 日，该菌菌落白色，圆形，背面无色，菌落仅有少量凸起，菌丝为无色，蓬松棉絮状，随着培养时间的延长，绒毛状凸起逐渐变平，菌丝消失，形成粉末孢子。

为了实现上述目的，本发明所采用的技术方案由以下步骤组成：

（1）采集重度石油污染土壤或油泥置于处理池中，将其敲碎、混匀，或直接将污染现场的重度石油污染土壤或油泥敲碎、混匀。

（2）将过硫酸钠复合物作为氧化剂按 8 ~ 15g/kg 的比例加入经步骤（1）处理的土壤或油泥中，再加入市售生物或无毒表面活性剂，表面活性剂的添加量为 1200 ~ 1600mg/kg，并加水至土壤或油泥的含水率达 15% ~30%，混匀，氧化处理 10 ~20 天。

（3）向步骤（2）处理后的土壤或油泥中分别接入培养好的芽孢杆菌与枝顶胞霉菌的混合菌剂或者芽孢杆菌与黄孢原毛平革菌的混合菌剂，芽孢杆菌和枝顶孢霉菌或黄孢原毛平革菌的接种量均为 15 ~ 25g/kg，再加入市售有机肥料，有机肥料的添加量为 800 ~ 1200mg/kg，混匀，将污染土壤或油泥的表面用塑料薄膜覆盖，通气，维持土壤或油泥的含水率稳定，在 15 ~35℃下，现场处理 10 ~20 天。

（4）向步骤（3）处理后的土壤或油泥中再次接入等量培养好的芽孢杆菌与枝顶胞霉菌的混合菌剂或者芽孢杆菌与黄孢原毛平革菌的混合菌剂，重复步骤（3）的操作，在 15 ~35℃下，现场处理 20 ~30 天，完成处理。

上述过硫酸钠复合物按 8 ~ 15g/kg 的比例接入经步骤（1）处理的土壤或油泥中，再加入生物或无毒表面活性剂，表面活性剂的添加量为 1200 ~ 1600mg/kg，并加水至土壤或油泥的含水率达 15% ~30%，混匀，氧化处理 10 ~20 天；

上述过硫酸钠复合物由过硫酸钠、过氧化钙和硫酸亚铁以 5：0.5：2.5 的摩尔比混合制成。

上述枝顶孢霉菌的名称为 *Acremonium* sp. Y0997，菌株保藏号为 CCTCC NO：M 2016117，保藏日期为 2016 年 3 月 14 日，保藏单位为中国典型培养物保藏中心；黄孢原毛平革菌的名称为 *Phanerochaete* sp. F0996，菌株保藏号为 CCTCC NO：M 2016116，保藏单位是中国典型培养物保藏中心，保藏日期是 2016 年 3 月 14 日。

上述芽孢杆菌的活菌含量为 $4.0 \times 10^9 \sim 6.0 \times 10^9$ CFU/g，枝顶孢霉菌的活菌含量为 $7.2 \times 10^9 \sim 8.5 \times 10^9$ CFU/g，黄孢原毛平革菌的活菌含量均为 $7.2 \times 10^9 \sim 9.0 \times 10^9$ CFU/g。

上述重度石油污染土壤或油泥的总石油烃起始含量为 100000 ~ 170000mg/kg 土壤或油泥。

本发明基于过硫酸钠复合物氧化与微生物菌群生物强化联合处理重度石油污染土壤或油泥的方法，先经氧化剂和表面活性剂配合进行化学氧化处理后，再连续两次接入芽孢杆菌和枝顶孢霉菌或黄孢原毛平革菌的混合菌群进行序列生物强化修复，将化学氧化技术与真菌－细菌菌群的序列生物强化修复技术结合，能够极显著地提高TPH的降解效率，并且大大缩短了修复周期，综合了过硫酸钠氧化处理底物选择性低、高效、周期短以及菌群生物强化处理温和、转化产物对环境友好的诸多优点，可在污染土壤或含油污泥污染现场原位或异位处理重度石油污染土壤或油泥。对原油质量浓度高达17%的重度石油污染土壤或油泥的处理效果明显，实验结果表明：处理10～20天后，土壤或油泥中TPH降解效率为30%～50%，对其中轻链与重链组分的降解效率均达到了35%以上，分别为38.53%±1.06%、42.78%±1.45%，通过随后芽孢杆菌 *Bacillus* sp. 与枝顶孢霉菌 *Acremonium* sp. 的菌群为期35～50天的处理后，土壤或油泥中TPH降解效率达到了86%～95%。本发明的菌群生长稳定，枝顶孢霉菌和黄孢原毛平革菌在现场对室外自然环境的耐受能力较好，存活率较高。此外，本发明提出的技术体系可完全运用于石油类化合物污染的多种介质，如污染土壤或含油污泥以及页岩气采集现场的生产废弃物或石油废水等。对于降解难度低于石油类化合物的其他污染有机物，该发明技术也是可以进行处理的，适用于室外现场修复并且适于大范围推广应用。

附图说明

图1为枝顶孢霉菌(*Acremonium* sp. Y0997)的菌落图。

图2为黄孢原毛平革菌(*Phanerochaete* sp. F0996)的形貌图。

图3为处理15天空白例土壤中石油烃组分的气相色谱与质谱联用分析图谱。

图4为化学氧化处理15天实施例1土壤中石油烃组分的气相色谱与质谱联用分析图谱。

图5为化学氧化处理15天实施例1土壤中轻链与重链组分的去除效率结果。

图6为处理60天空白例和对比例、实施例1土壤中TPH去除效率对比结果。

具体实施方式

现结合实验和实施例对本发明的技术方案进行进一步说明，但是本发明不仅限于下述的实施方式。

1)实施例1

现以芽孢杆菌(*Bacillus* sp.，保藏于中国典型培养物保藏中心，菌株保藏号CCTCC NO：AB2014248)和枝顶孢霉菌(*Acremonium* sp. Y0997，保藏于中国典型培养物保藏中心，菌株保藏号为CCTCC NO：M 2016117，保藏日期是2016年3月14日)的固体菌剂为菌群组合，以过硫酸钠复合物为化学氧化剂，联合对重度石油污染土壤进行处理，由以下步骤组成：

(1)采集油井附近的总石油烃起始含量为162240mg/kg的重度石油污染土壤置于处理池中，将其敲碎，粒径为30～40mm，混匀。

(2)将氧化剂过硫酸钠复合物按10g/kg的比例接入经步骤(1)处理的土壤中，加水至土壤的含水率达25%，混匀，氧化处理15天。该过硫酸钠复合物是由过硫酸钠、过氧化

钙和硫酸亚铁以5∶0.5∶2.5的摩尔比混合制成的。

（3）将培养好的芽孢杆菌（*Bacillus* sp.）和枝顶孢霉菌（*Acremonium* sp.）接入重度石油污染土壤中，芽孢杆菌的接种量为20g/kg土壤（其固体菌剂活菌含量：5.3×10^9CFU/g），枝顶孢霉菌的接种量为20g/kg土壤（其固体菌剂活菌含量：8.0×10^9CFU/g），再按照1000mg/kg（土壤）的量加入有机肥料，混匀，维持土壤的含水率稳定，将处理池的表面用塑料薄膜覆盖，通气，维持土壤的含水率稳定，在25℃下，现场处理15天。

（4）向步骤（3）处理后的土壤中再次接入等量培养好的芽孢杆菌和枝顶孢霉菌，重复步骤（3）的操作，在25℃下，现场处理30天，完成处理，TPH的降解率达到86.96%。

上述枝顶孢霉菌（*Acremonium* sp. Y0997）的18SrDNA序列为：

GGGAATTCGG GGGATATCCA CTCCCAACC TATGTGAACC TACCTTTATG TTGCTTCGGC 60

GGTCTCGCGC CGGGTTGCTC CCCTGGGGGC TCCCGGGACC ACGCGTCCGC CGGAGACCAC 120

AAACTCTTGA TTTTGCGAAA GCAGTATTAT TCTGAGTGGC CGAAAGGCAA AAAACAAATG 180

AATCAAAACT TTCAACAACG GATCTCTTGG TTCTGGCATC GATGAAGAAC GCAGCGAAAT 240

GCGATAAGTA ATGTGAATTG CAGAATTCAG TGAATCATCG AATCTTTGAA CGCACATTGC 300

GCCCGCCAGC ATTCTGGCGG GCATGCCTGT TCGAGGTCAT TTCAACCCTC GAGCTCGTCT 360

TCATTGACGG GATCGGTGTT GGGACCCGGC GAGCGGGGAC TTTTGTCCTC TGCCGGCCCC 420

GAAATTCAGT GGCGGCCCGT TGCGGCGACC TCTGCGTAGT AACTCAACCT CGCACCGGTA 480

ACAGCATCGT GGCCACGCCG TAAAACCCCC GACTTTTATA AGGTTGACCT CGAATCAGGT 540

AGGACTACCC GCTGAACTTA AGCATATCAA TAAGCCGGAG GAA 583。

该菌菌落呈白色，菌落圆形，背面奶油色至赭黄色，菌丝无色，光滑且具隔膜，孢子囊梗直接从菌丝上长出，呈锥形多单生，分生孢子无色，光滑，形成簇状或链状，长纺锤形，两头尖，未见厚垣孢子，形貌参见图1。

2）实施例2

现以黄孢原毛平革菌（*Phanerochaete* sp. F0996，保藏于中国典型培养物保藏中心，菌株保藏号CCTCC NO：M 2016116，保藏日期是2016年3月14日）的固体菌剂为菌群组合，以过硫酸钠复合物为化学氧化剂，联合对重度石油污染土壤进行处理，由以下步骤组成：

（1）采集油井附近的总石油烃起始含量为170000mg/kg的重度石油污染土壤置于处理池中，将其敲碎，粒径为30～40mm，混匀。

（2）将氧化剂过硫酸钠复合物按8g/kg的比例接入经步骤（1）处理的土壤中，加水至土壤的含水率达15%，混匀，氧化处理20天。所用过硫酸钠复合物是由过硫酸钠、过氧化钙和硫酸亚铁以5∶0.5∶2.5的摩尔比混合制成的。

（3）将培养好的芽孢杆菌（*Bacillus* sp.）和黄孢原毛平革菌（*Phanerochaete* sp. F0996）接入重度石油污染土壤中，芽孢杆菌的接种量为15g/kg土壤（其固体菌剂活菌含量：4.0×10^9CFU/g），黄孢原毛平革菌的接种量为15g/kg土壤（其固体菌剂活菌含量：7.5×10^9CFU/g），再按照800mg/kg（土壤）的量加入有机肥料，混匀，维持土壤的含水率稳定，将处理池的表面用塑料薄膜覆盖，通气，维持土壤的含水率稳定，在15℃下，现场处理20天。

（4）向步骤（3）处理后的土壤中再次接入等量培养好的芽孢杆菌和黄孢原毛平革菌的混合菌剂，重复步骤（3）的操作，在15℃下，现场处理30天，完成处理，TPH的降解率达到85.25%。

上述黄孢原毛平革菌*Phanerochaete* sp. F0996，菌株保藏号为CCTCC NO：M 2016116，保藏单位是中国典型培养物保藏中心，保藏日期是2016年3月14日，其18SrDNA序列为：

TGTAGCTGGC CTCTCGGGGC ATGTGCACGC CTGGCTCATC CACTCTTCAA CCTCTGTG-CA 60

CTTGTTGTAG GTCGGTAGAA GAGCGAGCAT CCTCTGATGC TTTGCTTGGA AGCCTTC-CTA 120

TGTTTTACTA CAAACGCTTC AGTTTAAGAAT GTCTACCTGC GTACAACGCA TCTATATA-CA 180

ACTTTCAGCA ACGGATCTCT TGGCTCTCGC ATCGATGAAG AACGCAGCGA AATGCGA-TAA 240

GTAATGTGAA TTGCAGAATT CAGTGAATCA TCGAATCTTT GAACGCACCT TGCGCTCCCT 300

GGTATTCCGG GGAGCATGCC TGTTTGAGTG TCATGGTATC CTCAACCTTC ATAACTT-TTT 360

GGTATCCAAA GGTTGGAATT GGAAGGTGGG GTGGGTTCCA ATCCAATCCG GTCCTC-CTAA 420

ATGGATTAAC CGGGGTGGAA ACGAACCCTT CCGGGGGGAT ATTAACCGCC CCGTG-GTCCT 480

GGAATTACCA TAGCCTGCCG CTCCTAACGG TCCTCCATTG GACCACCTAA CTTGGC-CTCC 540

GAACTCCAAT CCAGGAAGAA CTACCGCTTG ACCTAAACCT TACCAAAACC GAAGAAA 597。

该菌菌落白色，圆形，背面无色，菌落仅有少量凸起；菌丝为无色，蓬松棉絮状，随着培养时间的延长，绒毛状凸起逐渐变平，菌丝消失，形成粉末孢子，参见图2。

3）实施例3

以过硫酸钠复合物为化学氧化剂，联合芽孢杆菌和枝顶孢霉菌混合菌群对重度石油污染油泥进行强化联合处理，由以下步骤组成。

（1）采集油井附近的总石油烃起始含量为100000mg/kg的重度石油污染油泥置于处理池中，将其敲碎，粒径为30～40mm，混匀。

（2）将氧化剂过硫酸钠复合物按12g/kg的比例接入经步骤（1）处理的油泥中，过硫酸钠复合物由过硫酸钠、过氧化钙和硫酸亚铁以5：0.5：2.5的摩尔比混合制成，再按照1200mg/kg（油泥）的添加量加入重油清洗剂KD－L315作为表面活性剂，并加水至油泥的含水率达30%，混匀，氧化处理10天。

（3）将培养好的芽孢杆菌（*Bacillus* sp.）和枝顶孢霉菌（*Acremonium* sp.）接入重度石油污染油泥中，芽孢杆菌的接种量为25g/kg油泥（其固体菌剂活菌含量：6.0×10^{9}CFU/g），枝顶孢霉菌的接种量为25g/kg油泥（其固体菌剂活菌含量：8.5×10^{9}CFU/g），再按照1200mg/kg（油泥）的量加入有机肥料，混匀，维持油泥的含水率稳定，将处理池的表面用塑料薄膜覆盖，通气，维持油泥的含水率稳定，在35℃下，现场处理10天。

（4）向步骤（3）处理后的油泥中再次接入等量培养好的芽孢杆菌和枝顶孢霉菌，重复步骤（3）的操作，在35℃下，现场处理20天，完成处理，TPH的降解率达到95.01%。

4）实施例4

以过硫酸钠复合物为化学氧化剂，联合芽孢杆菌和黄孢原毛平革菌混合菌群对重度石油污染油泥进行强化联合处理，由以下步骤组成：

（1）采集油井附近的总石油烃起始含量为120000mg/kg的重度石油污染油泥置于处理池中，将其敲碎，粒径为30～40mm，混匀。

（2）将氧化剂过硫酸钠复合物按15g/kg的比例接入经步骤（1）处理的油泥中，过硫酸钠复合物由过硫酸钠、过氧化钙和硫酸亚铁以5：0.5：2.5的摩尔比混合制成，再按照1600mg/kg（油泥）的添加量加入重油清洗剂KD－L315作为表面活性剂，并加水至油泥的含水率达30%，混匀，氧化处理10天。

（3）将培养好的芽孢杆菌（*Bacillus* sp.）和黄孢原毛平革菌（*Phanerochaete* sp.）的混合菌剂接入重度石油污染油泥中，芽孢杆菌的接种量为25g/kg油泥（其固体菌剂活菌含量：5.0×10^{9}CFU/g），黄孢原毛平革菌的接种量为25g/kg油泥（其固体菌剂活菌含量：9.0×10^{9}CFU/g），再按照1200mg/kg（油泥）的量加入有机肥料，混匀，维持油泥的含水率稳定，将处理池的表面用塑料薄膜覆盖，通气，维持油泥的含水率稳定，在35℃下，现场处理 10 天。

（4）向步骤（3）处理后的油泥中再次接入等量培养好的芽孢杆菌和黄孢原毛平革菌，重复步骤（3）的操作，在 35℃下，现场处理 20 天，完成处理，TPH 的降解率达到 93.31%。

本发明的方法对处理重度石油污染土壤和油泥均可适用，还可以直接处理污染现场的重度石油污染土壤或油泥，均能够得到很好的处理效果。

上述枝顶胞霉菌与黄孢原毛平革菌可以相互替换，其与芽孢杆菌混合形成真菌－细菌混合菌剂，对上述重度石油污染土壤和油泥均有较好的效果，特别是与氧化剂氧化联合处理。

为了验证本发明的技术效果，申请人做了大量的实验，同时还以空白实验作为参照，对本发明的降解效果进行验证，具体如下。

1）对比例

（1）总石油烃起始含量为 162240mg/kg 重度石油污染土壤置于处理池中，将其敲碎，混匀。

（2）与实施例 1 的步骤（3）相同。

（3）与实施例 1 的步骤（4）相同。

2）空白例

（1）与对比例 1 相同。

（2）向总石油烃起始含量为 162240mg/kg 的污染土壤中加入有机肥料和表面活性剂，并加水至土壤的含水率达 25%，混匀，在 15～35℃下，现场处理 60 天，完成处理。

对上述空白例及实施例 1 处理 15 天后的土壤中总石油烃组分进行气相色谱与质谱联用检测，结果如图 3 及图 4 所示。

由图 3 和图 4 中结果显示，与空白例相比，经过硫酸钠复合物氧化处理后，土壤中的各石油烃组分均有明显降解效果，并对氧化处理后土壤中轻链与重链组分的去除效率进行了计算，结果如图 5 所示。如图 5 所示，经过硫酸钠复合物氧化处理后，土壤中的轻链与重链组分的去除效率分别达到了 38.53% ±1.06%、42.78% ±1.45%。

对上述对比例和空白例所处理后的土壤中总石油烃的降解情况进行检测，并与实施例 1 进行比较，结果如表 1 及图 6 所示。

表 1　对比例和空白例处理后的土壤中 TPH 含量与实施例 1 的对比结果

处理组	TPH 降解率
空白例	9.87%
对比例	64.42%
实施例 1	86.96%

由表 1 及图 6 可知，对比例和空白例处理 60 天后的土壤中 TPH 含量与实施例 1 的对

比结果表明，采用化学氧化前处理的实施例1极显著地提高了土壤中的TPH去除效率；与对比例相比，实施例1的TPH去除效率提高了约22.54%。

用相同的方法对重度石油污染的油泥也进行处理，也能够达到上述相同的处理效果。

实验结果表明，本发明采用化学氧化与真菌－细菌菌群生物强化综合现场处理重度石油污染土壤或油泥，可以极显著地提高土壤或油泥中总石油烃的降解效率。

说明书附图

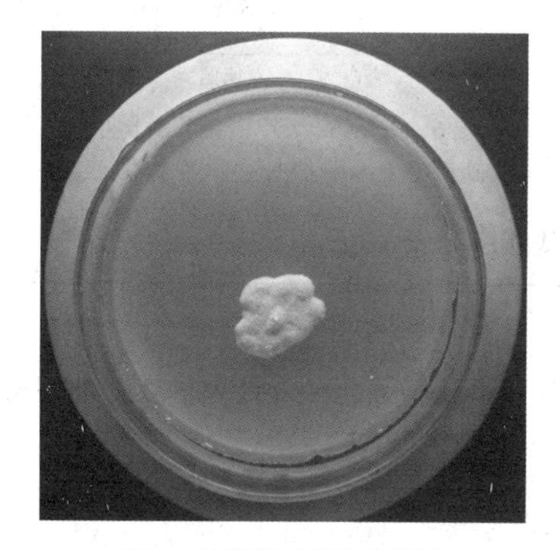

图1 枝顶孢霉菌的菌落图

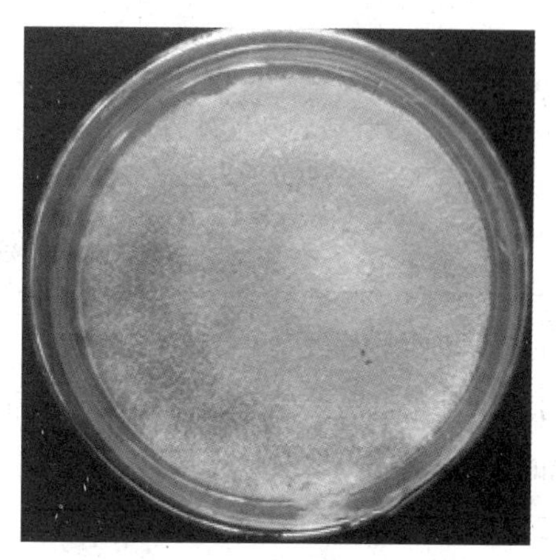

图2 黄孢原毛平革菌的形貌图

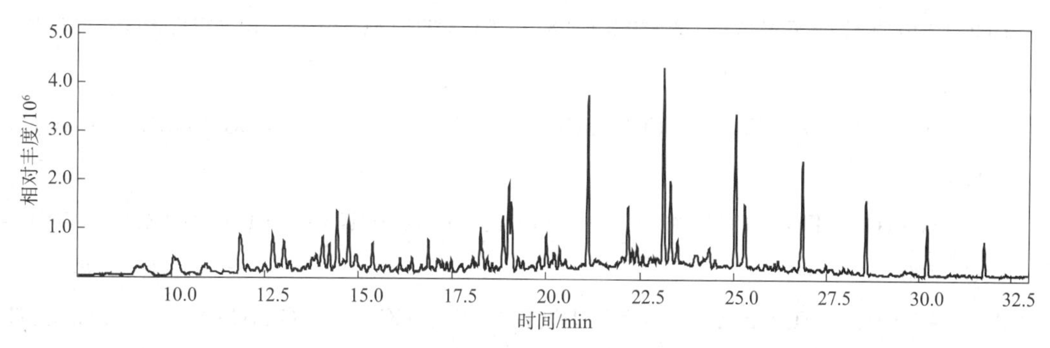

图3 处理15天空白例土壤中石油烃组分的气相色谱与质谱联用分析图谱

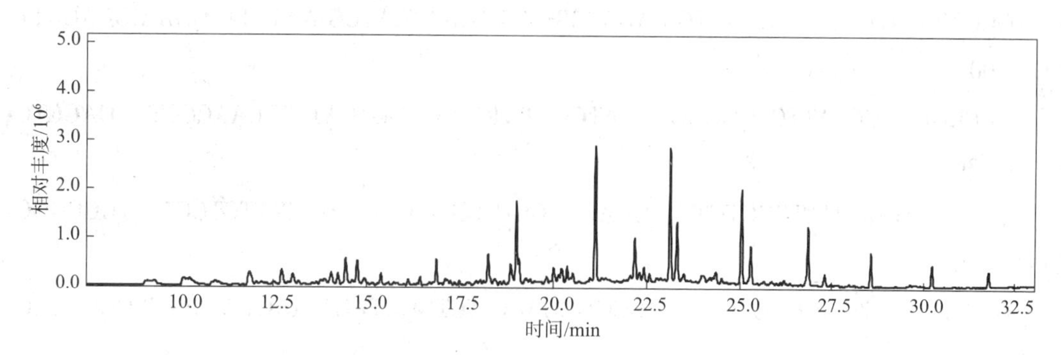

图4 处理15天实施例1土壤中石油烃组分的气相色谱与质谱联用分析图谱

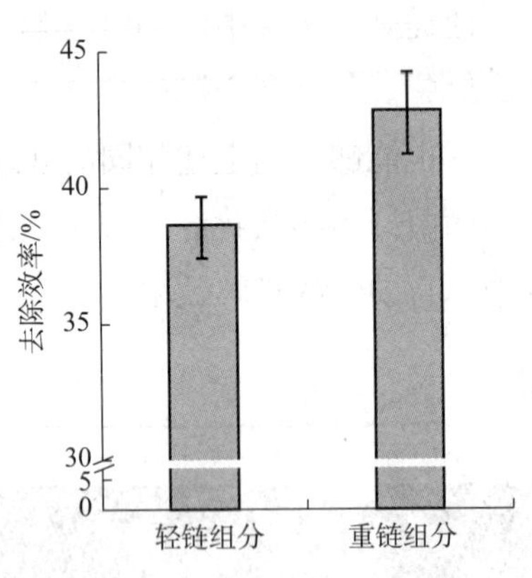

图 5　化学处理 15 天实施例 1 土壤中轻链与重链组分的去除率结果

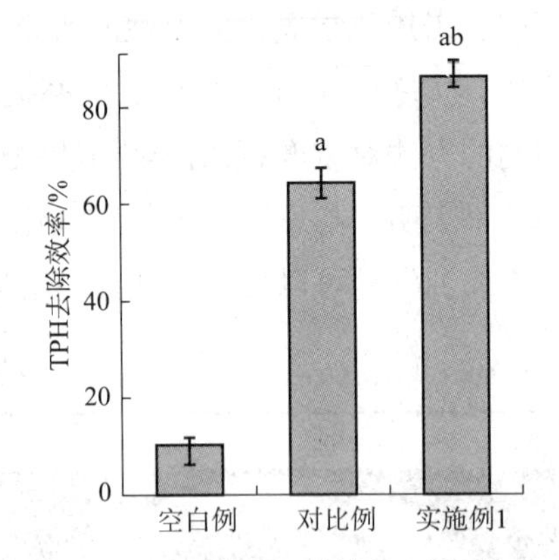

图 6　处理 60 天空白例和对比例、实施例 1 土壤中 TPH 去除效率对比结果

核苷酸或氨基酸序列表

<110 >陕西师范大学

<120 >基于过硫酸钠复合物氧化与微生物菌群生物强化联合处理重度石油污染土壤或油泥的方法

<212 >18Sr DNA

<213 >*Acremonium* sp. Y0997

GGGAATTCGG GGGATATCCA CTCCCAACC TATGTGAACC TACCTTTATG TTGCTTCGGC 60

GGTCTCGCGC CGGGTTGCTC CCCTGGGGGC TCCCGGGACC ACGCGTCCGC CGGAGAC-CAC 120

AAACTCTTGA TTTTGCGAAA GCAGTATTAT TCTGAGTGGC CGAAAGGCAA AAAA-CAAATG 180

AATCAAAACT TTCAACAACG GATCTCTTGG TTCTGGCATC GATGAAGAAC GCAGCG-AAAT 240

GCGATAAGTA ATGTGAATTG CAGAATTCAG TGAATCATCG AATCTTTGAA CGCACATT-GC 300

GCCCGCCAGC ATTCTGGCGG GCATGCCTGT TCGAGGTCAT TTCAACCCTC GAGCTC-GTCT 360

TCATTGACGG GATCGGTGTT GGGACCCGGC GAGCGGGGAC TTTTGTCCTC TGCCGGC-CCC 420

GAAATTCAGT GGCGGCCCGT TGCGGCGACC TCTGCGTAGT AACTCAACCT CGCACCG-GTA 480

ACAGCATCGT GGCCACGCCG TAAAACCCCC GACTTTTATA AGGTTGACCT CGAAT-

CAGGT　540

AGGACTACCC GCTGAACTTA AGCATATCAA TAAGCCGGAG GAA　583

<212>18Sr DNA

<213>*Phanerochaete* sp. F0996

TGTAGCTGGC CTCTCGGGGC ATGTGCACGC CTGGCTCATC CACTCTTCAA CCTCTGTG-CA　60

CTTGTTGTAG GTCGGTAGAA GAGCGAGCAT CCTCTGATGC TTTGCTTGGA AGCCTTC-CTA　120

TGTTTTACTA CAAACGCTTC AGTTTAAGAAT GTCTACCTGC GTACAACGCA TCTATATA-CA　180

ACTTTCAGCA ACGGATCTCT TGGCTCTCGC ATCGATGAAG AACGCAGCGA AATGCGA-TAA　240

GTAATGTGAA TTGCAGAATT CAGTGAATCA TCGAATCTTT GAACGCACCT TGCGCTCCCT　300

GGTATTCCGG GGAGCATGCC TGTTTGAGTG TCATGGTATC CTCAACCTTC ATAACTT-TTT　360

GGTATCCAAA GGTTGGAATT GGAAGGTGGG GTGGGTTCCA ATCCAATCCG GTCCTC-CTAA　420

ATGGATTAAC CGGGGTGGAA ACGAACCCTT CCGGGGGGAT ATTAACCGCC CCGTG-GTCCT　480

GGAATTACCA TAGCCTGCCG CTCCTAACGG TCCTCCATTG GACCACCTAA CTTGGC-CTCC　540

GAACTCCAAT CCAGGAAGAA CTACCGCTTG ACCTAAACCT TACCAAAACC GAAGAAA　597。

附件5　重度石油污染土壤或油泥的序列生物强化处理方法专利

发明名称：重度石油污染土壤或油泥的序列生物强化处理方法。发明人：马小魁，毛东霞，李亭亭，李郁，宋双红。专利号：ZL201610308584.8，证书号第3376838号。专利权人：陕西师范大学。

说明书摘要

本发明公开了重度石油污染土壤或油泥的序列生物强化处理方法，采用序列生物强化的修复策略，先接入芽孢杆菌和枝顶孢霉菌，处理一段时间后再接入黄孢原毛平革菌，使芽孢杆菌和枝顶孢霉菌、黄孢原毛平革菌联合作用，实现现场修复石油污染土壤或油泥，显著地提高了重度石油污染土壤或油泥的降解效率，大大缩短修复周期。

权利要求书

（1）一种重度石油污染土壤或油泥的序列生物强化处理方法，其特征在于由以下步骤组成：

① 采集重度石油污染土壤或油泥置于处理池中，将其敲碎，混匀。

② 将培养好的芽孢杆菌和枝顶孢霉菌接入重度石油污染土壤或油泥中，芽孢杆菌的接种量为15～25g/kg土壤或油泥，枝顶孢霉菌的接种量为15～25g/kg土壤或油泥，混匀，再加入有机肥料和表面活性剂，加水至土壤或油泥的含水率达15%～30%，混匀，将处理池的表面用塑料薄膜覆盖，通气，维持土壤或油泥的含水率稳定，在15～35℃下，现场处理20～40天。

③ 将黄孢原毛平革菌序列接入经步骤（2）处理的土壤或油泥中，接种量为35～50 g/kg土壤，混匀，用塑料薄膜将处理池的表面覆盖，通气，维持土壤或油泥的含水率稳定，在15～35℃下，现场处理20～30天，完成重度石油污染土壤或油泥的序列生物强化。

（2）根据权利要求（1）所述的重度石油污染土壤或油泥的序列生物强化处理方法，其特征在于：所述重度石油污染土壤或油泥的总石油烃起始含量为50000～120000mg/kg土壤或油泥。

（3）根据权利要求（1）所述的重度石油污染土壤或油泥的序列生物强化处理方法，其特征在于所述枝顶孢霉菌的名称为*Acremonium* sp. Y0997，菌株保藏号为CCTCC NO：M 2016117，保藏日期为2016年3月14日，保藏单位为中国典型培养物保藏中心；黄孢原毛平革菌的名称为*Phanerochaete* sp. F0996，菌株保藏号为CCTCC NO：M 2016116，保藏日期为2016年3月14日，保藏单位为中国典型培养物保藏中心。

（4）根据权利要求（1）所述的重度石油污染土壤或油泥的序列生物强化处理方法，其特征在于：所述芽孢杆菌的活菌含量为 $4.0\times10^{8}\sim6.0\times10^{9}$ CFU/g，枝顶孢霉菌的活菌含量是 $7.2\times10^{7}\sim8.5\times10^{9}$ CFU/g，黄孢原毛平革菌的活菌含量是 $5.6\times10^{7}\sim8.0\times10^{9}$ CFU/g。

（5）根据权利要求（1）所述的重度石油污染土壤或油泥的序列生物强化处理方法，其特征在于：所述步骤②为将培养好的芽孢杆菌和枝顶孢霉菌接入重度石油污染土壤或油泥中。芽孢杆菌的接种量为 15 ~ 20g/kg 土壤或油泥，枝顶孢霉菌的接种量为 17 ~ 23g/kg 土壤或油泥，混匀，再加入有机肥料和表面活性剂，其中有机肥料的添加量为 500 ~ 2000mg/kg，表面活性剂的添加量为 1000 ~ 2500mg/kg，加水至土壤或油泥的含水率达 20% ~25%，混匀，将处理池的表面用塑料薄膜覆盖，通气，维持土壤或油泥的含水率稳定，在 17 ~ 35℃下，现场处理 30 ~ 35 天。

（6）根据权利要求（1）所述的重度石油污染土壤或油泥的序列生物强化处理方法，其特征在于：所述步骤③是将培养好的黄孢原毛平革菌序列接入重度石油污染土壤或油泥中，接种量为 38 ~ 45g/kg 土壤。混匀，将处理池的表面用塑料薄膜覆盖，通气，维持土壤或油泥的含水率稳定，在 17 ~ 35℃下，现场处理 20 ~ 30 天，完成重度石油污染土壤或油泥的序列生物强化。

（7）一种重度石油污染土壤或油泥的序列生物强化处理方法，其特征在于由以下步骤组成：

① 采集重度石油污染土壤或油泥置于处理池中，将其敲碎，混匀。

② 将培养好的芽孢杆菌和枝顶孢霉菌接入重度石油污染土壤或油泥中，芽孢杆菌的接种量为 15 ~ 25g/kg 土壤或油泥，枝顶孢霉菌的接种量为 15 ~ 25g/kg 土壤或油泥，混匀，再加入有机肥料和表面活性剂，加水至土壤或油泥的含水率达 15% ~30%，混匀，将处理池的表面用塑料薄膜覆盖，通气，维持土壤或油泥的含水率稳定，在 15 ~ 35℃下处理20 ~ 40 天。

③ 取与步骤②等量的芽孢杆菌和枝顶孢霉菌，重复接入步骤②处理后的土壤或油泥中，混匀，再用塑料薄膜将处理池的表面覆盖，通气，补水搅拌维持土壤或油泥的含水率稳定，在 15 ~ 35℃下处理 20 ~ 30 天，完成重度石油污染土壤或油泥的序列生物强化处理。

（8）根据权利要求（7）所述的重度石油污染土壤或油泥的序列生物强化处理方法，其特征在于：步骤②是将培养好的芽孢杆菌和枝顶孢霉菌接入重度石油污染土壤或油泥中。芽孢杆菌的接种量为 15 ~ 20g/kg 土壤或油泥，枝顶孢霉菌的接种量为 17 ~ 23g/kg 土壤或油泥，混匀，再加入有机肥料和表面活性剂，其中有机肥料的添加量为 800 ~ 1200mg/kg，表面活性剂的添加量为 1200 ~ 1600mg/kg，加水至土壤或油泥的含水率达 15% ~30%，混匀，将处理池的表面用塑料薄膜覆盖，通气，维持土壤或油泥的含水率稳定，在 25 ~ 35℃下处理 30 ~ 35 天。

（9）根据权利要求（7）或（8）所述的重度石油污染土壤或油泥的序列生物强化处理

方法，其特征在于：步骤②是将培养好的芽孢杆菌和枝顶孢霉菌接入重度石油污染土壤或油泥中，芽孢杆菌的接种量为15～20g/kg土壤或油泥，枝顶孢霉菌的接种量为17～23g/kg土壤或油泥。混匀，再加入有机肥料、磷酸二氢钾、尿素和表面活性剂，其中有机肥料的添加量为800～1200mg/kg，表面活性剂的添加量为1200～1600mg/kg，加水至土壤或油泥的含水率达20%，土壤或油泥中C：N：P＝100：10：1，混匀，将处理池的表面用塑料薄膜覆盖，通气，维持土壤或油泥的含水率稳定，在25～35℃下处理30～35天。

说明书

重度石油污染土壤或油泥的序列生物强化处理方法

技术领域

本发明属于重度石油污染土壤或油泥的修复技术领域，具体涉及对油田开采区利用微生物菌群修复处理石油污染的土壤或油泥的新方法。

技术背景

随着人类对石油产品需求量不断增大，石油的开采量也越来越大。在采用过程中，一旦发生石油泄漏事故，便极易造成产油区附近土壤、沉积物及水体的污染。石油污染的土壤的主要类型包括：石油开采过程中产生的落地原油污染；含油矿渣、污泥、垃圾的堆置；采油废水排放造成的土壤污染；石油泄漏事件污染；大气污染及汽车尾气的排放（与大气中的颗粒物质结合、沉降进入土壤造成污染）；其他污染源，特别是石油开采过程中产生的落地原油，已成为石油污染土壤的重要来源。

目前，对于石油污染土壤的处理技术主要包括物理方法、化学方法与生物处理方法。与物理、化学修复污染土壤技术相比，生物修复技术具有成本低、不破坏植物生长所需要的土壤环境、污染物处理安全、无二次污染、处理效果好、操作简单等优点而备受青睐。

在多种生物修复策略中，生物强化（Bioaugmentation）和生物刺激（Biostimulation）在实践中应用较多，尤其是生物强化。越来越多的实践事实证明，生物强化策略在特定条件下有助于污染土壤的修复，尤其是在含氯废水或土壤的修复过程中。影响生物强化修复策略成功与否的主要因素有生物强化菌株对环境的耐受能力、对污染物的代谢潜力及污染物的生物可利用性等。除此之外，环境因子如温度、湿度、pH、透气性和营养物质含量等都是影响生物强化有效性的重要元素。

法德国家环境技术中心的Bouchez、Patureau等曾证明，强化微生物的使用不当很可能造成微生物在接种后很快便开始出现消亡，或者不能针对实际污染环境中的污染物种类进行有效的修复，此时的降解效果往往不理想。即便这些强化微生物没有很快地被吞噬掉，其对污染物的降解也很快进入了一个平台期，降解速率也不再提高，且微生物数量及活性也都开始下降，这种情况下便很难保证修复策略的成功。除此之外，Rodriguez、Pelaez等证明了生物强化修复策略中的重接种策略虽然提高了污染物的降解效率，然而其修复的起始污染水平往往较低，且在一定程度上增加了实际的修复成本。

发明内容

本发明的目的在于，提供一种重度石油污染土壤或油泥的序列生物强化处理方法。该方法是一种新的利用真菌－细菌菌群的序列生物强化的修复策略，可以显著地提高重度石油污染土壤或油泥的降解效率，特别是对于难降解的多环芳香烃效果明显。

本发明所涉及的三种菌分别为芽孢杆菌、枝顶孢霉菌以及黄孢原毛平革菌，其中：芽孢杆菌 *Bacillus* sp.，菌株保藏号 CCTCC NO：AB 2014248，属于已知固体菌剂，该菌菌落呈乳白色，菌落圆形，表面光滑、凸起，边缘整齐，背面颜色与正面一致，无色素分布；枝顶孢霉菌 *Acremonium* sp. Y0997，菌株保藏号为 CCTCC NO：M 2016117，保藏单位是中国典型培养物保藏中心，保藏日期是 2016 年 3 月 14 日，该菌菌落呈白色，菌落圆形，背面奶油色至赭黄色，菌丝无色，光滑且具隔膜，孢子囊梗直接从菌丝上长出，呈锥形多单生，分生孢子无色，光滑，形成簇状或链状，长纺锤形，两头尖，未见厚垣孢子；黄孢原毛平革菌 *Phanerochaete* sp. F0996，菌株保藏号为 CCTCC NO：M 2016116，保藏单位是中国典型培养物保藏中心，保藏日期是 2016 年 3 月 14 日，该菌菌落白色，圆形，背面无色，菌落仅有少量凸起；菌丝为无色，蓬松棉絮状，随着培养时间的延长，绒毛状凸起逐渐变平，菌丝消失，形成粉末孢子。

为了实现上述目的，本发明所采用的技术方案是：

本发明的一种重度石油污染土壤或油泥的序列生物强化处理方法由以下步骤组成：

(1)采集重度石油污染土壤或油泥置于处理池中，将其敲碎，混匀。

(2)将培养好的芽孢杆菌和枝顶孢霉菌接入重度石油污染土壤或油泥中，芽孢杆菌的接种量为 15～25g/kg 土壤或油泥，枝顶孢霉菌的接种量为 15～25g/kg 土壤或油泥，混匀，再加入有机肥料和表面活性剂，加水至土壤或油泥的含水率达 15%～30%，混匀，将处理池的表面用塑料薄膜覆盖，通气，维持土壤或油泥的含水率稳定，在 15～35℃下，现场处理 20～40 天。

(3)将黄孢原毛平革菌序列接入经步骤(2)处理的土壤或油泥中，接种量为 35～50g/kg 土壤，混匀，用塑料薄膜将处理池的表面覆盖，通气，维持土壤或油泥的含水率稳定，在 15～35℃下，现场处理 20～30 天，完成重度石油污染土壤或油泥的序列生物强化。

上述重度石油污染土壤或油泥的总石油烃起始含量为 50000～120000mg/kg 土壤或油泥。

上述芽孢杆菌的活菌含量为 $4.0\times10^{8}\sim6.0\times10^{9}$ CFU/g，枝顶孢霉菌的活菌含量是 $7.2\times10^{7}\sim8.5\times10^{9}$ CFU/g，黄孢原毛平革菌的活菌含量是 $5.6\times10^{7}\sim8.0\times10^{9}$ CFU/g。

上述步骤(2)优选为：将培养好的芽孢杆菌和枝顶孢霉菌接入重度石油污染土壤或油泥中，芽孢杆菌的接种量为 15～20g/kg 土壤或油泥，枝顶孢霉菌的接种量为 17～23g/kg 土壤或油泥，混匀，再加入有机肥料和表面活性剂，其中有机肥料的添加量为 500～2000 mg/kg，表面活性剂的添加量为 1000～2500mg/kg，加水至土壤或油泥的含水率达 20%～25%，混匀，将处理池的表面用塑料薄膜覆盖，通气，维持土壤或油泥的含水率稳定，在 17～35℃下，现场处理 30～35 天。

上述步骤(3)优选是：将培养好的黄孢原毛平革菌序列接入重度石油污染土壤或油泥中，接种量为 38～45g/kg 土壤，混匀，将处理池的表面用塑料薄膜覆盖，通气，维持土壤或油泥的含水率稳定，在 17～35℃下，现场处理 20～30 天，完成重度石油污染土壤或油泥的序列生物强化。

本发明还提供了一种重度石油污染土壤或油泥的序列生物强化处理方法，其是由以下步骤组成的：

(1)采集重度石油污染土壤或油泥置于处理池中，将其敲碎，混匀。

(2)将培养好的芽孢杆菌和枝顶孢霉菌接入重度石油污染土壤或油泥中，芽孢杆菌的接种量为 15～25g/kg 土壤或油泥，枝顶孢霉菌的接种量为 15～25g/kg 土壤或油泥，混匀，再加入有机肥料和表面活性剂，加水至土壤或油泥的含水率达 15%～30%，混匀，将处理池的表面用塑料薄膜覆盖，通气，维持土壤或油泥的含水率稳定，在 15～35℃下处理20～40 天。

(3)取与步骤(2)等量的芽孢杆菌和枝顶孢霉菌，重复接入步骤(2)处理后的土壤或油泥中，混匀，再用塑料薄膜将处理池的表面覆盖，通气，补水搅拌维持土壤或油泥的含水率稳定，在 15～35℃下处理 20～30 天，完成重度石油污染土壤或油泥的序列生物强化处理。

步骤(2)优选是：将培养好的芽孢杆菌和枝顶孢霉菌接入重度石油污染土壤或油泥中，芽孢杆菌的接种量为 15～20g/kg 土壤或油泥，枝顶孢霉菌的接种量为 17～23g/kg 土壤或油泥，混匀，再加入有机肥料和表面活性剂，其中有机肥料的添加量为 800～1200mg/kg，表面活性剂的添加量为 1200～1600mg/kg，加水至土壤或油泥的含水率达 15%～30%，混匀，将处理池的表面用塑料薄膜覆盖，通气，维持土壤或油泥的含水率稳定，在 25～35℃下处理 30～35 天。

步骤(2)进一步优选是：将培养好的芽孢杆菌和枝顶孢霉菌接入重度石油污染土壤或油泥中，芽孢杆菌的接种量为 15～20g/kg 土壤或油泥，枝顶孢霉菌的接种量为 17～23g/kg 土壤或油泥，混匀，再加入有机肥料、磷酸二氢钾、尿素和表面活性剂，其中有机肥料的添加量为 800～1200mg/kg，表面活性剂的添加量为 1200～1600mg/kg，加水至土壤或油泥的含水率达 20%，土壤或油泥中 C：N：P＝100：10：1，混匀，将处理池的表面用塑料薄膜覆盖，通气，维持土壤或油泥的含水率稳定，在 25～35℃下处理 30～35 天。

本发明的重度石油污染土壤或油泥的序列生物强化处理方法，是一种新的真菌－细菌菌群的序列生物强化修复技术，具体利用芽孢杆菌及枝顶孢霉菌与黄孢原毛平革菌对重度石油污染土壤或油泥进行序列强化处理，能够极显著地提高 TPH 及 PAHs 的降解效率，并且大大缩短了修复周期。实验结果表明：实验土壤或油泥中总石油烃起始含量为 110000～120000mg/kg，经过 50～70 天的修复处理后，土壤或油泥中 TPH 含量为 10000～34500mg/kg，降解效率达到了 91%～97%，对 5 种难降解的多环芳香烃，如萘、芴、菲、蒽及荧蒽的降解效果也比较显著，降解率均达到了 90% 以上，分别为 97.95%、99.20%、97.05%、95.89% 和 93.87%。

附图说明

图 1 为采用一次强化处理的对比例及采用序列强化处理的实施例 1 土壤中 TPH 降解结果；

图 2 为处理 60 天空白例土壤或油泥中石油烃组分的气相色谱与质谱联用分析结果；

图 3 为处理 60 天对比例土壤或油泥中石油烃组分的气相色谱与质谱联用分析结果；

图 4 为处理 60 天实施例 1 土壤或油泥中石油烃组分的气相色谱与质谱联用分析结果；

图 5 为不同生物强化处理组轻链与重链石油烃组分的降解结果；

图 6 为不同生物强化处理组脂肪烃、芳香烃与极性组分的降解结果；

图 7 为不同生物强化处理组 5 种芳香烃组分的降解结果。

具体实施方式

现结合实验和实施例对本发明的技术方案进行进一步说明，但是本发明不仅限于下述的实施方式。

本发明所涉及的三种菌分别为芽孢杆菌、枝顶孢霉菌以及黄孢原毛平革菌，其中：

芽孢杆菌 *Bacillus* sp.，菌株保藏号 CCTCC NO：AB 2014248，属于已知固体菌剂，该菌菌落呈乳白色，菌落圆形，表面光滑、凸起，边缘整齐，背面颜色与正面一致，无色素分布。

枝顶孢霉菌 *Acremonium* sp. Y0997，菌株保藏号为 CCTCC NO：M 2016117，保藏单位是中国典型培养物保藏中心，保藏日期是 2016 年 3 月 14 日，其 18SrDNA 序列为：

GGGAATTCGG GGGATATCCA CTCCCAACC TATGTGAACC TACCTTTATG TTGCTTCGGC 60

GGTCTCGCGC CGGGTTGCTC CCCTGGGGGC TCCCGGGACC ACGCGTCCGC CGGAGAC-CAC 120

AAACTCTTGA TTTTGCGAAA GCAGTATTAT TCTGAGTGGC CGAAAGGCAA AAAA-CAAATG 180

AATCAAAACT TTCAACAACG GATCTCTTGG TTCTGGCATC GATGAAGAAC GCAGCG-AAAT 240

GCGATAAGTA ATGTGAATTG CAGAATTCAG TGAATCATCG AATCTTTGAA CGCACATT-GC 300

GCCCGCCAGC ATTCTGGCGG GCATGCCTGT TCGAGGTCAT TTCAACCCTC GAGCTC-GTCT 360

TCATTGACGG GATCGGTGTT GGGACCCGGC GAGCGGGGAC TTTTGTCCTC TGCCGGC-CCC 420

GAAATTCAGT GGCGGCCCGT TGCGGCGACC TCTGCGTAGT AACTCAACCT CGCACCG-

GTA 480

ACAGCATCGT GGCCACGCCG TAAAACCCCC GACTTTTATA AGGTTGACCT CGAAT-CAGGT 540

AGGACTACCC GCTGAACTTA AGCATATCAA TAAGCCGGAG GAA 583

该菌菌落呈白色，菌落圆形，背面奶油色至赭黄色，菌丝无色，光滑且具隔膜，孢子囊梗直接从菌丝上长出，呈锥形多单生，分生孢子无色，光滑，形成簇状或链状，长纺锤形，两头尖，未见厚垣孢子。

黄孢原毛平革菌 *Phanerochaete* sp. F0996，菌株保藏号为 CCTCC NO：M 2016116，保藏单位是中国典型培养物保藏中心，保藏日期是2016年3月14日，其18SrDNA序列为：

TGTAGCTGGC CTCTCGGGGC ATGTGCACGC CTGGCTCATC CACTCTTCAA CCTCTGTG-CA 60

CTTGTTGTAG GTCGGTAGAA GAGCGAGCAT CCTCTGATGC TTTGCTTGGA AGCCTTC-CTA 120

TGTTTTACTA CAAACGCTTC AGTTTAAGAAT GTCTACCTGC GTACAACGCA TCTATATA-CA 180

ACTTTCAGCA ACGGATCTCT TGGCTCTCGC ATCGATGAAG AACGCAGCGA AAT-GCGATAA 240

GTAATGTGAA TTGCAGAATT CAGTGAATCA TCGAATCTTT GAACGCACCT TGCGCTCCCT 300

GGTATTCCGG GGAGCATGCC TGTTTGAGTG TCATGGTATC CTCAACCTTC ATA-ACTTTTT 360

GGTATCCAAA GGTTGGAATT GGAAGGTGGG GTGGGTTCCA ATCCAATCCG GTCCTC-CTAA 420

ATGGATTAAC CGGGGTGGAA ACGAACCCTT CCGGGGGGAT ATTAACCGCC CCGTG-GTCCT 480

GGAATTACCA TAGCCTGCCG CTCCTAACGG TCCTCCATTG GACCACCTAA CTTGGC-CTCC 540

GAACTCCAAT CCAGGAAGAA CTACCGCTTG ACCTAAACCT TACCAAAACC GAAGAAA 597。

该菌菌落白色，圆形，背面无色，菌落仅有少量凸起；菌丝为无色，蓬松棉絮状，随着培养时间的延长，绒毛状凸起逐渐变平，菌丝消失，形成粉末孢子。

1）实施例1

利用上述三种菌对重度石油污染土壤进行序列生物强化处理，具体方法由以下步骤组成：

(1)将油井附近采集的重度石油污染土壤置于处理池中，敲粹、混匀，粒径为30～40mm。

(2)将培养好的芽孢杆菌及枝顶孢霉菌菌剂混合接入污染土壤中，混匀，再加入有机肥料和表面活性剂，加水调节土壤含水率，将处理池表面覆盖塑料薄膜，并适量通气，每周补水维持土壤或油泥含水量稳定，在15～35℃下，现场处理20～40天。

(3)将黄孢原毛平革菌序列接入污染的土壤中，混匀，用塑料薄膜将处理池的表面覆盖，通气，补水维持土壤含水量稳定，在15～35℃下，现场处理20～30天，完成重度石油污染土壤或油泥的序列生物强化。

2)实施例2

利用上述三种菌对重度石油污染土壤进行序列生物强化处理，具体方法由以下步骤组成：

(1)采集重度石油污染土壤置于处理池中，将其敲碎，混匀。

(2)将培养好的芽孢杆菌和枝顶孢霉菌接入重度石油污染土壤中，混匀，再加入有机肥料和表面活性剂、磷酸二氢钾、尿素，加水至土壤或油泥的含水率达15%～30%，混匀，将处理池的表面用塑料薄膜覆盖，通气，维持土壤或油泥的含水率稳定，在15～35℃下处理20～40天。

(3)取与步骤(2)等量的芽孢杆菌和枝顶孢霉菌，重复接入步骤(2)处理后的土壤中，混匀，再用塑料薄膜将处理池的表面覆盖，通气，补水搅拌维持土壤的含水率稳定，在15～35℃下处理20～30天，完成重度石油污染土壤的序列生物强化处理。

上述实验中的处理对象重度石油污染土壤可以用重度石油污染油泥来替换，其处理效果接近。

上述实施例中所用的表面活性剂是生物可兼容性表面活性重油清洗剂KD－L315，属于市售产品。

为了验证本发明的技术效果，申请人做了大量的实验进行验证。现将芽孢杆菌和枝顶孢霉菌使用常规的一次强化策略进行处理，作为对比例与实施例1的实验1降解处理效果进行对比，同时还以空白实验作为参照，具体如下。

1)对比例1

(1)将油井附近采集的污染土壤或油泥，敲粹、混匀，粒径30～40mm。

(2)将芽孢杆菌和枝顶孢霉菌菌剂按1∶1的比例混合接种，将固体菌剂接入总石油烃起始含量为119260mg/kg的污染土壤或油泥中，菌剂活菌含量分别为5.3×10^{9}CFU/g、8.0×10^{9}CFU/g，接种量分别为40g/kg土壤，再加入有机肥料和表面活性剂。

(3)调节土壤或油泥含水率为20%。将处理池表面覆盖塑料薄膜，通气，每周补水维持土壤或油泥含水量稳定，在18～35℃下，现场处理60天。

2）空白例

（1）与对比例 1 相同。

（2）向总石油烃起始含量为 119260mg/kg 的污染土壤或油泥中加入有机肥料和表面活性剂。

（3）与对比例 1 相同。

对上述对比例和空白例所处理后的土壤或油泥中总石油烃的降解情况进行检测，并与实施例 1 的实验 1 进行比较，其处理后的土壤或油泥中 TPH 含量如表 1 所示。

表 1　对比例和空白例所与实施例 1 的对比结果

处理组	TPH 降解率
空白例	8.14%
对比例	71.07%
实施例 1	96.71%

由图 1 和表 1 可知，对比例菌株芽孢杆菌及枝顶孢霉菌一次强化处理组及实施例 1 的序列强化处理组的处理结果对比表明，采用序列强化处理组的实施例 1 与一次强化处理组对比例相比，有极显著提高，提高了约 25.64%。实验结果表明，采用序列的生物强化方式可以极显著地提高总石油烃的降解效率。

对上述对比例所处理后的土壤或油泥中石油烃组分的降解情况进行检测，并与实施例 1 的实验 1 进行比较，处理后土壤或油泥中石油烃组分降解率分别如表 2、表 3 所示。

表 2　对比例所处理后土壤或油泥中石油烃组分与实施例 1 的对比结果 1

处理组	不同石油烃组分降解率	
	轻链	重链
对比例	72.57%	63.95%
实施例 1	85.57%	83.56%

由表 2 及图 2～图 5 的对比结果表明，采用了序列强化处理的实施例 1 的实验 1（见图 4）与空白例（见图 2）、对比例（见图 3）的降解效果相比，轻链、重链的降解效果都有极显著提高，分别提高了 13.00%、19.61%。实验结果表明，采用序列的生物强化方式可同时显著地提高轻链和重链的降解效率。

表 3　对比例所处理后土壤或油泥中石油烃组分与实施例 1 的对比结果 2

处理组	不同石油烃组分降解率		
	脂肪烃组分（SAT）	芳香烃组分（AR）	极性组分（PL）
对比例	80.56%	57.31%	32.24%
实施例 1	94.94%	87.25%	74.61%

由表 3 及图 6 对比结果表明，采用了序列强化处理的实施例 1 的实验 1 对于脂肪烃组分、芳香烃组分及极性组分的降解效果均有极显著的提高，分别提高了 14.38%、

29.94%、42.37%。

对上述对比例所处理后的土壤或油泥中5种多环芳香烃组分的降解情况进行检测，并与实施例1的实验1进行比较，结果如表4所示。

表4 对比例所处理后土壤或油泥中5种多环芳香烃组分与实施例1的对比结果

处理组	不同多环芳香烃组分降解率				
	萘（NAP）	芴（FLO）	菲（PHE）	蒽（ANT）	荧蒽（FLA）
对比例	93.69%	97.12%	88.95%	87.06%	81.36%
实施例1	97.95%	99.20%	97.05%	95.89%	93.87%

由表4及图7对比结果表明，处理30天时，不同处理组对萘、芴、菲的降解效率均达到90%以上，而对蒽的降解效率最低。处理60天后，采用了序列强化处理的实施例1对5种多环芳香烃的降解效率均达到90%以上，而采用了一次强化处理的对比例对蒽及荧蒽的降解也有提高，但没有实施例1处理组的强化作用显著。

综上所述，本发明的真菌－细菌菌群结合序列生物强化的方法对重度石油污染土壤或油泥的降解效率显著提高，特别是对难降解的石油烃组分和多环芳香烃组分均有较好的降解效果。

说明书附图

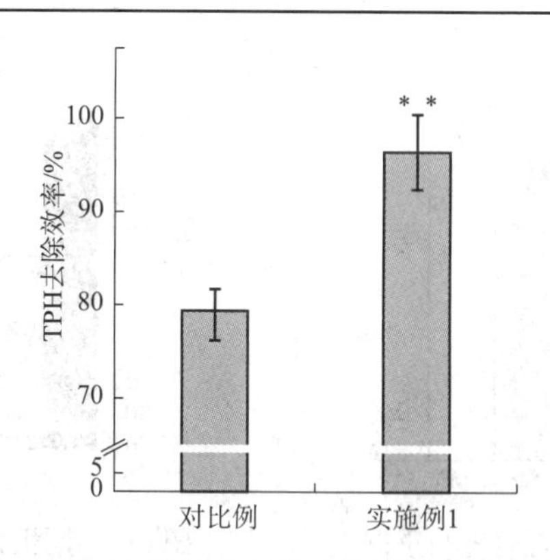

图1 采用一次强化处理的对比例及采用序列强化处理的实施例1土壤中TPH降解结果

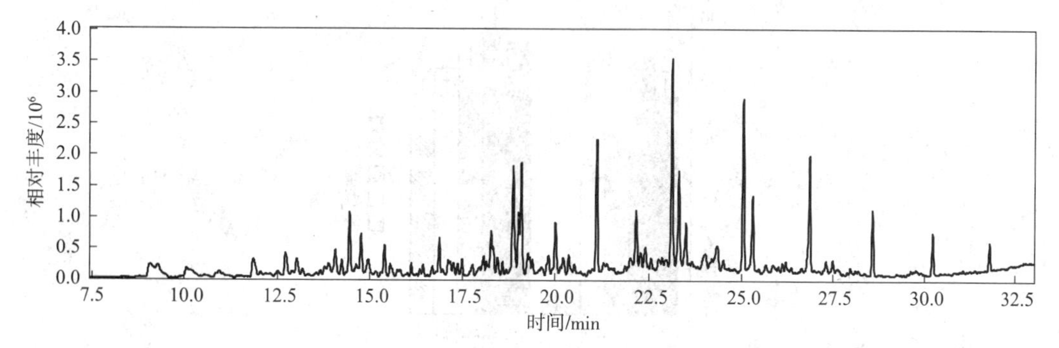

图2 处理60天空白例土壤或油泥中石油烃组分的气相色谱与质谱联用分析结果

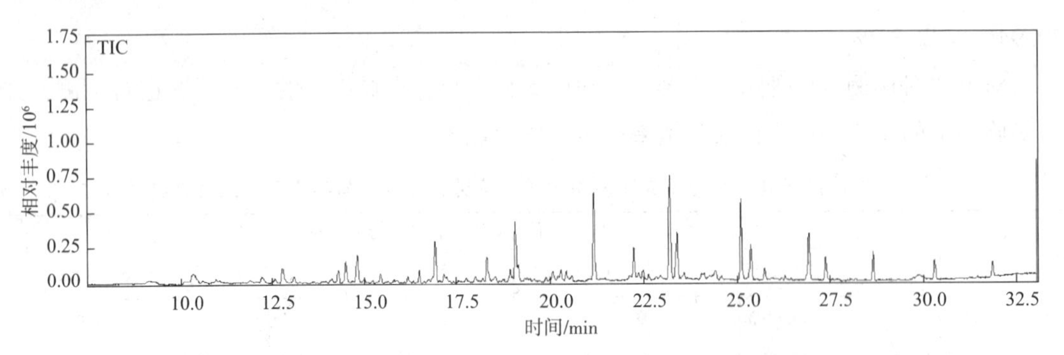

图 3　处理 60 天对比例土壤或油泥中石油烃组分的气相色谱与质谱联用分析结果

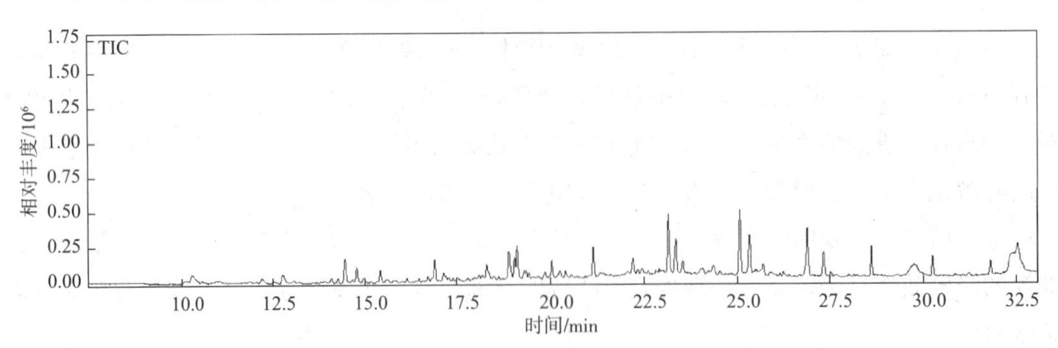

图 4　处理 60 天实施例 1 土壤或油泥中石油烃组分的气相色谱与质谱联用分析结果

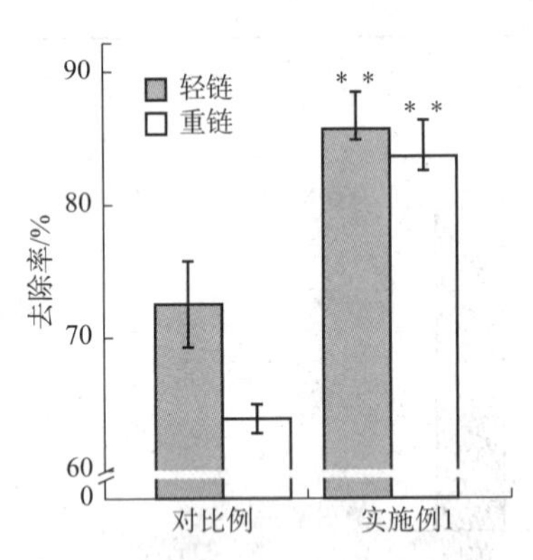

图 5　不同生物强化处理轻链与重链石油烃组分的降解结果

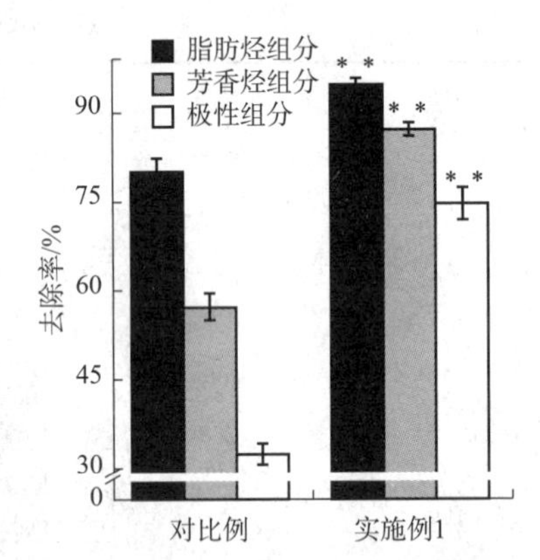

图 6　不同生物强化处理组脂肪烃、芳香烃与极性组分的降解结果

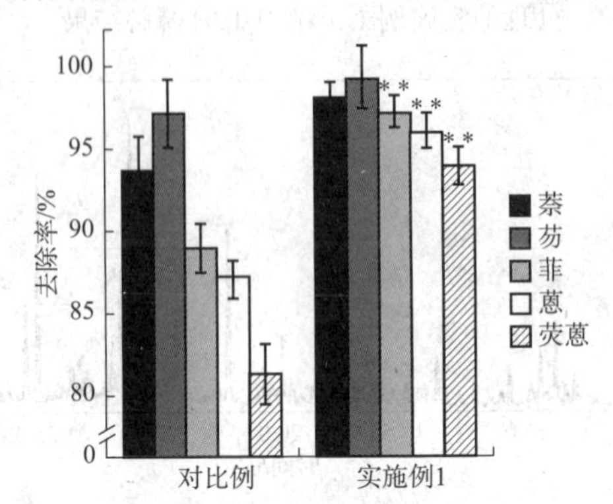

图 7　不同生物强化处理组 5 种芳香烃组分的降解结果